다시,   모형 속을 걷다

다시, 모형 속을 걷다

| 1판 1쇄 발행 2025년 7월 2일 | 지은이 이일훈

펴낸곳 바다위의정원
펴낸이 강영선

출판등록 제2020-000161호
주소 서울특별시 마포구 잔다리로 48, 3층 3001호(서교동, 정원빌딩)
전화 02-720-0551
팩스 02-720-0552
이메일 oceanos2000@daum.net

ⓒ 이일훈, 2025
ISBN 979-11-991180-3-4 03540

다시, 모형 속을 걷다

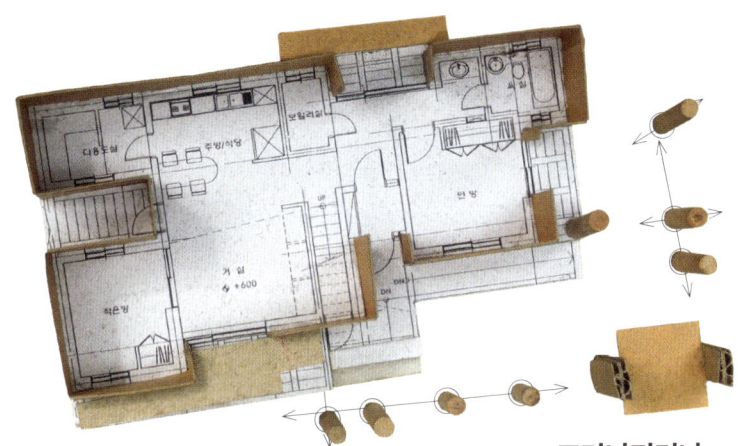

그러나저러나
할 말은 남고
모형은
사라졌다

건축가 이일훈

ㅌ

다시 드리는 글

양윤기 — 천주교 한국순교복자회 수사

허공을 향해 솟아오른 시멘트 덩어리, 아파트들은 하늘을 점령하려는지 기세등등하게 언제부터인지 화려한 조명도 입었다. 조명은 아파트 크기를 나타내고 '우리 동네 아파트 단지'를 과시, 그 안에 사람들이 옹기종기 살고 낮이면 희멀건 회색빛 시멘트가 밤이 되면 화려한 큰 집 욕망을 드러낸다. 난 그 앞에서 어김없이 쪼그라들고 세 평 남짓 조그만 경당에 몸을 숨기고 경당(經堂)은 나를 품는다.

30여 년 전 이일훈 선생이 설계한 아주 작은, 우리 수도회의 최고로 작은 경당이다. 문을 열면 거대한 아파트 조명이 현란하지만 난 여기 몸을 숨기고 매일 저항하고 무너지길 반복한다. 저 거대한 욕망 덩어리를 보면서 흠칫, 내 안에 꿈틀거리는 욕망을 마주하고 존재의 처연함에 무릎 꿇는다. 괜한 사치인가, 염원인가, 영성인가.

1993년쯤인가, 이일훈 선생은 우리 수도회 자비의침묵 수도원 작업을 끝냈다. 이제 막 40대에 접어든 그가 수도원 작업을 끝내고부터 말수가 적어지고 나서질 않고 주춤주춤한다. 슬그머니 사라지기도 했다. 입담 좋고, 능변이고, 빼어나고 수려한 글솜씨를 뽐낼 수 있는 한창 패기 넘칠 40세에…. 슬슬 꽁무니를 빼는데 의아했다. 난 그래도 그를 찾아야 했다. 수도원 여러 건물이 낡고, 또는 신축하고 또는 다른 지역에서 새롭게 건축해야 할 때 건축가의 도움이 필요하기 때문이다. 내가 손을 내밀면 어김없이 손을 잡아주셨다. 건축 문외한인 내가 안쓰러웠을 것이리라.

  2003년 난 성당과 수도원 설계를 의뢰했고 믿을 만한 시공업체 소개를 부탁했다. 좀처럼 시공업체를 소개하지 않던 이일훈 선생은 '생극 성당'을 방문하고 성당을 시공한 에이스건설 신현호 대표와 김주복 이사를 만나게 해주었다. 신 대표는 신심 깊은 교회 장로였고, 이 선생은 당시 불자였다. 난 이를 '기천불' 합창이라 생각, 설계와 시공 과정을 정말 편하게 보낼 수 있었다.

  난 그 성당에서 맘껏 내 존재를 희롱했고 고통스러운 시간이 엄습하는 밤이면 그 성당에 몸을 숨겨 흐느꼈다. 성당 정면 유리창에 떠오르는 휘영청한 보름달을 마주하며 세상을 희롱했고 맡겨진 임무(司徒織)를 맘껏 펼쳐 한국 정신의료 분야에서 독보적인 지위를 유지할 수 있었다. 그 뒤에는 '기천불' 합창인 성안드레아병원 성당이 버티고 있었음을 부인할 수 없다. 한국 '융 연구원'을 설립한 융 연구 권위자 이부영 교수는 병원 성당을 방문하고 '영성 치료' 현장으로 적극 활용하길 당부할 만큼 그 성당은 많은 사연을 품고 가슴 아픈 사람들을 어루만졌다.

 2005년쯤, 기억한다. 수도원을 방문하신 이일훈 선생은 책 한 권을 툭 놓고 가셨다. 그 책이 《모형 속을 걷다》였다. 투박한 작은 책 한 권을 보따리 싸고 이사할 때도 가지고 다니고 책상 위에 마냥 두었다가 다시 몇 페이지 읽기도 했다. 다시 설계를 의뢰하려면 책을 꺼내 읽어보기도 하고 건축에 관한 무지를 숨기려 다시 읽어보곤 했다. 그리고 다시 건축을 의뢰하길 반복, 어느덧 책을 읽기보다 앞에서 대화함이 훨씬 공부가 되었고 어느 날 '수사님은 건축가가 되셨습니다'라는 승인을 받았다. 건축가가 모형을 만들고 보관하다가 부수고 버려야만 하는 그 심정은 '자식'을 떠나보내는 힘겨움에 비길 수 있지 않을까. 나도 이일훈 선생의 모형을 끝내 버렸지만 잠시 보관한 적이 있다. 그만큼 난 이일훈 선생의 건축 동지가 되었던 것일까.

 2021년 7월 2일 COVID-19가 한창 기승을 부릴 때 이일훈 선생은 귀천했다. 황망하지만 느닷없는 귀천 후 목 놓아 울 수도 없고, 아쉬움에 발길을 돌리지도 못하고 더러 사람들이 이일훈 선생과 우정을 나눈 기억을 모아 삼삼오오 모였고, 이일훈 선생이 평소 뱉던 '지벽간(紙壁間)', 이른바 이일훈 기념 공간을 구상했다.

"제가 꿈꾸는 가장 지극한 공간이 얇은 종이 두 장으로 만들어진 공간이에요. 가장 가볍고 가장 깊고 가장 그윽하고. 아직 그런 건축을 만들지 못했는데, 항상 내가 공부하고 작업하는 공간의 이름처럼 종이 두 장 사이의 공간, 그 사이에 모든 걸 담고 싶은 소망 때문에 '지벽간'이라는 이름을 혼자 되뇌고 있죠, 늘."

엄청난 금액은 아니나 결코 작은 돈이 아님에도 많은 분이 슬그머니 호주머니를 털어주셔서 '지벽간'을 열었고 '운영팀'(?)도 꾸렸다. 세상살이 고달프고 한세상 살면 그만이고 만나고 헤어지면 그만이고 하물며 죽으면(?) 더욱 그럴진대, '지벽간'을 꾸리는 데 많은 손길을 내밀어주었다. 그저 고마울 뿐이다. 그리고 기왕에 나선 걸음으로 《모형 속을 걷다》를 약간 손질하여 세상에 내놓기로 했다. 잘하는 짓일까?

2021년 7월 5일 《한겨레》 신문은 〈'기찻길 옆 공부방' 만든 한국 건축의 '양심' 하늘로 떠났다〉라는 제목의 기사를 냈다. 나는 깜짝 놀랐다. '양심'이란 단어가 지닌 무게 때문이다. 그 보도 때문에 많은 건축가가 양심이 없는 것처럼 비교된다면, 그 난감함을 이일훈 선생은 어떻게 감당할까, 생각했다. 지고지순한 영역인 양심이 한 사람의 죽음을 두고 표현된다면, 그 무게는 한 개인이 감당하기엔 상상보다 무거울 것 같았다. 한편 그 양심이란 단어가 내가 경험한 이일훈 선생에게 어울린다는 생각도 해봤다.

만약 어떤 건축주가 이미 결정된 설계자를 바꾸려고 이일훈 선생에게 설계를 부탁하면 그는 '이미 결정된 설계자와 계속하기를 강하게 권유'한다. 작업이 의뢰된다면 자신에게도 득이 될 텐데…. 그리고 덧붙인다. "건축에도 상도가 있습니다. 건축주께서 설계자와 신뢰를 회복하면서 지속하셔야 합니다. 함께 살아야지요. 제가 곁에서 잘 돕겠습니다."

　　그래서 이일훈 선생은 고민했고 작업 횟수도 많지 않았다. 흔한 말로 돈을 많이 벌 수 없었고 늘 넉넉하지 않았다. 어느 날 이렇게 말했다. "평생 건축하고 살면서 깨달은 것이 있으니, 뜻이 있는 곳에 돈이 없고 소신이 있으면 외롭다." 쓸쓸한 웃음을 함께했던 기억이 새롭다. 자비의 침묵 수도원 작업 후 끝내 자신을 숨겨버린 이일훈 선생은 그래도 다른 설계자들의 작업을 가로채지 않았고 오히려 그들에게 설계 작업을 나눠야 한다고 했다. 반대로 자신이 할 수 있는 작업을 다른 설계자가 가로채도 또한 '잘될 거'라고, 지지하곤 했다. 난 이런 경우를 자주 목격하면서 그의 고뇌와 깊이를 새롭게 눈치채곤 했다.

　　이일훈 선생이 떠난 날 함께 우정을 나누던 박기호 신부는 페이스북에 이런 글을 남겼다. "같은 전공을 하고 건축 설계 전문가가 되어서 어떤 자는 명예와 독점을 추구하더니 남영동 대공분실 도살장도 서슴없이 설계하드라. 작고 가난하고 공감과 나눔을 추구하면서 기찻길 옆 공부방을 설계하고 생태주의 영성을 살아오신 이일훈 님께서 하늘나라 호숫가 오막집 설계를 발주받고 승천하셨다 합니다. 고인의 영혼의 안식을 빕니다."

　　지금쯤 하늘나라 호숫가 오두막집 설계를 발주받고, 작업은 얼마나 진행됐을까. 이일훈 선생과 우정을 나눴고 이 책을 다시 다듬어준 강영선 선생에게 고마움을 전한다.

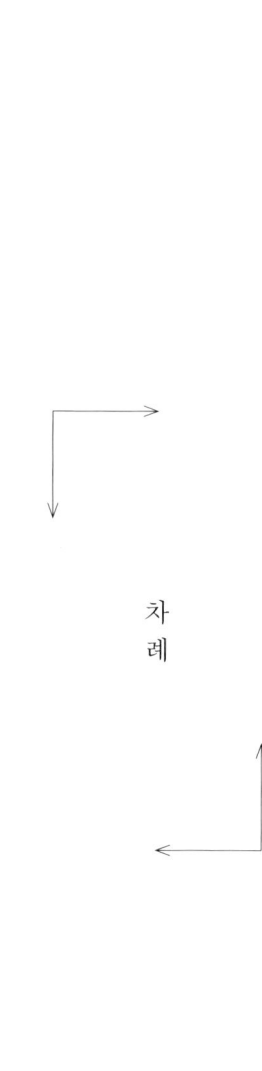

차례

다시 드리는 글 · 4
이일훈의 머리말 · 14

하나. 사라진 모형의 꿈

23   생각을 담을 수 있으니 모형은 생각의 집이며 꿈의 집이다
31   맹지 때문에 사라진 그 모형이 세상의 아름다움에 눈뜨라고 날 깨운다
37   나는 겨우 난간을 만지작거리며 계단에서 놀았다
42   제발 저에게 알려주세요. 살고 싶은 당신의 집을, 꾸고 싶은 당신의 꿈을
46   **이일훈의 또 다른 글 1**
        그러니 건축(집)의 말은 결국 건축주(사람)의 말이요, 생각이다
        _가가불이/작은큰집/ 잔서완석루
56   그 집에 만들고 싶었던 정자와 심고 싶었던 나무, 결국 내 마음속에 짓고 말았다
63   놀이터보다도 더 작은, 장난감을 계속 만들고 싶다
74   때 묻은 모형처럼 내 기억에도 먼지가 앉았다
78   도면을, 모형을, 기억을 떠올리는 나는 도면 속을, 모형 속을 걷고 싶어진다
84   그래서 집을 보면 사람이 보이는 법이다
89   **이일훈의 또 다른 글 2**
        그럴 때마다 당부한다. "이웃과 웃으며 즐겁게 잘사는 방법은 멋있게 다투는 것"이라고 _ 소행주

둘. 또 다른 모형의 꿈

101	사라진 모형 사진을 보며 난 또 사랑을 배운다_도피안사 향적당
109	산다는 것은 결국 꾀를 부리는 일이 아니던가_궁리채
119	첫 경험의 기억은 이리도 오래간다_탄현재
127	건축은 공간으로 드러난다. 나는 그렇게 믿는다_천주교 우수영 공소
133	어쩌면 '작은' 것을 지향하는 것이 더 '큰' 욕망인지도 모른다
139	그렇다. 건축가와는 사는 방식을 상의하는 것이다_자비의 침묵 수도원
150	**이일훈의 또 다른 글 3** **원래 그랬던 것처럼 가재리 수도원이 있다. '자비의 침묵'**

셋. 또 다른 건축의 말

- 183   건축 공간은 삶과 죽음의 실체적 효용에 바쳐진다
- 192   건축에서 이웃을 잃으면 그것이 폐허와 무엇이 다를까
- 199   폐허 속에 숨은 이야기를 위해서는 좁고 깊은 창이 제격이다
- 205   어슴푸레한 그늘로 속삭이던 동네 풍경은 바둑판같은 그리드로 질러간다
- 211   자본 이야기가 나오면 건축가는 우울해진다
- 218   **이일훈의 또 다른 글 4**
  건강한 건축은 건강한 뜻에서 잉태한다 _ 밝맑도서관
- 226   멈추어선 벽체와 자라는 나무, 그 둘이 보여주는 계속 변하는 장면으로서의 건축이라니
- 230   밤의 불빛은 자본과 정비례한다. 밝은 곳은 비싸고 어두운 곳은 싸다
- 244   집에 '정신'이 들어가면 그런 집이 바로 이 시대의 '한옥'이다
- 250   산다는 것과 시시콜콜함은 늘 붙어 있고, 건축 또한 그 사소함을 껴안고 존재한다
- 258   지반 사정이 험할수록 멋있는 다리가 만들어진다. 조건이 나쁠수록 해법이 멋지다

아직도 건축의 힘을 믿는 한 건축가의 고백 • 271
건축가 이일훈 • 310

이일훈의 머리말

⟵⟶

상념이다, 모든 것이. 상념으로 뜬다.

 같은 장소/공간/방을 오래 쓰면 자꾸 살림살이가 늘어나기 마련이다. 어느 날 크게 결심하고 싹 치워버려야지 하고 마음먹어도 그때뿐이고 살림은 또 늘어난다. 모든 세상살이는 다 그렇게 군더더기가 늘어난다.

 그런데 내내 쓰지 않던 물건을 버리고 나면 꼭 그게 필요한 일이 생긴다. 그 많은 살림살이에도 부족한 게 늘 있기 마련이다. 그래서 '개똥도 약에 쓰려면 없다'는 속담이 생겼는지 모르겠다. 허드레 살림살이도 언젠가 필요할 것 같으니 버리지 못하는 것이다. 그러니 살림살이는 자꾸자꾸 늘어만 간다. 그냥 쓰는 살림도 그러할진대 신경 쓰고 공들여서 그리고 만든 디자인의 결과야 오죽할까.

 건축 디자인의 최종 결과는 물론 땅 위에 뿌리박은 건축물로 우뚝서 있지만, 한 채의 집에 사람이 살기까지는 보이지 않는 단계와 과정이 수없이 필요하다. 그러나 그 많은 과정은 알게 모르게 사라지거나 잊힌다. 손때 묻은 작업의 성과물을 전부 껴안고 살 수 없는 탓에 버려지는 존재의 허망함이라니.

어느 날 작업 공간을 옮겨야 했다. 이사! 살던 살림을 몽땅 옮기는 일. 10년 가까이 쓰던 공간이라서 싸도 싸도 끝이 없고 버려도 버려도 끝이 없었다. 이 구석 저 구석 먼지 묻은 책과 기물은 말할 것도 없고 심지어 10년 전 이사 올 때 가지고 와서 풀어보지도 않아 숨어 있던 서류 뭉치와 비품…, 또 이런저런 잡동사니라니. 웬만하면 버리기로 했다. 새로 옮겨가는 공간이 좁은 탓도 있지만 싸놓고 풀어보지 않을 지경이면 가지고 간들 무슨 쓸모가 있겠는가. 될 수 있는 대로 버리는 것이 편할 듯했다.

일하랴 이삿짐 싸랴, 직접 챙기지 않은 것은 뭐가 사라졌는지도 모르고, 그렇게 많은 묵은 사연과 흔적과 손때와 짐이 줄어들었다. 사라지는 그들도 가기 싫은지 자꾸 먼지로 맴돌면서 남으려 했다.

더 큰 문제는 모형이었다. 여기저기 쌓고/겹치고/매달고, 심지어 천정* 속까지 꽉 차 있던 모형은 옮기자니 문제고 버리자니 아깝고…,

---

*　천장(天障)이 표준말이다. 보꾹을 의미하는 천장은 하늘을 가렸다는 말이다. 천장의 '장(障)' 자를 장벽, 장애에도 같이 쓴다. 단순히 막는다는 의미가 강하다. 반면 천정(天井)은 천장의 틀린 말이지만, 공간적이고 형태적인 상상력이 크다. 우물 '정(井)' 자는 정사각형의 소란반자를 말하는데, 하늘에 새겨진 우물(井) 모양이라는 의미를

그것의 지난 세월이라니, 어떻게 생각하고 만들고 보관한 것인데, 참 안쓰럽고 처량하다. 남의 집은 잘도 구상하고 지어주는 건축가 명색에 모형 둘 곳이 없다니, 짐 둘 곳이 없다니.

그러나 어쩌랴, 짐 둘 공간이 없어 버리면서도 그나마 다행이다 싶다. 가지고 갈 수 있는 것은 조금 챙기고, 줄어드는 공간에 살림을 맞추자니 멀쩡한 것도 버리고, 귀찮아서 버리고, 모르는 체 버리고, 어떤 것은 모르고 버리고…, 버리고 또 버리고. 욕심을 이처럼 계속 버렸다면 벌써 성인(聖人)이 됐으리라.

문득 아쉬워, 버린다는 것이 너무 아쉬워…, 그래서 버려지는 모형을 슬라이드로 찍었다. 조명과 노출을 맞춘 촬영이 아니라 이삿짐 나르는 와중에 급하게 그냥 찍었다. 사실 맘속으로는 설움도 눈물도 아까움도 다 섞여 있었지만 내색하지 않고 급하게 찍었다. 얼마나 급했는지 손으로 찰칵 찍고는 이내 발로 뿌지직 밟아버리기를 한나절. 이삿짐 행렬을 방해할까 봐 그렇게 바쁘게 찍고 나니, 왜 찍었을까 아무 생각도 없었다.

이 세상에서 사라지는 것에 대한 아쉬움, 아니면 기억하고 싶은 일종의 위안? 여하튼 모형은 사라지고 모형 사진과 같이 남은 것은 상념뿐. 몇 장은 멀쩡하고 나머지는 흐릿하고 흔들리고. 찰칵, 뿌지직 소리가

지난다. 또 건축계에서는 천정이라고 흔히 쓴다. 나는 천정이 가지는 '이야기가 있는 하늘샘'이라는 재미를 좇아 이하 천정이라고 쓴다.

사진에서도 들릴 지경이었다.

　남은 몇 장의 모형 사진에는 주제나 공통점이 없다. 이사 가는 틈에 문득 버려지는 순간 그냥 찍은 사진이므로 모형의 완성도나 디자인 의도의 표현 정도를 볼 때 프로젝트가 완성된 것이냐, 아니면 만지다 만 것이냐 등의 일정함을 따질 수도 없다. 그렇지만 사라진 모형에 대한 기억마저 소멸되는 것은 아니다. 이 책에 담긴 모형 사진의 공통점을 굳이 한 가지 들자면 이 세상에 존재하지 않는다는 사실뿐이다.

　그 소멸된 모형을 생각하며 이런저런 이야기를 적다 보니 몇 꼭지가 모였다. 여기에 실린 모형 사진은 내 건축의 일부이며 또 그 모형에 대하여, 모형을 통하여 보이는 이야기는 내 생각의 일부분이다. 누구든 '너 자신을 알라'고 일갈(一喝)하지만, 둔한 나는 아직도 나를 모르겠다. 원래 모르는 놈이 말 많고 가방 큰 놈이 살림 복잡한 법이다. 그 티를 잔뜩 묻히고서 부끄럽게도 건축을 대하는 속내를 묶는다.

　늘 새로운 지형(地形)을 꿈꾼다. 건축 또한 지형의 일부다. 지난한 삶의 지형/건축! 건축이 삶의 전부인 양 생각하면서도 건축을 통해서 내 삶을 건지지는 못했다. 결국 꿈꾸는 건축/지형을 통해 좌절하고 또 실망하면서도 건축을 버리지 못했다는 고백이 뒤따른다.

　가끔 날 위무하는 바람을 만날 때, 버리지 못한 것이 아니라 버리지 않은 것이라고 말할 때, 그 바람이 잠깐 가련하게 나를 다독거린다. 고맙다, 바람아. 스스로 지형이 되는 바람이여! 스스로 죽음이고 삶이 되는 바람이여! 건축을 통해 나는 스스로 지형이 되는 바람을 따라가고 싶다.

　내가 그린 어느 집도 내 집이 아니다. 모두 다른 이의 집이다. 남의 것을 통해 나의 바람을 이루어야 하는 건축가의 잔혹한 욕망이라니, 운명은 아닌 듯하다. 고뇌가 걸작을 낳는다는 말이 자꾸 침잠하며 숙고할수록 믿기지 않는 것을 보면 나는 벌써 교활한 게 분명하다. 교훈을 믿지 않다니.

　운명 아닌 심지를 믿으며 버틴 나의 우매함에 스스로 화끈, 얼굴이 탄다. 여기 둔함으로 더듬은 생각이 세상을 더 탁하게 한다. 건축과 함께 타올랐던 편린, 상념으로 진다.

하나.

사라진
모형의
꿈

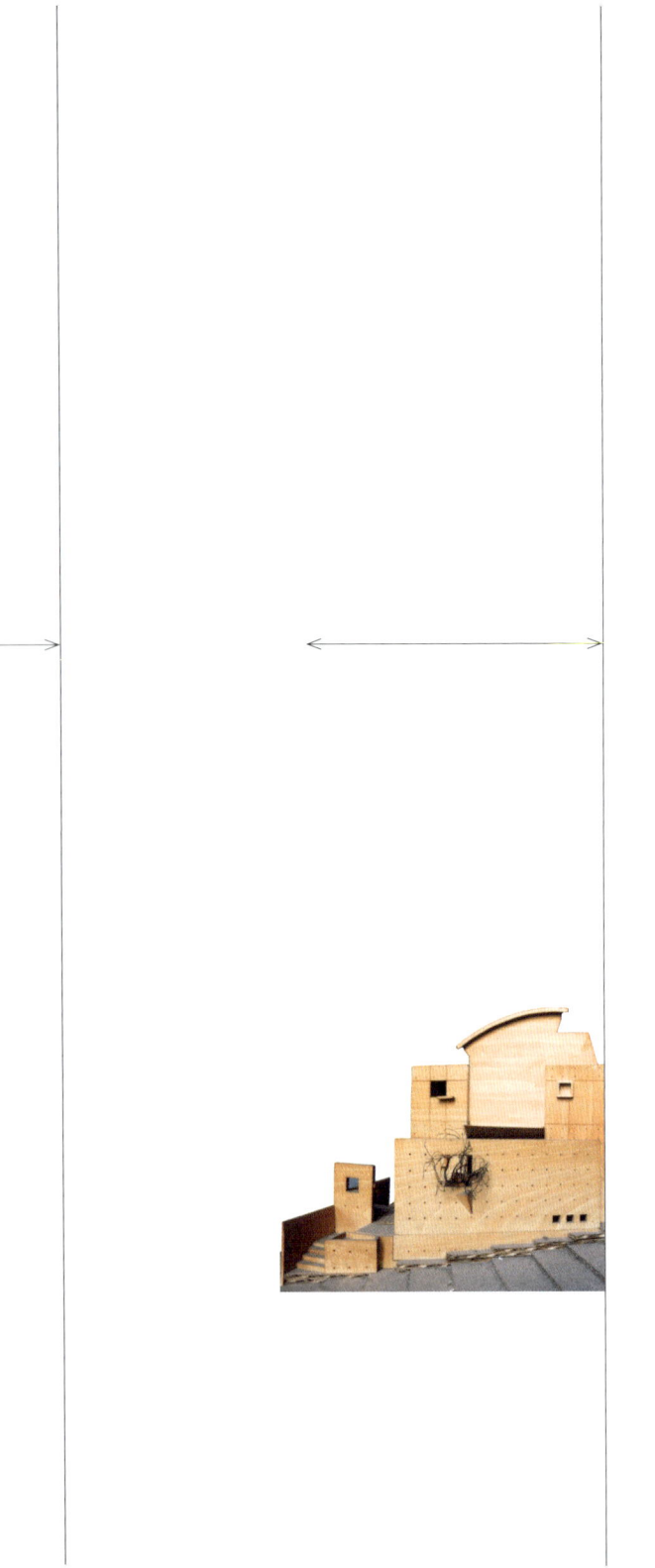

생각을 담을 수 있으니
　모형은 생각의 집이며
꿈의 집이다

'중이 제 머리 못 깎는다'는 속담은 '건축가가 자기 집 짓는 경우가 드물다'는 말보다 오래됐다. '대장장이 집에 식칼 없다'는 말도 꽤 묵은 말인데, 건축가가 사는 집이 잘 가꾸어진 경우가 드문 걸 생각할 때마다 절로 실감이 난다. 속담은 항상 실감 나는 말이다. 그래서 속담은 생명이 길다.
　　건축가로서 욕심내는 건축적 사고와 표현에 대한 갈증은 사실 의뢰받은 프로젝트를 통해 구현되는 것이므로 어찌 보면 건축가는 타인의 소유물을 욕심내는 존재다. 최근 나는 작업 공간을 옮겼다. 세 들어 있는 작업 공간을 옮기는 일은 여간 성가신 일이 아니다. 아무리 이삿짐센터에서 포장이사를 해준다 해도 도면, 모형, 각종 자료는 상하기 쉬우니 직접 챙길 수밖에 없다. 몇 날 며칠 짐을 옮기고도 모자라 엄청난 분량의 건축 모형을 버려야 했다. 촬영해놓고 버리긴 했으나 공들여 만든 건축물 모형을 버리는 것은 눈물 나는 일이다. 그것도 모형을 보관할 장소와 공간이 부족해서 버려야 하니 얼마나 속이 상하던지 마치 보관하기 어려운, 아끼는 책을 버리는 것처럼 서럽고 울적하다. 모형 한 점 한 점을 사진 찍고는 버리자, 부수자, 잊어버리자 하면서 우지끈 밟아버리기를 하루 종일 했다. 그렇게 파기하여 쌓인 분량이 너무 많아서 결국 폐기물 처리 회사의 트럭을 불러야 했다.

모형을 부수면서 많은 생각을 했다. 어쩌면 모형을 만들 때보다 더 많은 생각을 했다. 만들 때보다 더 많이 생각하면서 부수는 경험은 참으로 소중하다. 부수면서 가장 먼저 떠오른 생각은 반성이었다. 반성은 회한이다. 좀 더 잘 만들 걸 그랬다, 좀 더 공들일 걸 그랬구나, 좀 더 연구할 걸 하는 반성. 모형을 부수는 날은 반성하는 날이다. 아니, 이삿날은 반성의 날이다.

가슴 아프지 않은 반성이 하나도 없듯이 사연 없는 모형은 하나도 없다. 모형 속에는 이야기가 숨어 있다. 건축 모형은 크기를 줄여서 만들지만, 건축가의 의도와 표현이 압축되어 있다. 마치 하늘에서 보는 지상의 풍경처럼. 지상의 존재는 하늘의 숨은 뜻을 캐려 하지만, 하늘은 세상의 자잘한 이야기를 그저 보기만 한다. 어디 말하지 않는다고 듣지 못했다 하겠는가. 모형의 이야기도 그렇게 숨겨져 있다. 공간도 숨기고 구조도 숨기고 사연도 숨기고.

모형을 밖에서 보는, 건축의 축소된 형태로만 이해하면 안 된다. 건축은 형태도 중요하지만, 공간의 가치가 더 중요하다. 그렇기 때문에 공간이 어떤 형태를 띠는가, 어떤 구조 방식으로 만들어지는가 하는 연구도 중요하다. 내부 공간을 표현한 내부 모형, 구조 방식을 보여주는 구조체 모형, 외부 공간과 내부 공간의 연결 방식을 보여주는 분해·조립하는 모형, 기계 장치를 통해서 움직이는 모형, 각종 연구와 검증을 위한 시험 모형, 재료와 디테일을 보여주기 위한 부분 모형 등 모형의 종류는 참 다양하다. 사람들은 모형을 보면서 처음엔 재미있다고 느끼고 그다음엔 만들기 참 힘들겠다고 생각한다. 모형은 우선 치수가 작아서 여간해서는 쉽게 만들 수 없다. 꼼꼼해야 하는 부분과 단순 반복 제작해야 하는 부분, 또 눈에 띄지는 않지만 가공이 무척 힘든 부분이 많다.

무엇보다 중요한 것은 모형을 제작하려면 도면을 읽을 줄 알아야 한다. 악보를 읽지 못하는 연주자가 좋은 음악을 들려주지 못하듯이 도면을 해독하면서 공간의 구성 의미를 파악하는 능력이 없으면 모형을 만들기 어렵다. 공간 구성을 잘 파악하려면 표현할 때 무엇이 중요한지 알아야 한다. 그래서 모형 만든 솜씨를 보면 공간을 이해하고 다루는 능력을 한눈에 알 수 있다. 아, 이 사람은 집의 겉모습만 신경 쓰는구나, 이 사람은 재료의 성질을 잘 알고 있군, 어? 이 사람은 이것을 놓쳤군…. 하여튼 모형을 보면 그것을 만든 사람, 아니 건축가의 속내가 드러난다. 모형을 통해 보이는 인간의 내면이라니, 겉을 통해 보이는 속살의 깊이여! 아, 그렇게 모형은 이야기를 담고 있는 보물 상자다.

우리 삶을 담는 작은 공간 상자, 그 속에 우리가 들어가지 못하고 들어가 누울 수도 없지만, 거기에 우리의 생각을 담을 수 있으니 모형은 생각의 집이며 꿈의 집이다. 꿈은 삶이고 삶 또한 꿈이다. 꿈이든 삶이든 깨기도 하지만 이루어지기도 하니까. 모형의 운명 또한 꿈의 운명을 닮았다. 깨지기도 하지만 이루어지기도 하는 모형의 운명은 현실 속에서 꿈처럼 실제로 지어지기도 하고 설계를 마쳐놓은 상태거나 혹은 설계 도중에 아쉽게 물거품처럼 사라지기도 한다.

　이런저런 사정으로 다 마쳐놓은 설계와 모형이 현실에서 이루어지지 못하고 단순 계획안으로 남을 때 아마 가장 가슴 아플 건축가의 심정보다 더 슬픈 것은 모형의 존재이리라. 존재 이유가 없어진 존재의 괴로움. 소멸된 존재는 사라졌다는 이유로, 존재했다는 이유로 기억이라도 펼 수 있지만, 존재 이유가 사라진 존재라니. 그것은 끝없는 불행이며 물기 마른 눈물샘이다. 좌절한 건축가는 다시 일어나 다른 공간을 꿈꾸겠지만, 모형으로 남은 계획안의 존재는 꿈마저 다시 꿀 수가 없다. 사라진 꿈, 깨진 꿈, 박살이 난 꿈, 조각난 꿈, 이루지 못한 꿈, 아쉬운 꿈, 찢어진 꿈에 치인 모형이 내게 말한다. "꿈 깨!"

　시간과 노력이 많이 드는, 그렇게 성가신 모형을 왜 자꾸 만드는 것일까? 모형을 만들지 않고는 설계를 마칠 수 없을까? 모든 건축가가 다 모형을 만드는가? 아니다. 모형을 만들지 않고 설계 도면만으로도 디자인을 완성할 수 있다. 또 요즈음은 컴퓨터 프로그램이 잘되어 있어서 시뮬레이션도 아주 좋다. 하지만 모형을 만드는 주된 이유는 두 가지다. 첫째는 건축가 자신을 위해서고, 둘째는 의사소통을 위해서다.

건축가에게 모형은 설계 내용을 점검하고 디자인을 되살펴볼 기회를 제공한다. 여러 분야의 기술 조정과 종합 과정이 건축 설계인데, 모형을 통해 다시 한 번 심사숙고하는 계기가 마련된다. 모든 디자인 과정에서 의사소통은 매우 중요하다. 건축주는 모형을 보면 쉽게 이해하고 설계실 동료와는 작업 과정에서 대화가 편해진다. 사람들은 대부분 도면보다는 모형을 보고 더 쉽게 이해한다. 평면보다는 입체를 통해 이해의 정도가 더 깊어지고 문제점도 빨리 발견된다. 의사소통을 수월하게 해주는 모형은 정말 고마운 존재다.

가끔 모형이 오해를 불러오는 경우도 있다. 모형은 가볍고 작게 만들기 때문에 구조 체계나 실제 공법상의 어려움이 거의 없는데, 현실에서는 많은 문제가 생길 수 있다. 그러한 오해는 사실 부득이한 오해다. 그러한 오해조차 없애려면 실제 크기로 모형을 만들어야 한다. 말하자면 실제로 집을 짓기 전에 한 채를 실제 크기의 모형처럼 만들고 그다음에 집을 짓는 것인데, 이런 경우는 지극히 드물다. 집 한 채를 짓기 위해 두 채 값이 들지만, 경제적 여유만 있다면 해보고 싶은 작업이다.

그럼 모형으로 만든 실제 크기의 집은 나중에 어떻게 할까? 버리자니 너무 아깝고 두자니 모형 역할은 끝났고. 야, 참 즐거운 골칫덩이다. 에라, 마음에 드는 친구에게 선물해야겠다. 작업실로도 쓰고 모형 보관하는 건축박물관으로 쓰라고 말이다. 나는 아직 그런 선물을 받지 못했다. 아니, 그런 친구가 내겐 없다. 내가 그런 선물을 주지 못했는데, 누

우리의 생각을 담을 수 있으니
모형은 생각의 집이며 꿈의 집이다.
꿈은 삶이고 삶 또한 꿈이다.
꿈이든 삶이든 깨기도 하지만
이루어지기도 하니까. 모형의 운명
또한 꿈의 운명을 닮았다.

가 내게 주겠는가. 그런 일은 내겐 생기지 않을 것이다. 만약이라고 가정하는 것을 즐기진 않지만, 집채만 한 크기의 모형이 생긴다면 우선 내가 써야겠다. 앞으로 만들 모형이 또 계속 쌓여갈 것이기 때문이다. 모형을 쌓아놓고도 공간이 남는다면 그곳은 내가 몰래 숨어들어서 '꼭꼭 숨어라 머리카락 보일라', 책 읽는 비밀 장소로 쓸 것이다. 마치 모형처럼 견고한 꿈으로 이루어진 성채 같은, 서재처럼 붙어 있는 모형제작실.

  책이 활자의 집이라면, 모형은 생각의 집이다. 그래서 책과 모형은 궁합이 잘 맞는다. 속궁합도 좋다. 먼지 쌓인 모형을 다시 보고 만지고 부수며 반성하고 배우듯이 책을 읽으면서도 배운다. 모형을 버리고 나서 많은 생각을 얻었는데, 귀한 책 여러 권을 읽은 듯이 여운이 남는다. 내게 많은 것을 다시 가르쳐준 모형이여, 고맙다. 이제 이사를 끝냈으니 다시 모형을 부지런히 만들어야겠다. 생각의 집을 위하여. 사람의 집을 위해 사라진 모형들이여, 공간의 꿈이여.

맹지 때문에 사라진
 그 모형이 세상의 아름다움에 눈뜨라고
날 깨운다

여럿이 함께 내 집처럼 쓰는 집. 두 채로 나누어진 집이 복도로 연결되어 있다. 복도에서 길 쪽으로는 길과 만나는 사이에 벽체가 있어 길에서 복도가 보이지 않고, 마당을 보는 쪽은 투명한 벽체로 처리되어 마당과 복도는 서로 마주 본다. 길과 복도 사이의 벽체는 어긋난 각도로 서 있어서 그 틈 사이에 현관·화장실 같은 부속실이 끼어 들어가 있다.

길에서 볼 때는 무뚝뚝한 벽체 너머로 복도가 있고, 그 안쪽에 마당이 조용히 숨죽이고 있다. 복도 양 끝에는 성격 다른 방들이 매달려 있다. 한쪽은 여러 개의 방이 자리 잡고 있으며, 반대편의 큰 방은 다목적실이다. 회의·모임·파티·세미나·손님 접대 등을 할 수 있는 아주 큰 방이다. 큰 방 위 옥상에는 화창한 날의 집회를 위해 벽 높은 옥외 공간이 자리 잡는다. 옥상은 마당에서도 실내에서도 올라갈 수 있다.

이 집의 목적은 커뮤니티 하우스 또는 클럽 하우스처럼 쓰는 공동 소유의 집이다. 우리 현실은 항상 답답한 규제가 따르기 마련인데, 건축법도 그렇다. 이른바 다가구주택 또는 다세대주택은 한 동의 연면적이 200평까지 규모가 제한되어 있어서 여러 세대가 등기 면적을 나누어 세대마다 방 몇 개 들어가면 옹색한 평면이 되기 십상이다. 200평에 여덟 세대가 살면 한 층에 둘씩 자리 잡은 각 세대는 25평짜리 세대가 된다.

25평 집은 방이 많지 않아서 손님치레를 한다거나 모임을 열기가 어렵다. 특히 직업상 워크숍을 주최하거나 세미나를 열어야 할 경우 힘든 점이 많다. 그런 불편을 어떻게 해결할 수 없을까 하다가 커뮤니티 하우스를 하나 만들자고 했더니 사업주는 아주 흡족해했다. 여러 채의 공동주택(작금의 공동주택은 말만 공동이지 실제 공동성의 가치는 없다) 사이에 진짜 공동시설이 있으니 주거 환경도 좋아지고, 무엇보다 좁은 집에서 할 수 없는 많은 행사를 장소 부담 없이 치를 수 있다는 데 기대가 높았다.

생일 파티도 할 수 있고, 칠순 잔치도 열고, 세미나 끝낸 후 잠도 자고…. 손님이 와서 잔다 해도 모실 데가 없어 걱정인데-작은 집일수록 답답하다-공동으로 쓰는 사랑방이 있으니 얼마나 편한가. 종교가 같은 집끼리는 날짜를 조율하여 넓은 방에서 예불을 올리든지 미사를 드리든지 작은 종교 집회도 열 수 있고, 마당에서 계단으로 바로 올라가는 옥상 공간은 밤에도 쓸 수 있어 시골에 모여 사는 맛을 더하리라. 평소 수줍게 있던 마당은 무한한 가능성을 담고 모두 여기서 멍석을 펼치라는 듯 늘 열려 있어 그야말로 준비된 마당임을 보여준다.

사실 그 땅에 대한 계획은 이쯤에서 끝냈어야 했는지 모른다. 신이 날 대로 나고 물이 오를 대로 오른 사업주와 나는 아주 구체적으로 그림을 그리고 만들어서 이만하면 좋겠다, 한숨 돌릴 때 예상치 못한 암초를 만났다. 그 땅과 인접한 곳에 팔리지 않는 땅이 한 필지 있었다. 그 필지는 도로와 접하는 부분이 없어 재산 가치가 높지 않았다. 이른바 맹지라고 불리는 땅이다. 맹지는 사람과 차량이 접근하는 도로가 없으므로 다른 땅과 어울려서 개발하거나 도로를 만들기 위해서 다른 땅을 매입해야 한다. 사실 그 맹지의 소유주로서는 얼마나 답답하고 속이 터질까. 집을 지을 수 없는 땅을 늘 팔고 싶었을 것이다.

사업주는 그 맹지를 매입할 의사가 있었으나, 상대는 터무니없이 비싼 금을 불렀다. 쓸모없는 맹지를 이웃과의 관계 때문에 매입하려던 사업주가 오히려 서운했던 모양이다. 공사도 해야 하고 이사 오면 이웃이 되어야 하는 사이라 좋은 게 좋은 거라면서 흥정하던 사업주가 어느 날 마침내 삐쳤다. 돈 인심 사나운 동네에 구태여 새집을 지을 필요가 없다는 판단에 프로젝트 자체를 포기한 것이다. 주변의 마음 맞는 여럿이 어울려 살기 위해 자기 땅에 이런저런 구상을 하던 생각을 접고 결국은 그 땅을 팔고 말았다.

그 맹지는 지금쯤 더 비싸게 팔렸을까, 어떤 집이 들어섰을까, 궁금하지도 않다. 서로 적당한 가격이면 좋았을 것을…. 옆에서 지켜보는 입장에서 안타까운 일이다. 세상 살다 보면 결정권은 나에게 없는데 지켜보자니 답답하고 속 터지는 일이 많다. 아니, 어쩌면 세상이 늘 그런 것인지 모른다. 답답한 것투성이인 것이 이 세상 아닌가. 날지 못하는 땅 위의 존재는 늘 비상을 꿈꾸지만 나는 것이라고 답답한 게 없을까. 날갯짓하지 않으면 추락하는, 나는 존재의 괴로움. 날거나 기거나 모두가 답답한 세상, 각자의 입장을 떠나 세상은 늘 답답한 것이 아닐까.

시인 천상병은 이 답답한 세상을 "나 하늘로 돌아가리라/ 아름다운 이 세상 소풍 끝내는 날/ 가서, 아름다웠더라고 말하리라" 하고 노래한다. 그리고 그도 돌아갔다. 가서 아름다웠더라고 말했을까. 난 아직 그의 대답을 듣지 못했다. 귀가 열려야 듣는 법, 아름다운 노래를 듣지 못하는 걸로 미루어보면 나의 귀는 아직 열리지 않았다. 이 세상의 아름다움을 보지 못하는 것으로 보아 내 눈은 아직 열리지 않았다.

맹지 때문에 사라진 그 모형이 세상의 아름다움에 눈뜨라고 날 깨운다. 눈먼 사람이 맹인이고 길 닿지 않은 땅이 맹지다. 결국 길은 대지의 눈이다. 길을 통해야 땅에 닿고 집에 이르니, 길을 눈에 비유한 것이 참 적절하다. 눈이 없으면 보지 못하듯 길이 없으면 집에 이르지 못한다. 결국 나의 계획안은 스스로 길이 없고 눈이 없어 이루어지지 않았으니 탓할 사람은 내가 아니던가.

사람 모여 사는 동리의 작은 땅도 모두 길에 닿는 눈을 가지고 있다. 도시의 필지도 자기 땅의 눈을 가지고 있다. 시골길이 휘어진 것은 실눈 뜨듯이 풍경을 살짝 보려는 눈빛이고, 도시의 길이 반듯한 것은 눈 뜨고도 코 베어 가는 살벌한 도시의 인심을 보여준다. 휘어진 길은 느린 속도를 말하고 반듯한 길은 빠른 속도를 나타낸다.

눈을 감고 걸어보자. 더듬더듬 걷는 길에서도 속도가 온몸을 지배

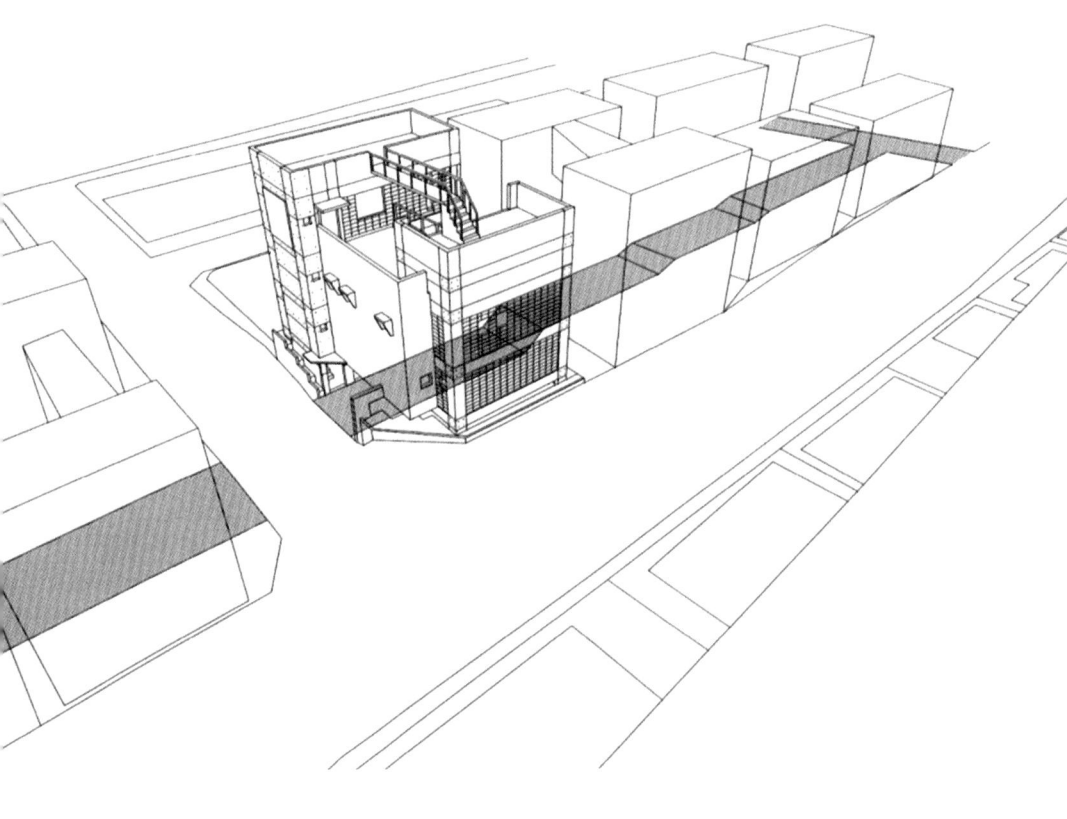

결국 길은 대지의 눈이다. 길을 통해야 땅에
닿고 집에 이르니, 길을 눈에 비유한 것이
참 적절하다. 눈이 없으면 보지 못하듯 길이
없으면 집에 이르지 못한다.
사람을 위한 길을 만들자는 제안, 1996

한다. 휘어진 길은 더 느리고 반듯한 길은 더 빠르게 느껴진다. 지금 사는 집과 집 앞길의 관계를 체험해보는 좋은 방법이 있다. 눈을 감고 현관을 나서보라. 아니면 눈을 감고 길에서 대문을 찾아보라. 눈뜨고 익숙했던 길과 집의 관계가 참으로 낯설고 어색하고 위험함을 알게 될 것이다. 어찌 보면 우리가 눈을 뜨고 밝은 세상을 모두 보는 것 같지만 깊은 내면을 놓치거나 어둠 속에 있는 모든 사물과 사물의 관계성을 놓치고 있는 것은 아닌지. 눈을 감고 보이지 않는 것을 살펴볼 때 새로운 풍경이 보인다.

나는 겨우 난간을 만지작거리며
계단에서 놀았다

온 세상의 집터 모양은 제각각이다. 마치 수십억 인구 중에 지문 같은 사람이 없듯이 땅 모양도 같은 경우가 없다. 신도시에 두부 자르듯 그어진 필지 계획도 가만히 들여다보면 같은 면적이라도 위치가 다르고 옆 필지와의 관계가 다르므로 비슷해 보일지언정 땅마다 전혀 다르다.

    자연 발생적인 마을의 길과 집을 보면 집도 제각각 틀어져 배치되어 있고 길도 구불구불 이어져 있다. 자연의 지형을 존중해서 만들어졌기 때문이다. 특히 오랫동안 생활이 유지된 마을은 한 채 한 채 더해가는 건축 방식을 통해 마을 전체가 하나의 건축처럼 성장해 간다. 같은 남향집이라도 집터의 생김을 존중하기에 억지로 정남향을 고집하지 않고 지형과 기후의 특징을 살펴 최대한 자연에 순응하려는 태도를 보인다. 그래서 같은 방향을 취한 집들도 아무렇게나 틀어진 듯 보이지만 이런저런 근거 있는 이유로 약간씩 틀어져 자리 잡은 것이다.

꽉 찬 숲속 나뭇가지가 이리저리 뻗쳐도 서로 다투지 않고 질서를 유지하는 것처럼 오래된 마을의 길과 집의 생김새에는 보이지 않는 질서가 있다. 그 질서의 바탕에는 아주 합리적인 관찰과 경험에서 오는 거주와 삶의 지혜가 녹아 있다. 그것이 바로 삶의 건축이다.

삶의 지혜는 시간의 쌓임과 관계의 겹침도 중요하지만 천천히, 아주 천천히 걸어가듯이 경계를 구분 짓는 타협과 자율적 방식이 더 중요하다. 말하자면 옆 땅, 옆집과의 관계를 더 중시하는 집을 만든다는 뜻이다. 하지만 도시, 그것도 만들어진 지 얼마 안 된 날내 나는 신도시는 그럴 수가 없다. 이미 바둑판처럼 구획된 땅이라 최대한 땅을 이용하려다 보니 옆집보다는 내 집을 우선하게 된다. 아무리 행정규정이다, 건축지침이다 만들어봤자 '옆집보다 내 집 우선'이라는 사고방식 앞에서는 속수무책이다.

신도시의 단독주택 단지에 들어서는 집이 영화 세트처럼 만들어지는 근본적 이유는 옆집과의 조화보다 내 집을 우선하기 때문이다. 예쁘게 돌출된 개별적 형태가 전체를 부조화하게 만들면서 종국에는 이상한 동네가 된다. 입지 환경이 좋은데 옆집과의 조화를 무시하고 집을 지은 동네를 보면 참 답답해진다. 그 넓고 좋은 장소를 달동네보다 못하게 만드는 안목에 화가 난다.

달동네는 가난하지만, 그곳에는 많은 교훈이 살아 있다. 치열한 삶이요, 지독한 가난이 바탕이고 위생 환경과 거주 조건이 나쁜 건 사실이지만, 집 짓는 방식과 삶터를 이루는 기본 질서가 유지되는 미덕이 있다. 누더기라도 재료의 낭비가 없으며 한 치 한 뼘의 치수에서 사치와 허영을 찾을 수 없다. 일단 물질을 다룰 때 물질이 귀함을 안다. 옆집보다 높은 집도 없고 크기도 그만그만해서 위화감도 없다.

균형과 조화는 그럴 때 쓰는 말이다. 극렬한 아쉬움과 절실함이 낳은 합리의 극단을 만난다. 다 합리만 있는 것은 아니다. 가끔 파격도 있다. '상식'을 벗어난 집의 구성은 달동네에서는 이상한 일이 아니다. 예를 들면 길에서 문을 열면 부엌이고 다시 문을 열면 방이다. 그러한 평면 구성은 터가 좁아서 생긴 해결책이므로 달동네에서는 상식이다. 허위에 찬 '상식'이 아니라 보편적으로 권유되는, 그야말로 상식인 것이다. 그러한 파격적 구성에도 최소한의 예의를 지킨다. 모나지 않은 자세를 취함이 그것이다.

골목길의 공동성을 존중하며 옆집의 개별성을 인정하는 모나지 않은 해법이 달동네 건축의 가장 큰 미덕이다. 신도시의 집은 그러한 미덕을 배워야 한다. 배우면 뭘 하나, 실천해야지.

계단벽 프로젝트는 달동네는 아니지만 변두리 동네의 일이었다. 땅 모양도 이상한 데다 대지 면적까지 좁았다. 차 한 대 주차할 공간을 확보하는 면적밖에 지을 수 없는 규모. 용도는 전세 또는 월세 받는 셋방.

건축법이 허용하는 만큼의 면적을 구조틀 속에 끼워 넣고 계단실만 독립시킨다. 계단실을 내부 공간으로 만드는 것도 아까워서 가운데 벽을 세우고 계단이 튀어나온다. 비바람에 홀로 선 외부 계단이다. 물론 계단 폭도 좁다.

이삿짐을 좁은 계단으로 어떻게 나르느냐고? 가난한 셋방살이에 큰 가구가 있는 집이 없으니 계단 폭은 넓을 필요가 없다. 구조틀은 왜 만드느냐고? 잘나가는 셋방의 크기가 달라지면(방 하나짜리 또는 방 두 개짜리) 구조틀 속에서 이리저리 벽체를 뜯어고치기 쉬우라고. 마감 재료? 아주 싼 블록으로 끼워 쌓고 구조틀은 철근콘크리트. 그 위에 페인트도 안 바르지.

그렇게 저렇게 생각을 정리하고는 너무 우울해. 단순한 면적만 있는 집이라서 너무 우울해. 아니지 아니지, 계단이 말하잖아.

계단은 인간이 만든 최초의 건축 의지다. 발로 딛는 바닥의 높이 차이를 이동케 하는 수직의 이동 장치다. 수직의 길. 땅으로 뻗은 길이 아니라 하늘로 뻗은 길이다. 맨 처음 계단을 만든 사람은 누구였을까? 한 계단 두 계단, 한 참 두 참, 한 층 두 층을 오르고 내리는 수직의 길.

오늘 우리가 보는 계단은 너무 흔해 무감각하지만, 계단의 의미는 참 깊고도 높다. 계단은 단순히 층을 연결하는 통로가 아니다. 층과 층을 이을 때는 연결을 의미하고, 다락이나 지하를 이을 때는 또 다른 세계로의 전이를 말한다. 다락방에 이르는 가파른 계단, 마치 사다리처럼 급한 계단을 보라. 또 다른 공간(신세계 또는 미지의 세계)을 탐색하는 호기심으로 가득 찬 꿈의 통로가 아닌가. 천국에 이르는 길도 계단으로 묘사되고 유령의 세계로 들어가는 통로도 계단으로 그려진다. 계단은 말하자면 여러 번 꺾인 또는 접힌 길이다. 걷기엔 편치 않지만 필요가 만들어낸 인류의 발명 중 걸작이다. 문명권은 달라도 계단은 다 있다. 그렇게 많은 이야기가 묻어 있는 계단을 요즘엔 너무 소홀히 다룬다.

이런저런 조건과 형편이 좋지 않은 건축물이라 하더라도 계단의 형태와 배치가 좋으면 집 전체가 그럴싸해진다. 아무리 고급 건축물도 계단의 디자인이 궁핍하고 옹색하면 전체 인상이 좋을 리가 없다. 계단은 그래서 디자인의 최후 보루라는 느낌을 받는다.

지적도 경계선 따라 자리 잡은 집 모양 속에 건축가가 끼어들 틈은 너무 좁아라. 나는 겨우 난간을 만지작거리며 계단에서 놀았다. 층마다 표정 다른 계단을 오르내리며 옆집도 기웃거리고 하늘도 올려다보고 땅도 내려다보고, 자라는 나무와 같이 오르는 계단벽이 겨우겨우 나를 위무해준다.

제발 저에게 알려주세요.
　살고 싶은 당신의 집을,
꾸고 싶은 당신의
꿈을

프로젝트를 의뢰받을 때 기분은 참으로 묘하다. 아주 기분 좋게 의뢰해 놓고 끝마무리에 가서 기분 상하기도 하고, 의뢰할 때는 찜찜했는데 일이 점점 진행되면서 깊이 사귀게 되는 경우도 있고, 혹시나 했는데 역시나 실망으로 끝나기도 하고, 실망을 각오했는데 아주 기분 좋게 끝나는 수도 있다.

　의뢰인(Client)을 건축계에서는 건축주라고 한다. 집의 주인이란 뜻의 아주 상상력 없는 형식적 호칭이다. 건축은 건축가를 통해 태어나지만 건축주를 통해 키워진다. 건축을 보면 주인이 보인다는 말이다. 사실 어떤 집을 보면 주인의 인품·성격·철학·교양·취미·미감 등을 금방 느낄 수 있다. 그건 지어놓고 쓰는 경우고, 디자인 단계-이렇게 저렇게 서로 주고받는 의사소통이 아주 중요하다-에서도 집주인의 안목은 드러나게 마련이다.

특별한 경험이다. 주인을 만나지도 않고 말을 듣지도 않고 누군지도 모르고 디자인한다는 것은. 이 일이 그랬다. 귀한 선배로부터 연락이 왔다. '이런저런 요구 사항에 전체 규모와 공사비 수준은 어느 정도다, 나머지는 알아서 해라.' '누구하고 진행하면 될까?' '내가 다 진행하니까 그냥 하라고.' '알았습니다.' 그렇게 해서 만든 주택인데 겉모습은 무뚝뚝하고, 두 채로 나뉜 사이의 연결 복도는 투명한 유리 틀로 싸고, 좌우 덩어리에는 여럿이 바글대는 기능과 조용히 혼자 쓰는 방이 나뉘어 배치된다. 적당한 높낮이가 있는 터의 특징을 살펴서 정자랄까, 누마루랄까 한 것을 마련하고. 아무튼 부자 동네에 서는 집인데도 요란한 장치와 치장이 없는 외관이 기분 좋았다. 평면 구성도 그럭저럭 편안하게 정리됐다. 도면과 모형을 보고 난 선배도 흡족한 표정이었다.

기분 좋을 때는 웃음이 나오는 법. 그러나 그 웃음은 오래가지 못했다. 진행 보류 연락을 받았다. 그것도 전화로. 무슨 일인지 몰라 디자인을 바꿔야 하느냐고 물었더니 디자인은 좋다고 했다. 차일피일 시간이 지나 그냥 묻히고 말았다. 난 내심 부자 동네에 요란하지 않은 집 한 채 짓고 싶었기에 기대가 컸다.

아뿔싸, 프로젝트가 날아간 다음 생각해보니 건축주의 얼굴도 모르는 게 아닌가. 그런 경우를 '그림자 건축주'라고 할 수 있을까, 아니면 '보이지 않는 건축주'라고 해야 할까. 가끔 아주 난감하게 중간에 낀 입장에서 프로젝트를 의뢰하는 경우가 있는데, 내가 가장 싫어하는 경우다. 원망할 일이건 감사할 일이건 상대의 얼굴을 모르는 이상한 경험.

흡사 홀린 것 같기도 하고 당한 것 같기도 하고, 정작 더 죽이는 것은 누구한테 당했는지도 모른다는 미혹의 허무감이다. 허무는 짙을수록 멋있지만, 미혹의 허무는 괴롭기만 하다.

부서진 모형 바닥을 보니 미혹의 허무처럼 아프게 속살이 드러난 집의 앉음새가 보인다. 땅에 앉는 집도 빛을 받지 않는 부분은 창백할까. 터가 기억하는 것은 집의 형태가 아니라 땅과 접한 평면이나 기초의 형상일 것이다. 또 바람이 기억하는 집의 형태는 스치며 지나간 벽면의 질감이나 지붕의 틈새가 아닐까. 아니, 열린 창문 사이로 지나간 바람은 내부의 살림살이 냄새까지도 기억할지 모른다. 그럼 지붕 위로 내린 눈이나 빗방울은 어떤 기억으로 집을 떠올릴까. 잠시 머문 지붕의 경사와 홈통 속의 빠른 흐름으로 기억할까. 내가 기억하는 '보이지 않는 건축주'는 바람이 기억하는 집, 빗물이 기억하는 집, 땅이 기억하는 집보다도 훨씬 약하게, 아주 약하게 맥없이 모형으로 남았다.

지금은 사라진 모형 사진을 보며 희미한 형태의 주장보다는 모형판에 새겨진 건물의 바닥 형상이 눈길을 잡는다. 풀이 자라고 이끼 낀 마당처럼 착색된 먼지가 모형의 대지를 덮고 있다. 집이 앉았던 자리는 새것처럼 하얗다.

자연은 오래된 것과 새것이 모두 편안한데, 인위적 사물은 새것과 헌것이 뚜렷하게 구별된다. 부서진 모형을 보면 새집을 만들려다 헌것이 된 인위의 극치를 느끼게 된다. 도대체 하늘 아래 무엇이 새로울까. 오래된 것과 원래 있던 것을 캐내고 조합해서 새롭게 보이도록 할 뿐인 인간의 빈약한 능력이라니. 그 틈바구니에서 상상력마저 잠들면 아, 가련한 존재, 뭔가 만들려고 버둥대는 미혹의 존재들. 그렇게 좋을까? 만들고 싶은 욕망아! 앞선 욕심이 깊으면 뒤에 오는 실망이 보이지 않는 법인데, 종종 잊는다, 그 간단한 경구를.

부탁받은 일을 할 때 가장 부담되는 말은 "알아서 하세요", 또 가장 무서운 말은 "알아서 해주세요", 가장 답답한 말은 "그냥 알아서 하세요"다. 말을 해야 알지 내가 알긴 뭘 안다고…, 제발 저에게 알려주세요. 살고 싶은 당신의 집을…, 꾸고 싶은 당신의 꿈을.

그러니 건축(집)의 말은 결국 건축주(사람)의 말이요, 생각이다

**가가불이
작은큰집
잔서완석루**

막불감동(莫不感動)은 '감동하지 아니할 수 없다'는 말. '크게 느끼어 마음이 움직이는 것'이 감동이다. 마음이(을) 움직이는 것이야말로 사람의 일 중 가장 힘들고 큰 일이다. 가벼운 듯 흔하지만 세상 어디에도 드물고 무거운 것이다.

당신은 누구에게 감동을 받았는가. 당신은 누구에게 감동을 준 적 있는가. 사람을 흔히 '감정의 동물'이라는데, 사람은 어쩌면 동물의 감정을 지닌 존재인지도 모른다(학습된 상식·윤리와 이성(理性)으로 억제·자제하기에 표출되는 경우가 드물 뿐). 나는 생업으로 건축가 노릇을 하면서 사람은 정녕 동물의 감정을 지닌 존재-인간의 생리에 동물의 감정을 더하니 짐승보다 더 동물 같은-라고 여긴 적이 한두 번이 아니다. 다른 것들과 소통·타협·조율·양보·배려하지 않고 홀로 보신(保身)하려는 행동이 동물의 특징 중 하나다(반면 인간의 특징은 보신-普信, 보편적으로 믿거나 두루 믿음-아니던가).

오래 주택가에 헌 집 헐고 어느 새집 지을 때의 일이다.

"건축법대로 일조권 거리를 띄웠지만 뒷집(북쪽)에서 민원을 제기하는 경우가 있습니다. 그럴 경우 잘 설명하고 이해를 구하고 공사해야 이웃 사이가 좋습니다."
"아, 걱정 마세요. 뒷집은 아버님과 같이 6·25 때 목숨 걸고 같이 피난 나온 분이어서 다른 집은 몰라도 그 집과는 아주 친해요."

새집을 지으려면 헌 집을 허무는 것이 순서. 굴삭기가 오자마자 '공사 못 한다'고 드러누운 사람은 '아주 친하다'는 그 집 주인이었다. 이유는 새집에 대한 질투심(새집이 들어서면 자기 집이 더 낡아 보이고 집값이 떨어진다고…). 또 있다, 비슷한 일이. 어떤 집을 짓는데, 도로 건너편 주민이 시도 때도 없이 구청에 갖은 이유로 민원을 제기하니 구청 담당자가 현장에 왔다. "건축법에 저촉된 부분이 없고 민원에도 타당성이 없어 구청에서 개입할 수 없다"라고 했다. 그러자 건너편 사람이 대형 굴삭기를 임대하여 현장 입구를 막아버렸다. 수소문하여 굴삭기 주인과 통화하니 "그런 일에 쓰이는 줄 몰랐다. 돈 못 벌어도 남의 현장 막는 용도에는 굴삭기 빌려주지 않는다"라며 가버렸다. 그러자 담벼락에 '아무개는 집 짓지 말라', '아무개는 각성하라'는 현수막을 내걸었다. 이유는 새집이 들어서면 자기 집에서 보는 풍경이 가려진다는 것. 물론 안 가리면 좋겠지만 자기 시야를 가린다고 남의 땅에 무조건 집을 짓지 말라는 억지는 옳지 않다. 이런 일도 있다. 건축 심의를 받을 때는 앞뒤 도로를 연결하는 보행자 통로를 만들겠다고 하고, 준공 후에 막아버려 사람들을 못 다니게 하는 대형 건물도 보았다. 자신의 욕심은 중요하고 남의 권리는 무시하는 심보. 그런 일은 여기저기서 흔하게 듣고 본다.

"백 냥으로 집 짓고 구백 냥으로 이웃 사라"라는 속담은 이웃의 중요성을 말한 것인데 거꾸로 이웃을 원수로 여긴다. 그럴 때마다 생각나는 것은 동물성의 행동방식이 아닌, 식물성의 사유를 보여주는 건축의 예다. 건축가의 제안이 아무리 좋아도 건축주의 이해와 동의 그리고 실천이 없으면 의미가 살지 못한다. 그러니 건축(집)의 말은 결국 건축주(사람)의 말이요, 생각이다. 그래서 집을 보면 주인이 보인다(집을 짓거나 꾸밀 때 무엇을 '중심'으로 생각하는가? 부의 과시인가, 자기만을 위하는가, 이웃에 대한 배려도 있는가, 환경 파괴적인가, 삶의 태도에 대한 성찰인가. 바로 그 '중심'이 집주인의 가치관이다. 숨겨지지 않는).

길과 집이 하나인 집, '가가불이'

"우리 마당에 누구라도 들어오시라", "우리 마당에서 아무나 쉬었다 가시라"라고 말하는 집이 있다. '가가불이(街家不二)', 길과 집은 하나라고 말하는 건축이다. 서울 등촌동에 있는 다가구주택이다. 오래된 주택가 작은 필지에는 집 앉히고 주차장 설치하고 나면 나무 한 그루 제대로 심

길과 붙은 집들이 길과의 연관성을 소홀히 하면
집은 그저 콘크리트 상자일 뿐. 집 한 채 지으며
동네를 바꾸는 꿈을 꾸고 그렸는데, 10년도
더 지난 지금 그 주변은 어떻게 변했을라나

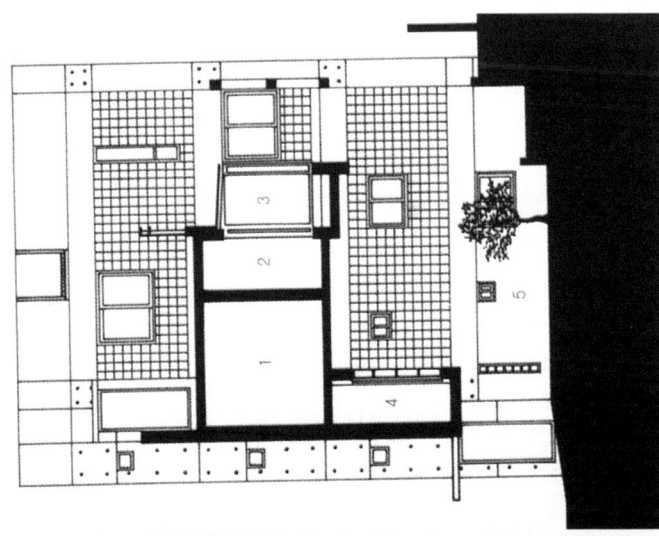

지 못한다. 더하여 담장까지 두르면 이웃과 불통인 섬이 되고 만다(담장은 높을수록 도둑이 숨기 좋다). 궁리 끝에 집을 두 채로 나누고 "길과 연결된 열린 마당을 두자, 대문도 없앤다, 아무나 들어올 수 있게 하자"라고 했더니, 건축주 왈, "도둑이 들어오면 어쩌나"라고 한다. 아니다. "열려 있는 곳에는 사람의 눈이 많아 오히려 도둑이 피한다." 알겠다. 그렇게 나무 심고 계단 같은 화단 만드니 과연 동네 아이들이 놀고 머물더라. 옆집, 뒷집, 앞집도 그렇게 서로 마당을 연결하고 담을 없애면 불규칙한 형상으로 이어지는 멋들어진 사람의 길이 되겠더라(주택가 도로는 넓건 좁건 자동차가 점령하고 사람이 편하게 걷지 못한다). 길과 붙은 집(건축)들이 길과의 연관성을 소홀히 하면 집(건축)은 그저 콘크리트 상자일 뿐. 집 한 채 지으며 동네(도시)를 바꾸는 꿈을 꾸고 그렸는데, 10년도 더 지난 지금 그 주변은 어떻게 변했을라나(마당을 열자는 제안을 쾌히 받고, 짓고, 사는 건축주의 태도를 지금도 잊지 못한다).

훼손된 자연을 치유하고 경계를 없앤 집, '작은큰집'

차를 타고 서울에서 두 시간 거리, 경개 좋은 어느 산 밑에 두부 자르듯 산자락 잘라내고 지은 낡은 집이 있었다. 심하게 절토하여 만든 평지가 마음에 걸렸다. 잘려 나간 산자락의 신음이 들렸다. "집을 새로 지으면서 원래의 지형을 (추정하여) 되살리는 것이 좋겠다" 하니, 쾌히 "그렇게 합시다" 한다.

살림살이에 필요한 방들을 ㄷ자로 나누어 앉히고 벽과 지붕을 흙으로 덮어 산자락의 흐름에 순응하는 지형을 만든다(사실 건축이란 새로운 지형을 만드는 행위다. 지형을 훼손하는 건축이 일반적이지만 훼손된 지형을 치유하는 건축은 왜 없단 말인가). 완공된 집은 대부분이 땅속에 묻힌 형상, 방과 방 사이의 마당은 집 밖에서는 보이지 않아 어두울 듯하지만 햇빛이 잘 들며 뒷산과 연결된다. 산·바위·나무의 기운이 마당으로 내려오고, 사람의 시선과 마음은 산을 향해 열리며 오른다.

집이 지어진 뒤의 일, 경계도 담장도 없으니 등(하)산하는 사람들이 마당에 불쑥, 별채에도 불쑥, 그러다 주인이 없는 때는 아예 툇마루에서 도시락을 까먹고 놀다 간 흔적을 남기는 일이 잦다. 그래도 주인은 담장 두를 생각을 하지 않는다. 자기 땅이지만 "산을 빌려 잠시 살 뿐"이라고 말한다. 건축하기 전에 "훼손된 지형을 치유하려니 토목 비용이 더 든다"라고 설명하자 "그것은 공사비가 아니라 자연 치료비"라며 웃던 건축주의 이해를 잊지 못한다. 집을 짓는데 산을 품은 듯 큰 생각이었다. 나는 자연을 사랑하는 그 마음에 화답하며 그 집을 '작은큰집'이라 이름했다.

세상을 향해 안방까지 공개하는 집, '잔서완석루'

어느 날 집을 짓겠다고 찾아온 건축주에게 말했다. "새로 지을 집을 아

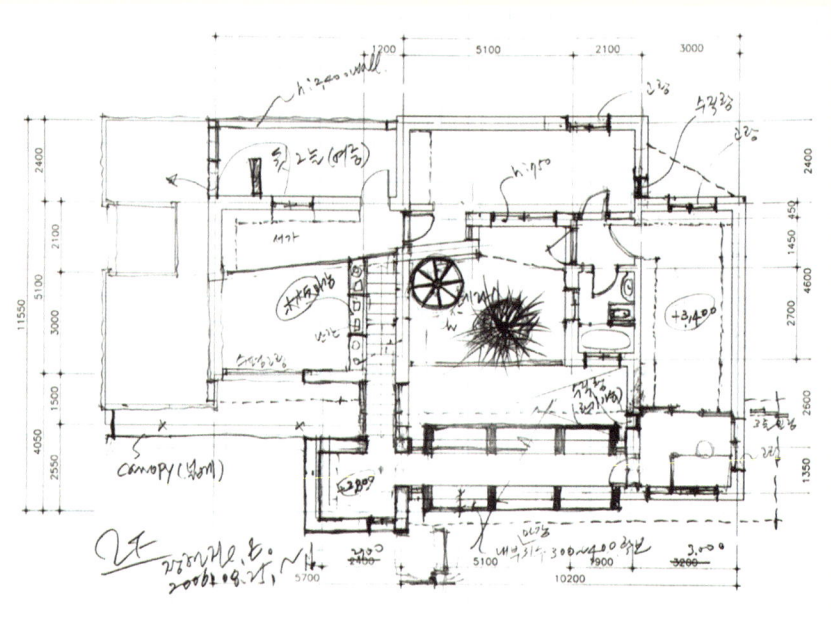

ⓒ진효숙

ⓒ진효숙

저보다 바람 더 맞고 지낸 그 벗들이 오래간만에 한번 와서 한숨
돌리고, 그간 나누지 못한 얘기꽃을 피우며 지내는 집이면 좋겠습니다.
작게 모임을 꾸려 움직이는 선생님들이 있습니다. 그분들이 와서 함께
어떤 주제를 놓고 논의하는 자리가 되면 좋겠습니다.

직 구상하기 전에 집주인이 갖는 꿈을 글로 써보시면 어떨까요?"

답장이 왔다. "이때까지 살아오면서 신세 진 사람들이 많습니다. 그네들 덕택에 여기까지 오면서 그나마 사람 꼴을 갖추어 살게 되었습니다. 저보다 바람 더 맞고 지낸 그 벗들이 오래간만에 한번 와서 한숨 돌리고, 그간 나누지 못한 얘기꽃을 피우며 지내는 집이면 좋겠습니다. 작게 모임을 꾸려 움직이는 선생님들이 있습니다. 그분들이 와서 함께 어떤 주제를 놓고 논의하는 자리가 되면 좋겠습니다." "집 분위기는 이웃에 위세 부리지 않고, 주변을 비웃지 않으면 좋겠습니다." (이 내용은 책 《제가 살고 싶은 집은…》(이일훈+송승훈, 서해문집, 2012)으로 묶였다.)

자기 집을 지으며 맨 처음 하는 생각이 식구들 욕심이 아니라, 주변 지인들에게 집을 제공하겠다니? 새집을 짓는 누구라도 과시욕의 유혹에서 벗어나기 어려운데, 이웃에 위세를 부리지 않겠다니? 놀라움을 넘는 감동! 그 감동은 아직도 식지 않았다. 새집에 이사 간 지 다섯 해가 넘는데도 독서 교육, 연구 모임을 갖는 교사들에게 기꺼이 집을 제공한다. 거실과 서재는 당연하고 안방까지 개방하여 세미나와 워크숍을 진행한다. 건축에 관한 궁금증을 가진 사람들에게는 정해진 날에 집을 보여주기도 한다. 어느 날인가, '길담서원'에서 주최한 음악회가 그 집에서 열린 적도 있다.

공공시설에서 성취·발현·구현되는 공공성은 훌륭한 평가를 받더라도 박수 칠 일이 못 된다. 공공시설에서 그것은 너무 당연한 일이기 때문이다(우리 사회에서 그런 경험이 적다는 것은 대단히 불행한 일이다. 불행을 불행으로 여기지 않는 만성 불행). 오히려 더 큰 공공성이 일상에서 성취·발현·구현되지 못함을 부끄러워해야 한다. 공공시설이 가져야 할 자세는 보여주기 위한 상투적 공공성을 넘어 이제 공동성으로 나아가야 한다. 더 큰 문제는 공공시설이 아닌, 그러나 공공에 영향을 미치는 절대다수의 사유시설(대표적으로 건축시설)이다. 시민 전체가 공유해야 하는 환경을 해치거나 도움이 되지 않는 사유시설이 얼마나 많은가(그런 예는 거의 법적으로 문제가 없다고 말한다).

도시와 불화하고, 자연과 불통하며, 이웃과 불편하고, 공생·상생·공동의 가치를 외면하며, 사용의 가치보다 소유의 목적에만 집착하는 건축이 넘치는 시절, 이런 예들은 사유(私有)를 넘는 사유(思惟) 방식을 보여준다. 사유인데도 세상과 담쌓지 않고 열어도 별 문제 없다는 자세, 내 집만을 위해서 자연을 해치는 일은 하지 않겠다는 생각, 나아가 자신의 살림살이 공간도 벗들이 필요로 한다면 더불어 나누겠다는 집주인의 마음에서 그윽한 평화를 느낀다. 주변을 존중하고 사람을 환대하는 건축(그 반대가 사람을 무시·멸시·푸대접하는, 세상에 너무 많은 건축 아닌 건물)이 비로소 건축일 것이다. 세상에 권할 만한 생각을 좇아가면 건강한 건축은 저절로 되나니. 세상엔 그런 건축, 아니 그러한 사람도 있다. 이 아니 귀한가, 아! 그저 막불감동!

그 집에 만들고 싶었던 정자와
심고 싶었던 나무,
　결국 내 마음속에
짓고 말았다

맨 처음 땅을 둘러볼 때 땅이 주는 인상은 건축 구상에 결정적인 영향을 준다. 땅을 살핀다는 것은 단순히 집을 찾아가는 약도를 파악하는 것이 아니라 지형을 살피는 것이다. 지형은 홀로 독립하지 않고 주변의 흐름과 연결되므로 소홀히 볼 수가 없다. 주변의 맥락-지형적 맥락, 문화적 맥락, 역사적 맥락-을 살펴서 존중할 것과 소홀히 해도 될 것의 순서를 정하고 땅의 특성을 살핀다.

　땅의 특성과 건축물을 어떻게 유기적으로 관계 맺게 하는가, 안전성에서 위생적 처리까지 많은 사항을 조직하고 구성하는 것은 건축가의 몫이다. 건축은 아주 보편적인 것에서부터 아주 특별한 것으로 해법을 찾아 나아가는 것이다. 그것을 건축가가 흔히 하는 말투로 '보편성을 통한 특수해'라고 표현하면 갑자기 글맛이 떨어진다. 글맛이 떨어진 이유가 뭘까? 읽는 이에게 느낌이 와닿지 않기 때문인데, 그것은 필경 무슨 말을 하려는 것인지 분명치 않거나 분명하다 해도 내용이 대단치 않은 까닭일 것이다. 전문 영역의 표현은 늘 그렇게 글맛/말맛이 재미없게 생겨먹었다.

  건축주와 대화하는 중에 건축 전문 용어를 가급적 쓰지 않는 나의 버릇은 이해를 위한 방편이며 상대에 대한 배려다. 되도록 쉬운 말로 시작하고 자세하게 끝내야 건축주가 편안하게 생각한다. 집을 지으려고 막상 시작하면 이것저것, 이 문제 저 문제, 이 사정 저 사정, 이 욕심 저 욕심으로 가득 차고, 이 생각 저 생각, 꾸는 것이 꿈이요, 느는 것이 걱정인데, 만난 건축가마저 어렵게 이야기하면 웬만해선 돈다. '돈다'는 것은 어지러움인데, 가뜩이나 복잡한 입장을 더 복잡하게 만들면 건축가를 어찌 믿겠는가. 그래서 난 아주 쉽게, 뭐 이리 쉬울까 할 정도로 쉽게 설명하려고 노력한다. 서로 입장을 바꾸어보는 것이 사람에 대한 배려의 출발이듯, 건축주와 건축가 사이에는 서로의 중심 잡기가 필요하다. 쉬운 표현은 서로의 중심 잡기에 큰 도움이 된다. 입장과 입장은 사실 중심과 중심의 문제니까.

  타인의 입장을 본다는 것은 타인의 중심을 본다는 것이다. 건축주와 건축가의 대화가 서로의 입장을 고집하거나 서로의 지식을 견주거나 서로의 능력을 과시하려고 하면 되는 일이 없다. 아니, 있다. 깨지는 일이 있다. 특히 비슷하겠지, 하고 단정하는 일도 있는데, 일방적으로 짐작하는 경우의 대화는 그야말로 겉돌기 십상이다. 입장이 다른데 대화마저 겉도니 무슨 생각이 맞기를 하나, 생산성이 있기를 하나, 결론이 나기를 하나, 서로 괴롭기만 하다.

배우가 특정 배역을 소화하기 위해 며칠 동안 특정 분야나 직업을 경험하고 나서-경험은 짧을수록 오해가 많다-인생을 말하거나 여러 직업을 겪어봤다고 말할 때 느껴지는 측은함 같은 경우랄까. 아니면 자신의 방식으로만 세상을 재단하는-그것도 옷감이 모자라서 겨우 만든-것을 지켜보는 안타까움이라 할까. 그러나 즐겁게 마무리되는 건축주와 건축가의 대화는 좋은 구상을 낳는 첫걸음이 된다. 힘을 얻는다. 서로 낮추어서 힘을 얻은 말. 힘을 얻어 지어지는 집은 스스로 힘을 만든다. 건축가를 믿으면 집이 잘된다.

그 땅에 집이 지어지고 나면, 벌판에서 벌어지는 사계절의 향연을 즐기는 정자가 있고 벌판이 자꾸 말을 걸어오면 집을 비운 사이에 친구가 필요할 것 같아서 나무를 심기로 했다. 정자는 나무를 보고 나무는 정자를 본다. 둘은 궁합이 잘 맞는다. 정자 있는 곳에 나무, 나무 있는 곳에 정자. 나무와 가깝게 말을 걸거나 그늘에 숨고 싶으면 바닥에서 살짝 떠 있는 목재 바닥 위를 걸어가고, 벌판 끝 강둑 너머 물살의 흐름이 궁금해지면 계단을 타고 정자로 간다. 정자가 사람이 만든 그늘이라면 나무는 자연이 만든 정자다. 정자는 근본적으로 풍경과 관계하고, 나무는 하늘과 땅으로 관계를 잇는다. 정자는 풍경을 보고 즐기려는 욕구에서 나오지만 나무는, 나무는 스스로 풍경을 만들어낸다. 정자는 처음부터 모양을 만들고 기능하지만, 나무는 모양을 만들려고 자라지 않는다. 정자는 사람이 만들지만 나무는 스스로 만든다. 손길이 그치면 정자는 폐허가 되지만 나무는 더 나무다워진다. 나무를 통해 무위자연(無爲自然)을 배우고 정자를 통해 유위자연(有爲自然)을 행한다.

정자는 여행하는 사람이 잠시 머물러 쉰다는 의미에서 출발한다. 정자의 이름 뒤에 붙는 '정' 자의 뜻말 정자 정(亭)은 '머무를 정(停)'에서 연유한다. 정자는 단순히 쉬고 즐기고 머무는 짧은 체류의 장소가 아니라, 철학을 논하고 문학을 아우르는 지적 생산 공간이다. 토론의 마당이며 교류의 장으로서의 정자는 자연과 인위의 접점에서 만나는 인생관과 세계관을 드러낸다.

정자를 건축적 잣대로만 보려 하면 건축의 어둠에 가려 본모습이 보이질 않는다. 집에 가려져 삶이 보이지 않는 것과 같다. 정자의 말을 듣기 위해서는 정자의 그늘, 그러니까 어둠이 아닌 그늘 속으로 몸을 묻어야 한다. 그늘은 정자의 정신이자 몸이다. 그늘 속에서 자연과 접하는 황홀한 사유의 공간이다. 정자 속에 머무는 것은 자연의 품 안과 밖에 있음을 동시에 체험하는 것이다. 안이며 밖이고 밖이며 속에 머무는, 그 영역의 경계를 넘나드는 건축 장치로서의 정자는 그늘의 몸이다. 육체와 정신은 따로 걷는 것이 아니다. 정신은 마음이고 육체는 몸이라고 나누는 관점은 낡은 것이다. 정신과 육체는 늘 같이 걷는 존재이며 하나의 상태다. 몸속에 육체와 정신이 함께 있는 것처럼 정자의 구조틀과 공간은 같이 가는 생명이다. 누가 그 틀과 공간을 나눌 수 있을 것인가.

정자를 만든 솜씨-위치와 형태-를 보면 건축가의 속내를 금방 읽는다. 풍경 속에서 두드러진 위치에 보란 듯이 자리 잡고 모양을 뽐내는 정자를 보면 그 정자를 만든 이의 수준은 그저 그렇다는 것을 알 수 있다. 그런 정자는 오히려 풍경을 해치기 십상이니 정자의 본질을 놓쳐도 한참 놓치고 있다. 정자는 숨죽이고 풍경 속에 스며들어 자신의 형태를 주장하지 않고 오히려 한 점의 풍경으로 있는지 없는지 모르게 자리 잡을수록 솜씨가 절묘하다. 집을 만드는 것만이 솜씨가 아니라 위치를 잘 잡는 것, 그것이 좋은 건축·건축가의 출발이다. 형태 언어의 표현 방법 중 있는 대로 드러냄이 가장 쉽고 감추듯 드러냄이 높은 경지인 것은 그만큼 이루기 어렵기 때문이다.

없는 듯 드러내는 것과 있는 듯 사라지는 경지가 바로 자연과 인위의 경계다. 호흡이 긴 춤사위의 시작과 끝을 닮은 공간 같다고나 할까. 아니면 멈춤과 움직임이 동시에 있는 산조 같다고나 할까. 풍경과 나뉘지 않는 정자, 그것이 정자의 높은 격이다.

나무는 또 어떤가. 움직이지 않고도 중심을 잡는 나무는 스스로 서 있는 존재다. 무엇을 위해 서 있지 않는 존재, 무서운 존재요, 지독한 존재다. 얼마나 지독하면 스스로 형태를 이루어내겠는가. 얼마나 지독하면 흙과 공기 사이에서 숨 쉬며 물기와 바람을 먹고 대지와 허공 사이에 균형을 잡겠는가.

그냥 서 있는 나무는 늘 스스로 노출되어 있으나 수다 떨지 않는다. 풍성한 줄기와 잎으로 이루는 그늘조차도 자신을 위해 만든 것이 아니다. 동물이 탐욕의 덩어리인 것과 견주면 식물은 무욕의 상징이다. 또 식물의 상징이 나무이기도 하고.

생존을 위한 투쟁에서도 동물의 생존 방식이 속도와 격렬함을 근본으로 한다면, 식물의 투쟁은 보이지 않고 또 느려, 비장할 정도로 드러나지 않는다. 그 느림에서 오는 장엄함은 그 어떤 인위의 이야기보다 숭고하고 엄숙하다. 자람에 대해 초조해하지 않고 터전에 대해 투정하지 않으며 또 이웃에 대해 불평하지 않는다. 다툼의 방법보다는 공생하는 관계로 적응한다.

추위가 오면 제 몸의 물기를 말리고 더위가 오면 잎을 살찌운다. 제 몸으로 추위와 더위에 대응하면서 적당한 살 두께를 유지한다. 나무에는 무엇보다 비만이 없다. 나무에게 비만은 죽음이다. 스스로 제 살을 덜어내는 지혜를 지닌 나무. 그래서 오래 산다, 오래간다. 나무는 사람보다 오래가고 집보다 오래가고 옛날이야기만큼 오래 산다.

오래 사는 이야기는 신화다. 우리 마음속에 숨 쉬는 신화, 우리 마음속에 자라는 나무. 마음이 황폐한 것은 가슴속에 자라는 나무가 없기 때문인데, 심지 않은 나무가 자랄 수 없으니 언제 숲을 이룰까. 마음속에 숲을 품은 자는 풍요롭다. 숲속의 생명과 희망은 나무가 많은 데서 오는 게 아니라 '뿌리 깊은 나무 가뭄 안 탄다'는 속담을 밑받침하는 나무의 뿌리 눌림의 힘에서 온다.

뿌리 눌림, 식물의 뿌리가 흙 속에서 흡수한 수분을 물관을 통해 줄기나 잎으로 밀어 올리는 힘. 나무가 버티는 힘은 가지와 줄기의 억셈이 아니고(잎의 고운 자태는 더욱 아니고) 뿌리로부터 올라오는 양분일 터이니 나무를 보면 뿌리가 떠오른다. 아니, 뿌리로 시작해서 잎으로 가고, 잎에서 시작하여 뿌리로 가는 그 긴 호흡의 통로, 나무가 크면 숨길도 길다. 나무를 보며 숨 쉬고 숨 뱉는 그 장단을 배운다. 낮은 곳과 높은 곳의 순환을 보고, 물기와 햇빛의 소통을 보고, 흔들리는 잎은 뿌리를, 깊게 내린 뿌리는 잎을 위하는 당연함을 본다. 얼마나 귀한 당연함인가. 세상에 나무처럼 당연한 것이 또 있으랴. 나무가 내린 그늘, 당연함의 그늘. 그늘 속의 당연함을 깨닫는다.

그 집에 만들고 싶었던 정자와 심고 싶었던 나무는 결국 내 마음속에 짓고 말았다. 한 그루 나무를 심는 위치와 장소를 생각하고 고르는 일도 건축이다. 나무 한 그루의 건축이 깊은 공간을 일구어낸다. 그늘 속의 명상과 관조를 꿈꾸던 나의 제안은 희미한 기억으로 사라졌는데, 안주인과 바깥어른의 금실지락(琴瑟之樂)이 다해서 집 짓는 일이 주인을 잃었다. 사람도 헤어지는데 그리던 집이 날아가는 일은 아주 당연하리라. 그러나 정자와 나무의 그늘이 사라진 것은 아니다. 그늘은 그렇게 쉽게 사그라지는 것이 아니므로 또 다른 인연을 이룰 것이다. 아, 깊은 인연의 그늘이여. 세상이 모두 그 속에 있으니.

놀이터보다도 더 작은,
장난감을
　계속 만들고
싶다

우리말 '어른'은 성인을 말한다. 본래 어른은 '얼운'이라 했는데, 이 말은 '얼우다'에서 왔다. '얼우다'는 '성교하다'는 뜻이다. 곧 어른은 '성교하는 사람', 즉 '혼인한 사람'을 뜻한다. 반면 어린이는 '어린 사람', 즉 '어리석은 사람'이란 뜻에서 온 우리말이다. 아이는 '아들'이나 '딸'을 이르는 말(어른이 되기 전의), 즉 나이가 어린 사람을 칭한다. 어린이는 어른에 비해 어리석거나 잘 모르거나 미숙한 것이 사실이다.

세상이 어른 중심이어서 어린이가 미숙해 보이는 측면도 있지만, 어른이 어린이를 엉뚱하게(또는 잘못) 키워서 미숙하게 만드는 측면도 많다. 그러나 어린이는 항상 어른이 생각하는 것보다 훨씬 어른스럽다는 것이 내 생각이다. 오히려 어른이 나이만 들었지 생각보다 훨씬 어른스럽지 못할 때가 많다. 그런 어른을 뭐라 해야 하는지 말을 만들면 '아른', 아니면 '애른'이라 할까. 여하튼 어린이만도 못한 '애른'을 보면 속이 불편하다. 어린이를 어린이답게 대하지 않는 경우를 봐도 불편하기는 매한가지다.

어린이를 어린이답게 가르치고 키우는 방법은 무엇일까? '어린이 헌장'은 1957년 5월 5월에 선포됐는데, 다소 추상적이고 '돈 있으면 빵 사 먹자'라는 식의 하품 나는 구절도 있지만, 그래도 '즐겁고 유익한 놀이와 오락을 위한 시설과 공간을 제공받아야 한다'고 명시한 것이 눈에 띈다. '자연과 예술을 사랑'하도록 해야 하고 '학대나 버림을 당해서는 안' 되며 '나쁜 일과 힘겨운 노동'을 해서는 안 된다는 선언까지 있다. 그러나 따지고 보면 '어린이 헌장'은 사실 '어른 헌장'이다. 왜냐하면 어린이나 어른이나 다 소중한 인간이기 때문이다.

우리가 어린이를 사회적 제도와 어른의 양식으로 특히 '보호'하려는 것은 그들이 아직 혼자 살 수 없기 때문이다. 사자는 어린 새끼를 높은 곳에서 떨어뜨려 살아남은 놈만 키운다고 하는데, 그것은 사자의 용맹성을 과장하려 한 거짓말이다. 아무리 강한 맹수도 어린 새끼 시절에는 어미가 보살펴야 살아남을 수 있다. 사람이든 동물이든 타고난 능력과 본성을 성장기에 잘 보살펴주어야 빛을 보는 법은 꼭 같다.

어린이는 동물로 말하자면 어린 새끼이고 식물로 말하면 묘목 같은 존재다. 어른의 손길이 자상하고 사랑스럽게 닿아야 더욱 건강해지는 것은 삼척동자도 아는 일이다. 오죽하면 인간을 '환경의 동물'이라고 하겠는가. 환경의 동물은 환경의 지배를 받기 마련이다. 그냥 동물이 아니라 '환경의 동물'이니 '사회적 동물'이니 하는 식의 접두 수식이 붙는 이유를 살펴보면, 그만큼 자연환경에서 사회적 환경까지 제반 환경이 인간에게 중요하다는 뜻일 것이다. 인간에게 어디 환경 아닌 것이 있겠는가. 특히나 어린이에겐 생활환경이 곧 육체적 성장과 인격 형성 결과에 막대한 영향을 준다. 그렇게 중요한 환경을 생각할 때 어린이 전용 시설에 문제가 많다고 느낀다. 특히 유치원 건축과 놀이터의 환경이 심각하다.

유치원 하면 우선 알록달록/울긋불긋한 색상이 떠오르고 기기묘묘한 지붕 모양이 그려진다. 양파 모양에서 고깔모자 형태까지 한마디로 유치하기 그지없다. 바깥 벽, 창문 할 것 없이 그림이 그려져 있고 장식이 붙어 있다. 장식만 있어도 어지러운데 색상까지 뒤범벅이니 그야말로 요지경이다. 그런데 가만히 보면 그런 그림과 장식은 어린이의 솜씨가 아니라 어른이 일부러 그리고 만든 것이다. 아마 어른은 아이가 그런 그림과 장식을 매우 좋아할 것이라고 여기는 듯하다. 하지만 어린이가 그렇게 정형화되고 유치한 형상을 좋아할 리 만무하다. 왜 아동 심리 운운하면서 막상 유치원 환경은 그 모양인지 이해가 안 된다. 유치원을 너무 유치하게 만드는 것은 아닌지 어른은(어른이라고 다 선생님이 아니고, 선생님이라고 다 어른은 아니지만) 숙고하고 반성해야 한다.

멀쩡하게 새로 짓는 유치원의 건축 형태도 문제가 많다. 〈아라비안나이트〉에 나오는 아치 창문과 고깔 지붕의 형태를 차용하고 동화 같은 분위기를 연출한답시고 온갖 괴기스러운 요소는 다 갖다 붙인다. 어린이에게 경험시키는 공간의 시·지각 환경은 어린이 스스로 상상력을 생산하고 갖도록 해주어야 하는 것이지 단순히 보여주고 강요한다고 상상력이 계발되는 것이 아니다. 오히려 조악한 형태나 공간의 체험은 어린이의 상상력에 방해 요소로 작용한다. 그렇게 조악·조잡한 건축 형태를 보면 그런 유치원은 교육 프로그램도 신통치 않을 것이라고 추측된다.

어린이를 위한 공간은 어린이 스스로 마음대로 그릴 수 있게 무한한 행위의 가능성을 예비하는 깨끗하고 하얀 벽과 활짝 열린 자율·자유를 주는 것이 최선이 아닐까. 그렇지 않다면 어른의 편견이 때로는 어린이만 못할 때가 바로 그런 이상한 그림을 그리는 경우가 아닐까.

어린이놀이터도 상황은 크게 다르지 않다. 어딜 가나 어린이놀이터는 천편일률적인 모습이다. 놀이기구의 모양도 비슷하고 종류도 비슷하다. 비슷한 놀이터에서 비슷한 놀이밖에 할 수 없고, 그렇게 놀고 자라니 아이 각자의 뚜렷한 개성이 눈에 띄지 않는다. 어른이 만들어준 놀이터에서 어린이가 '잘 놀고 있다'고 생각하지 말자. 놀 곳이 그곳밖에 없어서 노는 것을 보고 '잘 놀고 있다'고 여긴다면 우리는 어린이만도 못한 '애른'이다.

실내 놀이기구건 놀이터 시설이건 '그 나물에 그 밥'인 꼴이 된 것은 아마 놀이기구 생산업체와 놀이터 시설 운영 주체의 시각이 비슷하게 무관심하고, 비슷하게 형식적이고, 비슷하게 적당주의인 탓일 게다. 어디서나 비슷한 것이 문제다. 아니, 비슷한 것은 나쁘다. 아마 예산도 적당히 적을 것이고 납품 가격도 적당히 쌀 것이다.

어린이를 위해서라면 비싸도 좋은 것을 갖추어놓자. 어른의 사고방식이 이렇게 바뀌어야 어린이가 진정 나라의 보배가 되지 않을는지. 규격화되고 획일한 제품만 놓인 놀이터라면 차라리 맨땅에 아이들이 뒹굴게 하고 바위, 모래, 진흙, 자갈, 나무, 풀, 물을 재미있게 활용한 새로운 '지형'을 만드는 게 낫지 않을까.

놀이'터'가 되려면 '장소'를 만들어야 한다. 그 장소는 행위와 경험을 통한 어린이의 평생 추억의 생산 장소이기에 더없이 소중하다. 놀이만 있고 '터'가 없는 곳에서 자란다면 그것은 불행한 유년이다. 마치 정착하지 못하고 떠도는 유랑과 무엇이 다르겠는가. 어린이를 유랑의 추억으로 키우는가, 대지에 뿌리내린 장소 위의 사람으로 키우는가는 우리, 어른의 몫이다. 세상인심이 각박해졌다고 말하기 전에 우리가 서로를 각박하게 만들고 있음을 반성하자. 우리는 놀이터에서 '놀이'와 '터'의 의미를 어린이에게 찾아줄 수 있다. 그 속에서 놀게 할 수 있다면, 그때 어린이는 진정한 어른이 될 수 있지 않을까.

오래전 일이다. '어린이를 위한 공간'을 주제로 내걸고 어느 화랑에서 건축가와 조각가를 불러 전시회를 열었다. 취지는 좋지만 귀찮고 성가신 일이다. 말하자면 봉사활동이다. 우리 사회에서는 어린이를 위해 무얼 제안하고 연구해봤자 응원도 별로 없고 반응도 시큰둥하다. 자기 자식에게 줄 동화책, 장난감, 먹을 것, 입을 것에는 눈에 불을 켜고 덤비지만, 한 발 나아가 세상이 놀이터를 어떻게 만들어줄까 하는 것에는 무관심하다. 남의 자식과 같이 노는 놀이터라서 무관심한 것인지, 아니면 학교 성적과 관계없는 것이라서 그런지는 나도 모르겠다. 그런 마당에 전시 기획자는 열성이 있고 무엇보다 세상에 대한 사랑이 있었다. 몇 해를 계속해서 어린이날에 맞추어 전시회를 열었다. 화랑으로서는 돈벌이는커녕 돈 쓰는 일인데도 말이다.

그때 제안했던 놀이터 계획안이 있다. 어찌 보면 놀이기구와 놀이 장소가 하나로 더해진 개념이다. 커다란 육면체를 이루는 구조틀에 구름 형상의 틀/꼴이 매달려 있다. 구조틀의 크기는 놀이터 크기에 따라 조정될 수 있고 구름 형상의 틀은 형상기억합금으로 만들어 뜀틀/디딤틀/구름틀 역할을 하며 아이가 마음대로 발로 차고 뒹굴고 흔들고 구를 수 있다. 매달리는 높이는 조정이 가능해서 높게 혹은 낮게 흔들리게도 할 수 있다. 바닥에 놓인 원기둥들은 가볍고 단단한 소재로 만들어 쉽게 이동이 가능하다. 여러 개를 겹쳐 쌓고 세울 수도 있고 눕히고 굴릴 수도 있다. 물론 징검다리처럼 세워놓고 뛰어 건널 수도 있다. 구조틀 속에 구비된 종류는 두 가지로 단순하지만, 무수한 배치/위치의 변화가 가능하다.

단순한 기구지만 변화의 가능성이 많은 것이 디자인의 핵심이다. 혼자서도 여럿이서도 놀이와 어울림이 가능하다. 물론 형상기억합금을 사용해서 제작하려면 비용이 많이 든다. 또 어린이의 놀이 유형에 맞추어서 디자인의 세부 사항은 더 연구해야 하는 숙제가 남아 있다. 어린이 놀이 시설을 실용화하기 위해서는 심리/교육/재료/생산/행정 등 여러 분야의 예지를 모아야 가능하다. 디자인은 그 모든 것의 종합이고 순서로는 맨 뒤다.

　　전시 기획자의 열정에 끌려 계획안을 만들기는 했지만 후원을 얻지 못해 연구/제작/설치의 꿈은 이루어지지 않았다. 봉사활동에 대가는 당연히 없지만 그래도 마음속에서는 뿌듯하고 한편으로는 안타깝다. 마음 같아서는 어린이를 위한 장난감을 계속 만들고 싶다. 놀이터보다도 더 작은, 어린이 누구나 가지고 놀 수 있는 장난감 말이다.

땅의 특성과 건축물을 어떻게 유기적으로 관계 맺게 하는가, 안전성에서 위생적 처리까지 많은 사항을 조직하고 구성하는 것은 건축가의 몫이다. 건축은 아주 보편적인 것에서부터 아주 특별한 것으로 해법을 찾아 나아가는 것이다

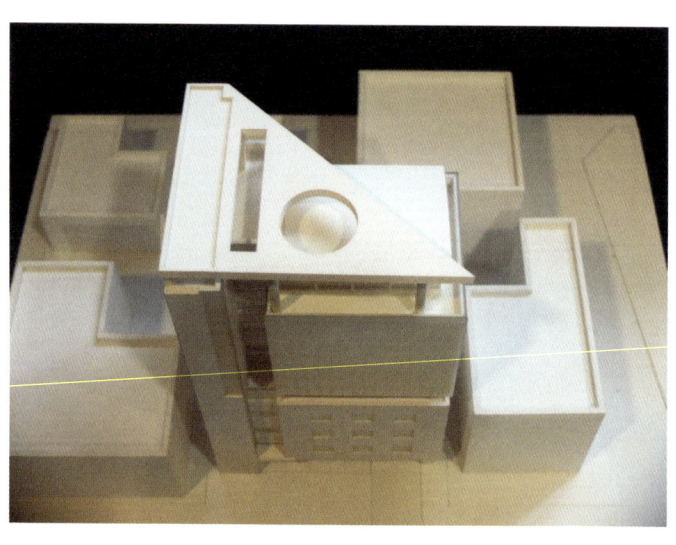

모형 사진은 내 건축의 일부이며 또 그 모형에 대하여, 모형을 통하여 보이는 이야기는 내 생각의 일부분이다. 누구든 '너 자신을 알라'고 일갈(一喝)하지만, 둔한 나는 아직도 나를 모르겠다. 원래 모르는 놈이 말 많고 가방 큰 놈이 살림 복잡한 법이다. 그 티를 잔뜩 묻히고서 부끄럽게도 건축을 대하는 속내를 묶는다.

때 묻은 모형처럼
　　내 기억에도
먼지가 앉았다

산에 살고 싶어 하는 사람은 무언가 깊은 사연이 있을 것이다. 산이 좋아 산으로 가든지 세상이 싫어 산으로 가든지 여하튼 말하지 않은 까닭이 있을 것이다. 그 사람도 그랬다. 도자기 만들기에 푹 빠진 그이는 산에서 살고 싶어 했다. 또 산에 살면서 흙을 만지고 불을 다루며 도자기를 굽고 싶어 했다. 내가 해줄 일은 그 사람이 작업하고 살림하면서, 산에 살기를 아주 잘했구나 느낄 수 있게끔 집을 그려주는 일이었다.

　사람과 사람의 이야기는 항상 건축에 대한 일보다 순서가 앞선다. 집을 짓기 전에 사람을 만나고 어떤 집을 지을까 주인의 생각을 듣는 게 먼저다. 말이 앞선 게 탈이었을까. 그 주인의 말은 항상 생각보다 앞섰다. 그리기 전에 지으려 하고 짓기 전에 살고 싶어 했다. 듣기 전에 말하려 하는 성급함도 항상 나보다 앞섰다. 그러나저러나 주변의 인연을 존중하느라 그이가 살며 작업할 집 모양을 그려보았다. 흡족해했다. 나도 덩달아 기분이 좋았다.

　나의 주된 제안은 살림집과 작업장을 나누어서 배치하는 것이었다. 살림집도 약간씩 방마다 삐뚤삐뚤 연결되고 바닥도 약간씩 높고 낮은 차이가 생기는 것이었다. 방들이 삐딱하게 연결되는 것은 주변의 풍경을 조금씩 다르게 보려 한 것이고, 바닥의 높이 차이는 집터의 경사진 지형을 그대로 이용해서 토목공사비를 줄여줄 심산 때문이었다.

　주인은 나를 볼 때마다 돈, 돈, 돈 했기에 어떻게든 한 푼이라도 덜 들게 하면 좋겠다 싶어 머리를 짜냈다. 그래도 내부 공간이 옹색한 것은 싫어서 주방과 거실의 천정 높이는 조금 높게 하고, 툇마루가 있는 작은 방은 별채로 떼어놓고 손님이 와서 며칠 묵는다 해도 그 방에선 잠만 잘 테니 예스러운 사랑방처럼 아늑하게 방 높이를 낮추었다. 방과 방 사이는 틈을 만들어 바람과 빛이 통하게 하니 그럴듯했다.

　작업장도 불 다루는 가마와 진흙 만지는 공간을 분리해서 나중에 양옆의 벽면을 따라 작지만 완성된 작품을 전시·보관할 수 있게 창 높이까지 세세히 따졌다. 그놈의 돈이 자꾸 마음에 걸려 작업장 바닥은 아주 슬래브 공사를 없애고 맨바닥을 만들기로 했다. 흙을 다진 바닥에서 흙을 만지니까 흉 될 것도 없을 테고, 바닥 공사비도 아끼고, 또 바닥은 슬며시 경사가 있어 내부 공간이 정말 그럴듯하니 작업장 공간으로 그만이었다. 콘크리트 구조체와 블록으로 대충 짓기로 하니 서로 기분이 좋았다. 대충 짓는다는 말은 공사비가 저렴하게 든다는 의미다. 정밀한 시공 기술을 동원하려면 대충 한다는 생각은 금물이다. 노동의 대가는 대충 하면 싸고 꼼꼼히 하면 비싼 법이다. 돈, 돈, 돈 할 때는 대충 짓기 이외엔 방법이 없다.

집 이름을 짓기로 했다. '유산거(留山居)'로 했다. 산에 머무르는 집. 사실 '놀 유(遊)' 자를 쓰고 싶은데 일부러 '머무를 류(留)' 자를 택했다. 난 그이를 산에 가두고 싶었다. 산속에서 흙 만지며 작업 많이많이 하라고. 하지만 그이가 산으로 안 갔는지 못 갔는지, 산이 그를 받아주지 않았는지, 그 집은 지어지지 않았다. 기초공사를 하다 말고 중단됐다. 말하자면 유산거가 유산(流産)된 것이다. 아니, 애초에 이루어지지 않을 일을 꿈꿨는지도 모른다. 주인이나 나나. 나는 왜 집주인을 산에 가두어두려 했는지 지금 생각하면 지나친 욕심은 아니었나 하는 생각이 든다. 그때 내 맘속엔 흙 만지는 작업은 번잡한 세속보다는 산속이 좋을 것이란 생각이 지배적이었는데, 아마 집주인은 세속의 인연이 더 좋았거나 살던 도시를 떠날 수 없는 무슨 까닭이 있었나 보다.

말이 씨가 된다 했던가. 유산거라는 발음이 좋지 않아 미완의 꿈이 된 것은 아닐는지. 세상일 중에서도 특히 집 짓는 일은 '될 일은 되고 안 될 일은 안 된다'는 것이 평소의 지론이다. 그래서 일을 더 많이 해보려고 또는 억지로 좋은 작품을 만들려고 헉헉거려봤자 안 될 것은 용을 써도 안 되고 될 것은 저절로 이루어진다.

사람들이 나에게 '참 좋은 건축주만 만난다'고 하는데, 어쩌면 그건 나의 복이거나 집주인의 배려 덕분일 것이다. 복은 받는 것이고 덕은 쌓는 것이라 한다. 아, 언제나 건축으로 덕을 쌓아올릴까. 못 이룬 산속의 작업장은 그 후에도 짓자 말자 소식이 없지만 나는 그 유산거를 잊지 못한다. 그려준 집을 잊지 못하는데 어찌 사람을 잊을까. 살림집에서 작업장으로 걸어갈 때, 가마 있는 곳에서 작업장으로 갈 때, 눈 오면 눈 맞고 비 오면 비 맞고…. 산속에 흐르는 자연대로 같이하자던 나의 제안은 여러 채로 그 집을 나누기는 했지만 이루지는 못했다.

아, 지금쯤 산속의 그 터는 집이 지어지길 기다리고 있을까, 아니면 유산된 나의 꿈을 반가워할까. 때 묻은 모형처럼 내 기억에도 먼지가 앉았다. 털어도 날아가지 않는… 먼지.

도면을, 모형을, 기억을 떠올리는 나는
　도면 속을, 모형 속을
걷고 싶어진다

인연은 참 모를 일이다. 스치듯 겹치듯 알 듯 모를 듯 멀 듯 가까울 듯, 참을 듯한 바람기 같은… 인연을 미리 알 수 있다면 누가 인연을 궁금해할까. 어찌 될지 모르는 앞날의 여러 인간관계에 대한 궁금증이 사람을 약하게도 강하게도 만든다. 그 덕분에 먹고사는 이도 있으니 점쟁이가 그들이다. 앞날을 미리 알 수 없을까 하는 염려가 사주나 궁합 또는 운명 예측이니 하는 싸구려 속임수를 믿게 한다. 결국 불안이 예언을 낳게 한다.

　앞날의 세상을 훤히 알 수 있는 지혜로운 예언자가 있다면 그는 분명 벙어리일 것이다. 예언은 수다처럼 쏟아낼 이야기가 아니므로, 또 말할 필요도 없는 것이므로 있다면 혹시 어두운 밤중에 수화(手話)로 전하지 않을까. 눈으로 봐서 읽는 수화가 아니라 마음으로 주고받는 어둠과 침묵의 보이지 않는 수화. 읽히는 것이 아니라 여러 번의 해석으로 비로소 의미가 드러나는 은유의 바다. 급하게 알려 하면 엉키고 천천히 알려 하면 풀리는 실타래 같은 인연의 숲, 그게 세상이다. 이 일도 그랬다.

어느 날 산속에 집을 한 채 짓겠다는 연락을 받고 가본 땅은 앞 글의 '유산거'와 인접한 위치였다. 이 땅을 밟기 위해서는 유산(流産)의 아픈 기억을 떠올리며 '유산거'를 지나야 한다.

세상의 모든 유산의 기억은 불행하다. 행복한 유산은 존재하지 않는다. 유산이 아닌 처녀의 낙태, 즉 인공유산은 더욱 불행하다. 어머니가 될 수 없는 불행한 출산이 유산인데, 건축가에게 유산은 사산이다. 사산, 죽음을 낳다? 죽음을 낳다니, 낳으니 죽음이 아니라 죽음 자체를 낳다…. 디자인을 마무리해놓고 나서, 혹은 디자인 도중에 사라지는 미완의 프로젝트는 서러운 죽음처럼 질긴 기억을 남긴다.

초산의 아픔을 유산으로 넘긴 산모처럼 조심조심 그 땅에 올랐다. 묘한 인연이다. 지근거리의 땅에 다시 오다니. 아픈 상처를 스치며 밟은 새로운 땅. 그 위에 그리는 또 다른 꿈. 상처 옆에다 그리는 그 질긴 건축의 인연. 그 집을 떠올릴 때마다 도면을, 모형을, 기억을 떠올리는 나는 도면 속을, 모형 속을 걷고 싶어진다.

흔히 도면을 '본다'고 한다. '본다'는 표현은 다분히 객관적인 느낌이 든다. 누가 그려놓은 도면을 내가 '본다', 그 내용은 어떤 것일까 궁금해하며 '본다', 아니면 별 관심 없이 그냥 '본다'. 살피는 정도가 약한 표현이다. 무엇을 '본다'는 것은 주체가 참여한다는 느낌이 들지 않아서 나는 잘 쓰지 않는다.

책처럼 악보처럼 지금 나와
대화하는 상대처럼, 아니 마음처럼
도면을 '읽는다'. '보다'와 '읽다'의
큰 차이는 상상력의 진폭이다.

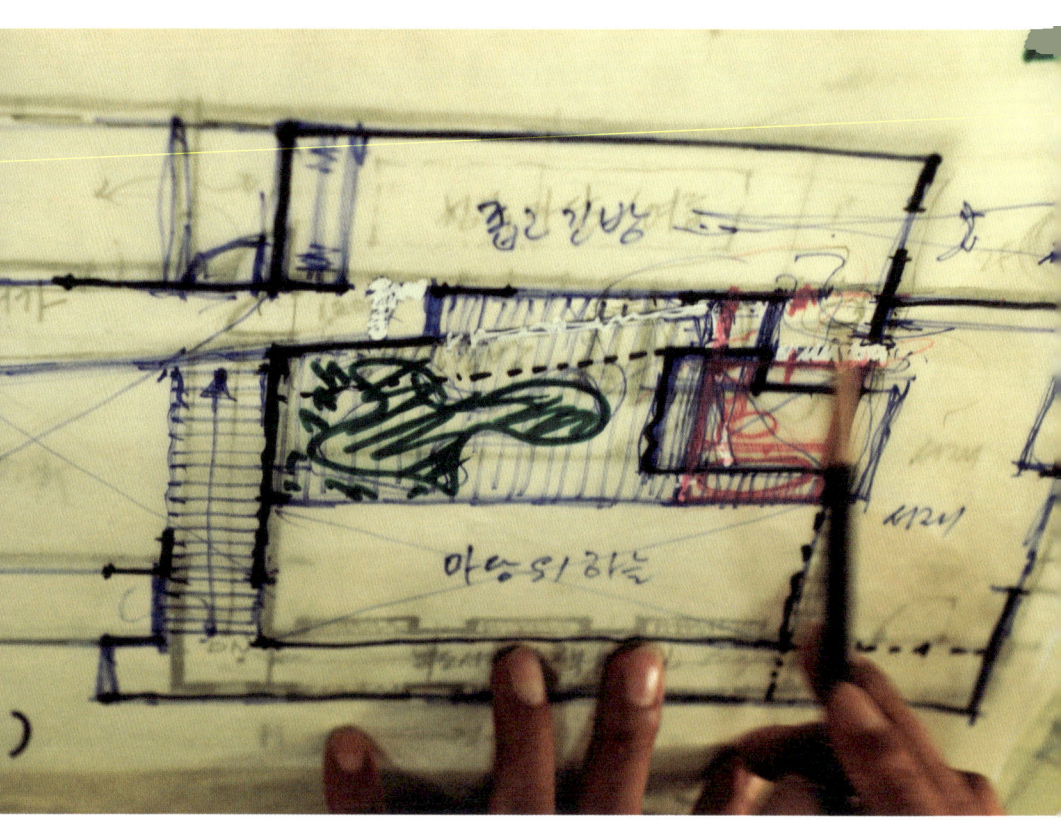

도면을 '읽는다'. 내가 좋아하는 표현이다. 책처럼 악보처럼 지금 나와 대화하는 상대처럼, 아니 마음처럼 도면을 '읽는다'. 그림도 읽고 영화도 읽고 연극도 읽고 세상도 읽고, 보는 것이 아니라 읽는 것이다. 읽으면 훨씬 더 가깝게 갈 수 있으니까. 특히 조형예술은 '본다'는 행위를 통해 일차적 감상 행위가 이루어지는데, 대부분 '본다'에서 머무는 수가 많다. 그래서 그 아쉬움을, 내면을 '읽는다'로 확장하려 한다. 그 확장은 넓고도 깊은 침잠을 뜻한다. 단순히 보기보다 읽기가 가치 있다는 것이 아니라 단순한 보기를 넘어 찬찬히 읽으면 사유가 깊게 되새김된다는 말이다. 그렇다, 되새김이다. 반추하다.

'보다'와 '읽다'의 큰 차이는 상상력의 진폭이다. 읽을 때의 상상의 영토는 단순히 볼 때보다 훨씬 더 넓다. 무언가를 볼 때는 형상이 주는 선입견 때문에 상상력이 대폭 줄어든다. 그려질 수 있는 상상의 영역이 눈으로 본 그림 때문에 숨죽이는 것이다. 반면 그림 없이 읽는 텍스트는 무한한 공간으로, 형상으로 여운을 남긴다. 이른바 상상의 영토다. 해서 간략한 도면이나 모형은 상상력을 부추기는 것이다. 사실적 표현의 모형-색상·재료의 세세한 재현에 치중한-이 별 재미없는 것은 따지고 보면 상상의 여백을 남겨놓지 않아서다. 그런 면에서 장황한 소설의 상상력보다 간략한 시적 상상력은 훨씬 질기고 깊다.

그 집으로 들어가자. 벽에 뚫린 구멍을 지나면 얕은 물이 잠시 고여 있고 그 위에 놓인 다리를 지난다. 집터 위 실개울에서 잠시 빌려온 그 물은 다시 집 아래쪽 개울로 흘러나간다. 이왕 흘러가는 물, 이 집에 들렀다 가시지요, 해서 끌어들인 물인데, 깊이는 아주 얕게 그저 햇빛이 일렁일 정도면 족하니. 그 물을 건너면 현관문 열기 전에 별채가 한 채, 말하자면 방 한 칸짜리 별채, 살다 보면 쓰임새가 요긴한 별채를 초입에 만든다. 현관문을 열고 왼쪽으로 몸을 틀면 보이는 건너편 산자락.

복도는 꼿꼿하게 뻗어 있어 눈길이 닿는 끝까지 곧장 보인다. 가자, 가자 눈길이 닿는 곳까지, 발길이 못 가면 눈길로 가자. 현관문을 열면 보이는 것이 복도 끝 풍경이라니, 일자로 뻗친 복도는 시종 풍경에 대하여 열려 있다. 복도 좌우에는 방이 있지만 양 끝에는 열린 구멍만 있는 것이다. 하나는 드나드는 구멍, 바로 문이고, 또 하나는 풍경을 보는 구멍, 바로 창이다. 복도 끝에서 끝을 서로 볼 수 있어 작은 집의 협소함을 없애준다. 말하자면 공간과 공간을 연결하는 복도가 아니라 풍경과 풍경, 시간과 시간을 잇는 통로다. 좌우에 달린 방들은 언뜻 대칭을 이룬 것처럼 보이지만, 크기나 공간의 배치가 서로 달라 변화가 다채롭다. 그 방과 방 사이는 서로 떨어져 있어 중간에 낀 외부 공간이 생긴다. 말하자면 모든 방은 각기 독립된 내부 공간인 셈이다.

나뭇가지에 열매가 달리듯 내부 공간이 한 칸씩 복도에 매달려 있고, 그 사이사이에 마치 잎처럼 외부 공간이 매달려 있다. 그 외부 공간은 하늘을 가리는 천정은 없지만 벽과 벽 사이에 끼어 있으므로 아늑하다. 외부의 기후와는 호흡을 같이하지만 주변의 시선은 차단되므로 적당히 혼자 있기에 편안하다. 아! 복도 끝 한쪽에 밖으로 나가는 문이 있구나. 문을 열고 나가니 또 다른 별채 방 하나. 깊숙이 감추어진 별채라니.

이 집은 별채로 시작해서 별채로 끝난다. 별채는 야릇한 구성이다. 떨어져 있는 별채, 붙어 있는 별채, 공간 구성이야 형편을 따르지만 별채는 별도로 존재하는 한 채의 독립된 세계를 이룬다. 공간이 떨어져 있어 시간도 떨어진 듯하고 관계도 거리를 두니 적당한 적요가 일품이다.

　방은 하나의 세계이며 별채는 또 다른 우주, 그러면서 '유산거 2'라고 이름부터 지었다. 걸어 들어가고 싶은 충동을 느끼는 모형 속의 공간. 읽다 보면 걷고 싶고 걷다 보면 살고 싶은 그 모형. 땅의 기운이 나와 맞지 않아서인지, 아니 인연이겠지, 짓지 못할 인연. '유산거 2'도 빛을 못 봤다. 나는 주인에게도 주변의 지인에게도 묻지 않았다. 말 못할 무슨 사연이 있겠거니 하고 짐작할 뿐, 곧 그 집을 잊었다. 애정 깊었던 생각은 빨리 접는 것이 상책임을 살면서 깨친 덕이다. 그러면서도 그 집을 생각하면 이 세상에 없는 모형 속으로 자꾸 들어가고 싶다. 걸어서 뚜벅뚜벅.

　모형 속으로 들어가고 싶다. 모형은 작아서 나를 감싸진 못하지만 그래도 자꾸 걸어 들어가고 싶은 까닭은 꿈꾸었던 공간이 익숙하게 나를 받아주기 때문이다. 내가 꿈꾼 공간이 다시 나를 받는다. 내가 낳은 공간이 다시 나를 반긴다. 내가 다시 나를 낳는다.

그래서 집을 보면
　사람이 보이는
법이다

건축 모형은 사실의 묘사나 재현에 뜻을 두기보다는 새로운 건축적 제안을 보여주는 입체적 의사소통 수단의 의미가 크다. 컴퓨터 시뮬레이션이 용이해져도 계속해서 모형을 만들어보는 것은 입체적 설득력이 그만큼 매력적이기 때문이다. 그래서 집을 짓기 전에 만든 모형에 담긴 개념이 끝까지 이루어지고 유지되는 과정을 보는 것은 보통 즐거운 일이 아니다.

　그 개념이, 사유 아닌 공유의 넓은 지평으로 세상을 향해 있을 때는 더욱 즐겁다. 개인 소유의 건축물이 열린 공공성을 갖거나 도시를 위해 개방적 자세를 취하기가 어려운 것이 현실인데, 그 실천을 본다는 것은 의미가 큰 일이다.

　대규모 건축물에 환경 조형물을 갖추도록 하는 이른바 '1퍼센트 법'은 거꾸로 대규모 사업에서도 자발적 공공성의 실천에 관심을 두지 않음을 보여주는 좋은 예다. 규정이 없으면 그마저도 설치하지 않는 것이 환경 조형물이고, 그것도 '눈 가리고 아웅' 하는 식의 유치한 작품을 그냥 갖다 놓고 마는 경우도 있는데, 사업 주최 측의 안목과 속이 보여 측은하기까지 하다.

환경 조형물이 여기저기 늘어나기 시작한 것은 '88서울올림픽'이 큰 계기가 됐다. 말하자면 보여주기 위해서라는 말이다. 도시를 가꾸면서 돈 안 들이는 가장 손쉬운 방법은 첫째가 깨끗하게 청소하기이고, 둘째는 예술 작품을 설치하는 것이다. 깨끗하게 청소된 도시는 청결함에서 오는 환경의 질적 수준이 무엇과도 비할 수 없는, 인간을 위한 도시를 웅변한다. 상수도 파고 나면 하수도 묻고 도시가스 덮고 나면 가로수 심는, 그야말로 엉망진창인 도시의 길을 보면 청소고 뭐고 따질 수준이 아니다. 멀쩡한 보도블록은 왜 그리도 자주 바꾸는지, 자는 소가 웃을 일이다. 걷고 싶은 길이 있어야 사람의 도시인데 비질된 거리를 보는 것이 이리도 어려우니 아직도 우리 도시는 생활은 없고 오직 생존을 위해서만 존재하는 사냥터 같은 느낌이다.

예술 작품을 설치하는 문제도 꼭 조각이나 그림만을 예술의 범주로 봐선 안 된다. 다리, 공원, 가로수, 간판, 육교, 지하도, 버스 정류장 등의 공공시설물을 예산을 집행한다는 관점이 아니라 후대를 위한 환경 시설로 인식하는 발상의 전환이 필요하다. 환경 시설을 만드는 절차가 복잡하고 시간이 걸리더라도 예술가를 참여시켜 생활 속에 스며든 작품을 제작하도록 하면 그것은 도시의 자산이며 국가적 풍요인 것이다. 작가 아무개가 만든 가로등, 작가 누구와 누가 협력해서 만든 공원, 익명으로 숨는 것이 아니라 당당히 작가 이름이 붙어 있는 편의 시설을 만드는 것이야말로 가장 효과적인 도시 가꾸기다. 원래 좋은 작품은 시간이 지날수록 값이 오르니까 꿩 먹고 알 먹는 것이다.

공공시설물이야 행정의 낙후로 개선 속도가 더디다 치더라도 멀쩡한 건물 앞에 수준 낮은 환경 조각이 설치된 것을 보면 참으로 답답하다. 울며 겨자 먹기로 싸구려를 설치한 것인데, 이왕 설치할 거면 작가의 이름도 살리고 건축주의 품위도 올리고 환경도 좋아지게 노력해야지 무조건 형식만 갖추려니 옹색한 수준이 된다. 형식에만 의존하는 타성이야말로 발전을 가로막는 장벽이다. 아, 답답한 형식은 철벽보다 더 무섭고 오래간다. 빨리 가라, 벽이여! 문화의 벽, 예술의 벽, 삶의 벽이여! 가서 아주 오지 마라.

이 쉼터의 건축주는 탁 열린 분이다. 건물 앞에 누구라도 쉴 수 있는 의자 몇 개와 조각 작품을 설치하자는 제안을 흔쾌히 받아들였다. 이름을 대면 금방 아는 조각가의 작품을 설치하게 되어 기분이 더욱 좋다. 무엇보다도 건축 디자인의 기본 개념을 이해하고 소화시킨 조각가의 노력도 미덕이지만, 충분치 않은 예산을 쪼개서 도시의 쉼터를 만들고 유지하는 건축주야말로 훌륭한 분이다. 쉼터를 만들자는 제안이야 건축가가 할 일이지만, 그것을 실천하는 것은 건축주의 몫이라 남다른 의미가 있다. 내 집 앞에 내 돈 들여서 남을 위한 시설을 갖춘다는 것은 말이 쉽지 정말 어려운 일이다.

도시를 위한, 시민을 위한 개인의 투자, 아름다운 사람. 반면에 사용하는 사람은 천태만상이다. 스티커를 붙이질 않나, 병을 깨질 않나, 씹던 껌을 의자에 붙이질 않나, 바닥에 깔린 까만 자갈은 다 집어가거나 발로 차고, 그 무거운 돌 의자를 뽑아내서 넘어뜨리고, 쓰레기 버리고 침 뱉어놓는 것은 예사이고, 늦은 밤엔 술꾼이 토하질 않나, 오줌은 마르기나 하지 똥을 싸고 가는 사람도 있으니 그걸 청소하는 주인은 얼마나 힘들까. 절망이다. 연속되는 절망. 각오하는 절망. 버려라! 치우리라. 이제 포스터 풀칠은 애교에 속하고 낙서는 참을 만한데, 아, 제발 작품에 페인트 스프레이를 뿌리거나 못으로 긁지 마세요.

작은 쉼터를 살피고 있으면 세상에 심술쟁이 놀부 친척이 참 많구나 생각하다가 착한 흥부가 놀부 동생인데 어찌 그리 사람마다 심보가 다를까 궁금해진다. 고맙게는 생각하지 못해도 왜 망가뜨리고 발길질인지 이해가 안 간다.

그래도 쉬어가는 사람을 위해서 늘 관리하는 주인을 보면 참 고맙고 존경스럽다. 그래서 집을 보면 사람이 보이는 법이다. 참을 수 없는 욕망으로 가득 찬 집은 주인이 욕심쟁이가 분명하고, 땅 한 뼘 한 조각이라도 지나가는 사람을 위해 배려한 건축물은 주인의 인품도 높다. 결국 건축은 배려의 문제다. 인간의 관계도 배려의 문제인 것처럼.

가끔 그곳엘 간다. 돌 의자는 잘 있나, 조각은 안녕하신지 깨진 부분은 없는지…. 갈 때마다 상처를 보지만 그래도 멀쩡하게 버티고 있는 작은 쉼터를 보는 마음은 뿌듯하다. 쉼터는 희망이다. 내 집 앞의 쉼터는 나의 희망, 도시의 쉼터는 나라의 희망, 절망 먹고 자라는 질긴 희망. 그 쉼터 앞에 서면 내 건축의 작업 자랑은 생각도 안 난다. 쉼터가 내 생각을 말해주니까. 전부 다.

얼마 전 전화를 받았다. 10년 넘게 지켜오던 그 쉼터가 없어지게 됐다고. 이유는 주변도 너무 변하고 그 자리에 자그마한 가게를 만들 일이 생겼는데, 어쩌면 좋으냐고. 어쩌기는요, 그동안 쉼터 청소하느라고 고생하셨습니다. 도시가 변하면 건축도 변하는 법이니 마음 놓고 고치시라 했더니… 쉼터에 신경 쓴 건축가한테 미안하다고 하신다. 부디 새로 꾸미는 가게가 잘돼야 할 텐데.

그럴 때마다 당부한다.
"이웃과 웃으며 즐겁게 잘 사는
방법은
멋있게 다투는 것"이라고

소행주

의·식·주는 누구에게나 필요하고 중요하다. 그것의 대책이 부족·절실하면 생존이고 느긋하면 생활이다. 의·식·주가 해결되었다 해도 어떻게 향유할 것인지를 생각하고 선택하는 일상이어야 비로소 문화적인 생활이다. 그런데 경제적 여건이 마련되어 문화적으로 살면서도 옷(衣)과 밥(食)은 중요하고 민감하게 여기지만, 사는 집(住)에 대해서는 대체로 무감각하다. 왜 그럴까. 옷과 밥은 몸에 붙어 있지만, 집(건축·공간)은 몸에서 멀리 떨어져 있다고 여기기 때문이다. 그러나 사람이 숨 쉬는 동안 마시는 공기를 담고 있는 장치(집·건축·공간)만큼 몸에 밀접한 것이 어디 있을까. 집(건축·공간)은 사람보다 크고 넓어 몸에서 떨어진 듯 잘 보이질 않는 것이다.

    자본시장에서 의·식·주의 생산과 소비의 구조는 유사하다. 패스트푸드가 건강에 좋지 않다는 것을 다 알면서도 할 수 없이 패스트푸드를 먹는 이유는 여러 가지, 바쁘고 시간 없고 여유가 없을 때 편리하기 때문이다. 그래서 언뜻 패스트푸드는 바쁜 손님(소비자)을 위해서 만드는 음식으로 여기지만, 실상 패스트푸드는 장사(판매자·생산자)를 위해 만들어놓은 상품이다. 미리 만들어놓아야 같은 시간에 많이 팔 수 있으니까. 사서 입는 기성복도 아무리 비싸고 디자인이 여러 종류라 해도 미리 만들어놓은 것은 모두 패스트클로즈, 음식으로 치면 패스트푸드인 셈이다.

집(건축)도 마찬가지, 미리 만든 상품으로서의 집을 팔고 산다. 아파트가 대표적인 패스트하우징 상품이다. 반복·복제된 방의 탑, 아파트는 미리 만들어놓은 공간 제품(평면의 형식과 구조, 공간의 연결, 각 방의 형태와 넓이… 등의 동일함)이라서 어느 가정에나 맞는 듯 보이지만, 살펴볼수록 어느 가정에도 맞지 않는다. 가정이란 식구 수가 같아도 구성이 다르고, 구성이 같아도 사람이 다 다르다. 그러니 살고 싶은 집에 사는 것이 아니라 방에 맞추어 사는 꼴이다(여기서 잠깐, 맞추어 살 방이라도 있었으면 좋겠다는 무주택자에게 건축가의 무력함을 고백한다. 무주택자를 줄이는 노력은 건축 이전에 정치·사회적 정책의 문제다).

보통 내 집을 마련하려면 집값을 준비하여 적당한 집을 찾아 구매한다. 더 나아가면 살고 싶은 대로 원하는 집을 짓는 것이다. 누군들 그런 바람이 없겠는가. 오죽하면 '사랑하는 님과 함께 한 백 년' 살고 싶은 '저 푸른 초원 위에 그림 같은 집을 짓고'자 하는 열망이 대중가요로 불리겠는가. 하지만 혼자서 원하는 곳에 원하는 집을 짓기란 만만치 않다.

특히 땅값이 금값인 도시에서는 쉽지 않아 많은 이들이 공동주택(아파트·연립주택·다세대주택)을 구입한다. 그런데 앞에서 말한 대로 미리 지어놓은 상품으로서의 집은 각 가정의 고유한 살림살이 방식이 반영되지 않은 탓에 그 나름대로 살고자 하는 열망을 충족시키지 못한다. 그런데 요즘엔 공동주택을 지으면서도 각 세대(가정)의 희망 사항을 반영하여 집을 짓고 사는 움직임이 있다. 이름하여 '소행주-소통이 있어 행복한 주택'이다(나는 '소행주' 초기 건축 총괄 코디네이터, 지금은 자문위원장으로서 의견을 나누는 인연을 맺고 있다).

'소통이 있어 행복'하다는 말은 그간 '불통'의 집에 살기가 바람직하지 않았다는 뜻일 것이다. 그렇다. 누가 살지도 모르고 지어놓은 집(특히 공동주택)에 살게 되면 집을 고치고 싶어도 한계가 있고, 새로 짓는 경우라도 입주자(구매자)의 의견이나 희망 사항이 반영되지 않았으니 여전히 '불통'의 집이다.

소행주는 입주 예정자를 모집하여 의견을 모은다. 서로를 알기 위한 대화와 수련 모임, 집을 주제로 한 공동 연수, 주거에 대한 각자의 생각을 발표하고 다른 사람의 의견을 듣는다. 각 세대(보통 6~10세대)의 경제적 형편대로 원하는 면적을 배분하고 층별 위치를 정한다. 그다음엔 건축물의 구조 방식에 무리가 없는 한 세대별 희망대로 평면을 구성한다. 각 가정은 자기 살림살이 방식을 원하는 대로 표현한다. 이 과정은 단순히 집을 매매하는 경우에서는 절대 누릴 수 없는 소행주만의 고유한 특질이다. 자기가 생활할 집의 방의 위치와 크기, 각 기능의 생활공간을 원하는 대로 배치하는 고민과 즐거움을 누린다. 대부분 공간의 면적을 치수로 표현하는 일에 어려움을 느끼지만, 의외로 전문가도 감탄하는 아이디어를 내기도 한다.

그렇게 그려지는 각 세대는 어느 집은 거실 중심이고, 어느 집은 식당 중심이며, 어느 집은 복층이고, 어느 집은 침실이 작고, 어느 집은 침실과 거실을 구분하지 않는다. 같은 식구 수라 하더라도 침실·욕실·화장실의 개수와 넓이가 제각각이다. 가정마다 살고(쓰고) 싶은 집(공간)의 희망과 구성이 다르기 때문이다. 결국 모든 세대 중에 모양이 같은 집은 하나도 없다. 모든 세대가 자신들의 생활방식에 맞춘 고유한 살림의 기하학을 그리고 구축하는 것이다(붕어빵 찍듯이 같은 구조를 반복, 시공하는 아파트와 달리 공사 기간이 길고 힘듦을 짐작하자).

공동주택이지만 각 세대의 평면 배치, 공간 구성, 면적 배분은 각각의 개별성을 유지한다(내부 공간의 각기 다른 특성을 입면 디자인에도 연결한다. 세대별 입면은 패턴·색상·재료 등을 차이를 두어 각기 다르게 보인다. 모든 세대가 동일한 입면을 갖는 다른 공동주택과 개념을 달리한다). 여기서 끝나면 일반적인 주문 주택과 다를 게 별로 없다.

소행주의 핵심은 공동성의 가치를 품고 있는 '커뮤니티 룸'에 있다. '커뮤니티 룸'은 각 세대가 n분의 1로 소유하며 공동으로 사용하는 다목적 공동방(사랑방)이다. 한 집에서 3.3제곱미터(1평)를 부담하여 열 집이면 33제곱미터(10평)가 된다. 각 세대의 거실보다 넓어 여러 용도로 쓰인다. 아이들의 놀이방이면서 공부방이고, 토론·회의도 하고, 영화도 같이 보고 술자리도 같이한다. 이집 저집에서 반찬 한 가지씩 가져오면 식사가 잔치다. 강습회가 열리기도 하고 인근 주민들에게 빌려주기도 한다. 입주자들은 처음에 '커뮤니티 룸' 만드는 비용을 각 세대가 분담해야 하는 것에 부담을 느끼지만, 살면서 더 크게 만들지 못함을 아쉬워한다. 소행주 1호, 2호, 3호… 등의 '커뮤니티 룸'은 그 성격이 각기 다르다. 어디는 어린이놀이방 같고, 어디는 카페·식당 같다. 서로 상의·합의하여 그 성격을 정하기 때문이다. 공동 창고를 만들어 같이 쓰고 옥상 정원에서는 고기 굽는 회합도 자주 열린다.

소행주에 사는 사람들은 옛날 시골 동네의 정서처럼 외출할 때 어린아이를 옆집에 맡기고 간다. 앞집-윗집-아랫집이 현관문을 열고 산다. 멀리 있는 친척보다 가까운 이웃사촌인 것이다. 안심하고 아이를 키울 수 있어 마음이 편하다고 한다(그 사정은 책 《우리는 다른 집에 살아요》(소행주+박종숙, 현암사, 2013)에 고스란히 적혀 있다). 이 과정에서 소행주 살림꾼들은 단순한 시행사가 아니라 퍼실리테이터(Facilitator) 역할을 한다. 건축은 삶의 방식을 구축하는 것이고, 그것은 하드웨어가 아닌 소프트웨어임을 느끼게 한다.

소행주의 여러 경험은 계속 변화, 발전하고 있다. 입주자들 서로가 '같이 산다'는 의식을 나누기에 가능한 일이다. 같은 층에서 현관을 마주 보는 경우 서로 논의해 복도를 공동 응접실처럼 쓰기도 하고, 아래위층이 상의해서 계단참에 책장을 놓기도 한다. 공동주택에서 서로 닫고 살면 좁아지고 열고 살면 넓어진다는 지혜를 실천하는 것이다. 1층 출입문

소행주 4호 ⓒ류현수

소행주 8호 ⓒ류현수

소행주의 여러 경험은 계속 변화, 발전하고 있다. 입주자들 서로가 '같이 산다'는 의식을 나누기에 가능한 일이다.

소행주 부천

에 공용 신발장을 설치하고 모든 층에서 실내화를 신기도 하는데, 이는 집집마다 어린아이가 있어 건축물 전체를 좀 더 위생적으로 쓰기 위하여 입주민들이 상의·합의한 것이다. 이렇게 살다 보니 아이들은 자연스레 어울려 사는 법을 배우고, 어른들은 '따로 또 같이' 더 성숙해진다.

나는 소행주의 이런저런 행사에서 그들을 만난다. 그럴 때마다 당부한다. "이웃과 웃으며 즐겁게 잘 사는 방법은 멋있게 다투는 것"이라고. 멋있게 다투는 것은 서로가 서로의 다름을 인정하고 존중하는 것. 그것이야말로 공동성의 본령이다.

소행주는 현재 10여 채가 완공 또는 시행 중에 있다. 얼마 전, 소행주에서 사는 이를 만났다(마침 어느 아파트에서 층간 소음으로 다투다 살인 사건이 보도된 직후였다).

"소행주에는 층간 소음이 없나요?"

"왜 없겠어요. 있지요. 아무리 튼튼하게 집을 지어도 아이들이 뛰면 울리지요."

"그럼 어떻게 하나요?"

"아, 그런데 그게 소음이 아니에요."

"아이들이 뛰어 쿵쿵거리는데 소음이 아니라고요?"

"예. 누가 뛰는지 알거든요. 내가 아는 아이가 노는 거니 소음이 아니지요. 우리 아이도 그렇게 놀거든요."

그렇다. 누가 뛰는지 알면 소음도 소음이 아닌 것이다. 모르는 사람의 소리는 노래도 소음일 수 있지만, 아는 사람이 뛰면 소음도 노래로 들린다(나는 짧은 대화에서 큰 울림을 받았다. 층간 소음은 물리적 방법으로 막는 것이 아니라, 심리적 방법으로 없애는 것이 묘책이라는 것을). 옆집에 누가 사는지도 모르며 지내는 것은 너나없이 벽에 갇힌 것이고, 이웃의 부재를 당연하게 여기며 사는 것은 결코 정상이 아니다. 단절의 벽에 갇힌 집(생활·삶)이 무슨 자랑이란 말인가.

공동주택에 '공동성'은 있는가. 사는 지역과 동네에 '공동성'은 있는가. 이 사회에 '공동성'은 있는가. 우리의 건축에 '공동성'은 있는가… 등을 물을 때마다 회의적인 대답이 들리는 시절에 소행주에서 들리는 웃음소리는 '참을 수 없는' 같이 사는 즐거움 아니겠는가. 불편한 듯 편하고, 어려운 듯 쉽고, 보고도 잘 믿기지 않는 소행주는 생각하고 배울 것이 많은 주거 건축, 아니 탁한 세상에 권유할 만한 삶의 한 방식 중 하나다.

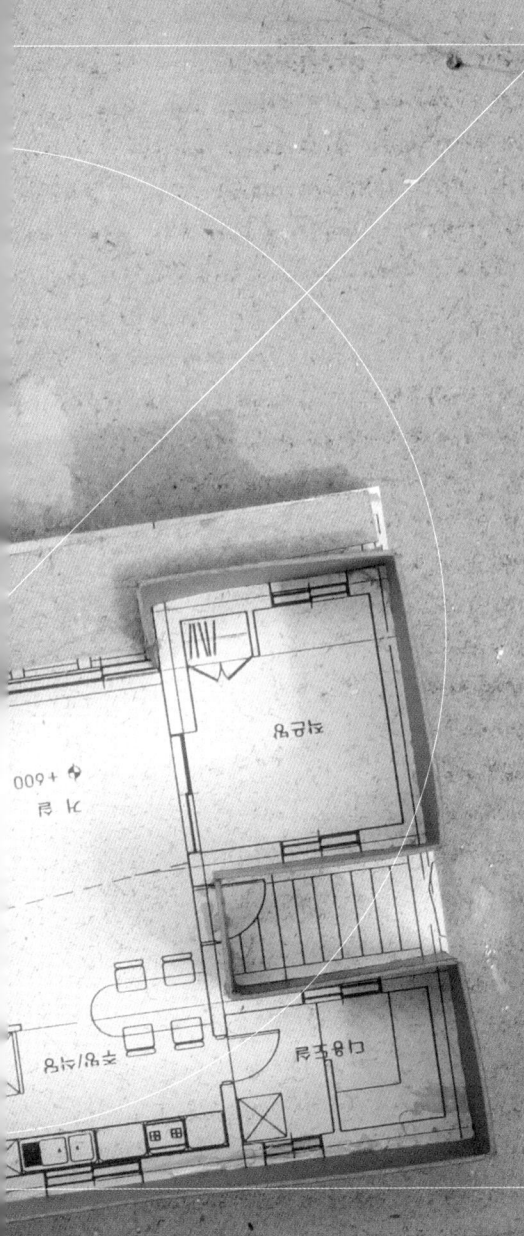

또 다른
모형의 꿈

사라진 모형 사진을 보며
난 또 사랑을
배운다

도피안사 향적당

견고한 꿈이 오래가듯이 건축 모형도 견고한 재료(석고·목재·강판·아크릴 등)로 만든 것은 오래간다. 모형 재료의 수명을 말하는 것이 아니라, 보관 기간을 말한다.

견고한 재료로 만들수록 만들 때의 고생과 성과품에 대한 애정 때문에 애지중지하게 된다. 자식도 키울 때 고생한 놈이 정이 깊은 것처럼. 하지만 어쩔 수 없이 버리게 될 때는 작업 과정이 간략했던 것일수록 일찍 파기를 맞게 된다. 아니면 기억하기 싫은 사연 때문에 보기 싫어서 버리는 모형도 있다. 보관하든 버리든 간에 모형에 깃든 이야기는 건축물이 완성되면 묻히기 마련이다. 지상에 꽃피운 실체로 구현되는 일이 있는가 하면, 그냥 모형의 꿈으로 사라지는 프로젝트도 흔하다. 지상에 지어진 건축물은 견고한 꽃처럼 느껴지고, 미완의 꿈으로 사라진 모형은 발아하지 못한 씨앗의 운명을 닮았다.

입체적 모형을 만들 때 가장 쉽게 가공할 수 있고 다루기 편한 모형 재료는 압축 스티로폼이다. 스티로폼은 가벼우면서 자르기 쉽고 붙이기도 쉬운 까닭으로 스터디 모델을 만들 때 가장 많이 애용된다. 이러저런 대안을 만들 경우는 시간이 부족해서 정밀한 가공과 힘든 제작을 할 수 없기에 다루기 쉬운 재료인 스티로폼을 쓴다. 스티로폼은 재활용이 가능하지만 쓰레기로 버리면 잘 썩지 않는다. 환경에는 좋지 않지만 마땅한 대체 재료가 없다. 스티로폼은 쉽게, 건축 현장에서 단열재로 쓰는 재료라고 이해하면 되는데, 포장재나 가벼운 용기로도 많이 쓰인다. 요즈음은 스티로폼으로 만든 일회용 제품이 많다. 원래 일회용 제품은 쓰기 편해서가 아니라 버리기 쉬워서 선택된다. 버리기 쉽다는 것은 현대 생활에서 소비재를 선택하는 새로운 기준이다.

쓰기 좋은 것을 기준으로 하면 비싼 명품 쪽으로 눈이 가고 버리기 쉬운 것을 기준으로 하면 싸구려로 마음이 간다. 건축 모형 재료도 스티로폼이 제일 싼 편이다. 물론 건축 모형의 제작비 중 재료비 부담은 극히 미미하고 가공비, 인건비의 비율이 높다. 그것도 아주 높다. 일일이 수작업을 해야 하므로 보통 힘든 일이 아니다. 싼 재료지만 건축 모형으로 만들어진 스티로폼은 무엇과도 비기기 어렵고 소중한 세상에 단 하나뿐인 작업의 소산물이 된다. 가벼운 것에서 소중한 것으로, 단순한 재료에서 건축 의지를 품은 모형으로 다시 태어난다.

스티로폼 모형을 보고 있으면 백색의 경쾌함이 주는 맛이 일품이다. 마치 석고로 떠놓은 세상-흰 눈 덮인 대지-을 보는 듯 황홀한 느낌까지 든다. 잡다한 표정이 소거된 단순한 색채 속에 엄청난 말이 숨죽이고 있는, 폭발 직전의 침묵이다. 터지기 직전의 풍선 또는 찌르기 직전의 바늘 같은 침묵이다. 침묵은 수다의 부름에도 응답하지 않는다. 늘 조용한 건축의 말은 모형을 떠나지 않는다. 백색의 모형에는 수다가 숨쉴 자리가 없다. 수다가 떠난 백색 모형은 그래서 힘을 얻는다.

잠깐 스티로폼 속으로 들어가자. 스티로폼은 1951년 독일에서 발명됐다. 석유화학제품으로 발포성 폴리스티렌 수지라 불린다. 우리가 부르는 스티로폴 또는 스티로폼은 등록 상표 이름이다. 스티로폼은 현미경으로 보면 스펀지와 같이 미세한 기포로 형성되어 있다. 말하자면 공기구멍으로 이루어진 것이다. 가볍다는 장점이 있지만 약한 것이 흠이다. 약한 열에도 금세 녹는다는 단점도 있다. 성형 온도가 108~116℃인데, 불이 닿으면 금방 녹거나 타버린다. 스티로폼을 처음 다루는 사람은 특히 밤중에 졸면서 모형 작업할 때 담뱃불로 구멍 뚫기 장난을 많이 한다. 괜히 그림도 그려보고 큰 구멍 작은 구멍 계속해서 뚫어보고 하는데, 그 이유는 순전히 심심해서다. 경험이 쌓일수록 그런 짓을 멀리하는데, 재료를 다루는 데도 철이 드는 모양이다.

모형을 만들면서 철이 든다는 것은 재료를 보는 눈이 생긴다는 말이다. 재료의 성질을 알게 되고 재료가 무엇을 원하는지도 알게 된다. 재료의 성질과 특성은 결국 재료의 말이다. 재료의 말을 들을 수 있으면 같은 재료를 다루어도 솜씨가 다르다. 붙인 자리의 풀칠도 다르고 자른 자리의 칼 맛도 다르다. 솜씨 좋은 사람이 만든 모형을 보는 것은 눈이

호강하는 일이다. 그 즐거움을 어찌 말로 표현할지 모르겠다.

　재료를 다루는 안목은 결국 다 통한다. 음식 맛도 재료에서 나오고 건축의 아름다움도 재료에서 나온다. 사람이 만드는 모든 예술이 다 그렇다. 재료가 하는 말을 듣고 다시 재료의 말을 빌려 하는 말, 그것이 창작이다. 작업이다. 예술이다. 철학이다. 잠깐, 철학의 재료는 무엇일까? 그것은 의문을 갖는 시각이다. 재료의 말도 듣지 못하는 디자인에 철학은 깃들지 못한다. 언감생심이다. 철학적 사고가 바탕이 된 건축을 하고 싶으면 철학을 공부하기 전에 재료의 말을 들으면 된다. 재료의 말을 들으면 만드는 방법이 보이고 기술이 보이고 공간이 보이고 사람이 보인다. 삶이 보인다.

　도피안사는 일죽에 있는 조계종 산하의 새 절이다. 인연이 닿아 절집 한 채를 짓게 된다. 살림이 넉넉지 않아 대웅전은 엄두도 못 내고 그야말로 다목적인 집을 짓는데, '향적당'이란 당호 아래 선방, 요사채, 공양실, 세미나실, 법회실 등 종무(宗務)를 다 겸하는 복합 기능의 절집이다. 주지 스님이 얼마나 열린 분이던지 사찰 운영 프로그램이 다채롭고 개방적이며 추진력이 좋다. 말하자면 수행과 살림이 조화를 이루고 불심 깊고 뚝심 있는 스님이다. 이런저런 대화 끝에 제안한 초기 모형이다. 완성된 모습과 크게 다르지 않다.

　많은 이야기가 숨어 있지만 선방 이야기로 시작하자. 기둥으로 받쳐진 방이 선방이다. 복도를 지나 이르는 선방은 이른바 동선이 길고 여러 번 발길을 꺾어야 도착한다. 방 안에 앉으면 좁은 모서리 창을 통하지 않고는 밖을 볼 수 없다. 그 좋은 풍광 속에서 밖을 볼 수 없다니 이게 무슨 방이냐고 다들 의아해했다. 산속 절집에 창이 없고 어스름한 빛이 천창에서 내려오는, 그야말로 어두운 방이 내가 만들고 싶었던 선방이다. 전망이 없는 선방을 궁금해하는 신도에게 풍경을 보려면 숲속으로 걸어가서 보자고 했더니 주지 스님이 빙그레 웃기만 했다. 내 생각은 어차피 선방이면 벽을 보나 창을 보나 무슨 차이가 있겠는가 하는 것이다. 또 선방에서 결국 보는 것은 풍경이 아니라 내면의 자아일 텐데 소용도 없는 창, 만들지 말자. 그래서 지붕은 떠 보이고 그 사이에 희미한 빛이 스미게 하고 결국 풍경을 자르고 스스로를 보게 하는 선방이 됐다. 선방 아래는 흡사 누마루처럼 만들어 휴식 공간이면서 진입 공간 역할을 충실히 해낸다. 늘 그늘과 바람이 지나가서 절집의 분위기를 잘 살려낸다. 완공된 누마루엔 '활공루'라는 멋진 이름이 생겼는데, 그것은 순전히 주지 스님의 안목이다. 어쨌든 집 이름을 짓고 싶어 하는 건축주를 지켜보는 것만으로도 나는 행복했다.

 모형은 하얗지만 실제로는 콘크리트 구조로 바닥과 기둥을 만들고 표면이 거친 블록으로 벽을 쌓았다. 재료 색깔 그대로 회색인데 햇살을 받으면 재료가 반사되어 밝은 회색과 그림자의 효과가 깊다. 보통 절집의 단청과 기둥, 지붕에 익숙한 사람들이 처음에 도피안사 향적당을 보면 콘크리트 구조에 형태마저 생경해서 이게 절인지 교회인지 의아해한다. 처음엔 누구나 그렇듯이 나무 기둥에 기와 올릴 생각을 하기 쉬운데, 그러면 예산도 많이 필요하지만, 무엇보다도 전통 사찰의 건축 방법인 지나간 목조 건축의 형태를 답습하는 것은 불교 정신과 맞지 않는다는 나의 주장에 주지 스님과 대중이 귀를 기울여주었으니 고마운 일이다. 다시 합장.

요즈음 절집 짓는 것을 보면 제일 답답한 것이 콘크리트 구조로 하되 전통적인 분위기를 살리기 위해 목조처럼 '보이게' 하는 것이다. 재료와 구조 방식이 다르면 형태와 공간도 달라져야 마땅하다. 콘크리트로 만든 가짜 서까래와 공포가 주렁주렁 매달린 것을 보면 어쩌다 저 지경까지 이르렀나, 한심하다는 생각이 절로 든다. 우리 전통 목조 건축이나 다포식 건축, 익공식 건축은 훌륭하기 이를 데 없는데, 그 당시의 기술과 재료, 가공 기술 등을 유감없이 발휘하고 있다. 그러한 건축 기술은 당시에는 첨단 기술이며 새로운 시도였다. 건축은 그렇게 진보적 노력을 기울이든가, 아니면 아주 보편적 방식으로 구사되는 것이 바람직하다. 언뜻 새롭게 보이지만 아무것도 아닌 기술은 그저 장식일 뿐 아무것에도 이롭지 않다.

더 나쁜 것은 전통을 빙자한 단순 모방 행위인데, 정신도 없고 중심도 없고 지향하는 목표도 없는 무의미한 행동이다. 전통은 바람직한, 또는 권유해도 될 만한 규범적 범주에서 자발적으로 전이되는 것이다. 그래서 전통은 질기고 오래가는 것이다. 그런데 권유할 만한 것이 아님에도 오래가는 것이 콘크리트 위에 단청하고 가짜 공포 매다는 식의 옛 모습 따라 짓기인데, 아마도 분위기 위주의 가벼운 생각이 많아서 현대 불교 건축의 새로운 계기를 마련하지 못하는 것 같다.

절집뿐만 아니라 종교용 건축은 가볍게 유행 따라 만들 일이 아니다. 어디 종교가 유행이어서야 되겠는가. 거꾸로 가는 옛것 베껴먹기와 유행 따라 흘러가기는 본질적으로 같은 수준과 사고방식의 유치함을 보여준다. 종교 건축은 항상 '여기'라고 하는 장소성과 '지금'이라고 하는 시간성을 통해 우리가 사는 시대의 시대정신(Zeitgeist)을 드러내야 한다. 그것이 쌓이고 쌓여 역사를 이루어 나가는 것이다. 그래서 깨어 있는 자는 늘 현실이 역사임을 아는 것이다. 잊지 않고. 우매한 자는 현실의 적층(積層)이 미래의 역사임을 모르고 일만 계속 저지른다. 편의 우선의 개발, 단기 이익 우선의 땜질 정책, 소비 우선의 환경 파괴, 시각 효과 우선의 모방 등이 단적인 예다. 현실의 공허는 그대로 미래의 허무를 그려낸다. 이 땅에서 목도되는 건축의 현란함과 몽매함이 고스란히 내일로 미루어놓은 환경 미화 대상은 아닌지 반성할 때다. 찬란한 역사를 자랑하면서 미래의 문화재-당대의 건축물-를 만들지 못하는 것이나, 엄청난 양의 종교 건축물을 지으면서 걸작 하나 없는 현실은 너나없이 부끄러워할 일이 아닌가.

에피소드 한 토막. 몇 년 전 향적당 완공 행사를 부처님 오신 날로 잡았다. 부처님 오신 날엔 대중도 많이 온다. 아니, 오는 대중이 다 부처다. 봉축 법회 때 외국 신부님의 축하 말씀이 있었다. "외국 신부가 자꾸 절에 가고 참선 배우고 하니까 사람들이 '저 신부 개종하려나 보다'라고 말하는데, 저는 부처님 말씀 배우면서 제가 믿는 하느님의 존재를 더 깊게 체험합니다. 부처님 오신 것을 축하합니다. 나무관세음보살." 이어지는 신도들 합창, 신부님도 합장. 열린 종교 의식은 그런 것이다. 주지 스님이 열리니 절도 열린다. 아니, 절이 열리니 사람이 열린다. 다시 건축의 끝은 사람이다. 종교의 끝도 사람이고 사람의 끝은? 사랑이다. 사라진 모형 사진을 보며 난 또 사랑을 배운다.

산다는 것은 결국
꾀를 부리는 일이
아니던가

궁리채

흔히 집 짓기를 설명할 때 동물의 집 짓기를 예로 들먹이는 경우가 많다. 동물이 그들 나름대로 그럴듯한 집/굴/둥지를 만드는 것을 신기하게 예찬하기도 하고, 그런 예를 인간사에 비해 설명하기도 한다.

동물의 집 짓기는 사실 놀랍기도 하다. 그러나 모든 동물이 집을 짓는 것은 아니다. 남의 집을 빼앗아 사는 놈도 있고 평생 집 없이 사는 놈도 있다. 거미도 모든 종류가 다 거미줄을 만들지는 않는다. 남이 지어놓은 거미줄을 가로채 살아가는 종류도 있고, 땅속에 집을 짓는 종류도 있다. 물 위에 거미줄을 펼치는 종류가 있는가 하면, 함정 같은 집을 지어 먹고사는 종류도 있다. 마치 천막 같은 집을 짓고 사는 곤충이 있는가 하면, 항아리 같은 집을 짓는 종류도 있다. 우리가 부지런함의 모범으로 삼는 개미나 벌의 집도 천태만상이다. 새집 또한 마찬가지로 물 위, 나무 위, 풀숲 위 등등 위치도 다르고 진흙, 나뭇가지 등 재료도 다 다르다. 집의 위치가 다르니 형태가 다르고 재료가 다르니까 짓는 방식이 다르다. 무엇보다 동물의 생태가 다르다는 것이 그들의 집이 다양한 행태/형태를 보이는 주원인이다.

동물의 집 짓기와 사람의 집 짓기는 공통점도 있지만 차이점이 더 많다. 일단 필요해서 짓는다는 점과 재료를 사용한다는 점에서는 같다. 그러나 재료를 사용하는 방법에서는 큰 차이를 보인다. 동물의 집 짓기는 발전하지 않지만, 사람의 집 짓기 방법은 계속 발전해간다. 그것이 기록·기술이다. 기술을 활용하고 전파·전수할 수 있다는 것이 인간의 큰 특징이다. 동물의 집 짓기 자체를 건축이라 부를 수 없고 둥지 만드는 동물을 건축가라고 부를 수 없다. 동물의 집 짓기 기술은 발전하지 않는 답습된 본능이기 때문이다. 개미의 집단생활을 '사회'라고 하면서 인간 '사회'와 같이 볼 수 있다고 억지를 부린다면 할 말이 없지만.

동물의 집 짓기에서 공통적인 것은, 재료의 사용 방법은 본능에 의존해서 항상 똑같은 형태를 만들기에 기술적 발전은 없지만, 사용하는 재료는 항상 가까운 곳에서 구할 수 있는 것을 사용한다는 것이다. 멀리 떨어진 곳에서 무리하게 재료를 구해 오는 일은 하지 않는다. 인간의 집 짓기에서 바다 건너온 수입 재료가 사용되는 것과는 다르다.

동물은 만약 집을 지으려는 곳에서 적당한 재료를 구할 수 없으면 그곳을 떠나 다른 곳으로 이동한다. 이미 그곳은 환경이 망가져서 살 수 없는 곳이기 때문이다. 간혹 대체할 재료를 찾아 집을 짓는 경우가 있는데, 도심의 전신주 위에 지은 까치 둥지에서 나무젓가락, 플라스틱 빨대, 가는 철사 등이 나뭇가지 등과 같이 섞여 있는 것이 발견되기도 한다. 아주 드문 경우이긴 하지만 몇 년 전 서울 어느 변두리에서는 제비가 진흙 대신 시멘트 반죽을 물어다가 둥지를 만든 일이 있었는데 그 가까운 곳에 레미콘 공장이 있었다고 한다. 동물의 집 짓기에 필요한 재료가 없다는 것은 생존에 필요한 먹잇감도 구하기 어렵다는 뜻이다. 그래서 환경이 변하면 동물은 할 수 없이 이동한다. 환경을 극복하려는 인간과 달리.

환경을 극복하려는 인간의 행위는 사실 환경 파괴와 구별이 가지 않는 애매한 부분이 많다. 최선의 환경보호는 있는 그대로 두는 것이지만, 어쨌든 환경을 활용·이용의 수단으로 보면 그대로 두는 경우는 없기 때문이다. 집 짓기에서 동물은 있는 그대로 지형·지물의 조건을 이용하지만, 인간의 집 짓기는 경사지는 평탄하게 다듬고 계곡은 메우고 높은 산은 잘라내고… 새로운 인공적 형태를 만들어간다. 그 경우 말 그대로 '강산이 바뀌'는 것을 실감한다. 바뀐 강산에서도 인간은 살아가지만 동물은 떠난다. 땅에 대해서 인간의 발붙임은 무겁고 동물은 가볍다.

그래서일까. 동물의 집은 몇 년이면 흔적도 없이 소멸된다. 부서지거나 썩거나 아주 당연하게 흙으로 먼지로 날아간다. 반면 인간의 집은 두고두고 쓰레기/폐기물이 되어 환경을 오염시킨다. 말로는 친환경이니, 웰빙이니 운운하지만, 정작 집 짓기에 사용하는 재료는 대부분 화학제품이거나 썩지 않는 무기 재료 제품이다. 진정 환경친화적/자연주의적으로 집을 지으려면 소멸하기 쉬운 재료(흙·풀·나무 등)를 써야 옳지만, 현대의 사는 방식을 반영하며 그러한 집을 짓는다는 것은 만만치 않은 일이다.

무엇보다 동물과 인간이 집에 대해 갖는 자세는 소유에 관한 방식에서 큰 차이가 있다. 동물은 필요할 때만 쓰고 필요 이상의 집을 짓지도 않고 소유하지도 않는다. 지구상에 집을 지을 수 있는 동물 중에 두 채 이상의 집을 소유하는 존재는 인간밖에 없다. 또 집을 빌려주고 사용 대가를 받는 동물도 인간이 유일하다. 또 마음먹은 대로 이사 다니는 동물도 인간뿐이다. 동물이 옮겨 살기를 할 때는 생존 조건이 맞지 않을 때뿐이지만, 인간의 이사는 생존보다는 생활의 조건을 따진다. 생활의 조건은 경제, 문화, 사회적 이유와 개인의 가치관을 포함해서 매우 복합적이다. 그 복합적인 이유가 동물의 집과 인간의 집을 구분한다.

집에 대해 부리는 과도한 욕심, 갖고도 더 가지려 하는 욕심, 살지도 않으면서 여러 채를 갖고 싶어 하는 욕심, 여기저기 경치 좋은 곳에 별장을 짓고 살고 싶은 욕심, 더 크게 더 높게 더 화려하게 짓고 싶은 욕심. 결국 그런 욕심은 치장과 장식으로 나타난다. 장식도 일종의 기능이긴 하지만 필요 이상의 과도함은 살기 위해서가 아니라 보여주기 위한 것이다. 보기 위해서가 아닌 보여주기 위한 것. 보여주기의 속뜻은 우월감을 나타내고픈 속내다. 종종 그것이 건축으로 표현되면 역겨운 졸부의 치졸함으로 나타난다. 과잉/과도가 낳는 그 우스꽝스러움.

어쨌든 동물의 집 짓기에서 배울 것이 있다면 단 한 가지, 필요한 만큼만 갖기 또는 필요치 않은 것 버리기가 아닐까. 오직 인간만이 필요함을 채우고도 더 채우려 한다. 그 탐욕의 질주. 그래서 세상의 한쪽에 선 늘 넘치지만, 그 그늘 뒤엔 늘 모자라는 불균형이 생겨난다.

세상과 사회의 불균형은 결국 인간의 욕심이 낳은 결과이고, 그걸 알면서도 고치지 못하는 인간은 어찌 보면 동물보다 나을 것도 없다는 자괴감이 든다. 생존 경쟁은 사실 생명 있는 모든 유기체가 갖는 본능/본질인데, 지혜를 자랑하는 인간이 어느 면에서는 동물이나 식물보다 못할 때가 많다. 짐승은 배부르면 사냥하지 않고 식물은 영양 과잉이 되면 죽어버린다. 오로지 인간의 탐욕만이 그 끝을 모른다. 아니, 끝 모르게 추구한다. 건축 또한 그 탐욕의 대상에서 자유롭지 않다. 건축의 탐욕, 탐욕의 건축, 둘 다 불쾌하고 거친 호흡이다. 이제 천천히 숨을 고를 때다.

어느 날 친한 선배가 같이 가볼 곳이 있다고 해서 길을 나섰다. 도착한 곳은 춘천 못 미처 강촌. 서쪽으로 빼꼼 열려 있는 계곡에 졸졸 물이 흐르고 어쩌나 맑은지 가재가 살고 있는 그 물길 옆에 다 찌그러진 슬레이트 지붕의 집 한 채. 살까 말까 망설이며 묻는다.

"산다면 고칠 수 있을까?"
"헐고 새로 짓는 것이 낫겠어요."
"왜?"
"구조체(기둥·보·서까래)가 이미 상했고 있는 대로 고치면 집이 너무 어둡고 침침해요."

"그럼 헐고 새로 집을 지을 때 문제는 없을까?"

"길이 좁아서 공사용 차량 진입이 어렵겠어요."

"그럼 어쩌나."

"궁리 한번 해보지요."

개발제한구역. 새집을 지을 당시의 규정으로는 면적 30평 이내로 지을 것. 그것은 아무렇지도 않다. 어차피 작게 지을 거니까. 문제는 땅의 위치와 방향이다. 마을을 바라보는 서향은 열려 있으나 거주하는 입장에서 보면 서향 빛은 유쾌하지 않다. 눈이 부시고 매일 노을 지는 것을 바라보는 것은 즐겁지 않다(특히 노인이 있는 집은 서산으로 노을 지는 모습을 살짝 막는 것이 좋다). 동쪽은 산이 높아 해가 늦게 뜬다. 남쪽은 향은 좋은데 실개울 건너 밭 한 떼기 지나 산으로 막혀 있다. 북쪽도 가파른 뒷산. 계곡은 좋으나 멀리 보지 못하고 햇빛이 귀하구나. 아, 정말 땅이 좁구나.

- 모든 방을 밝게 하려면 각 방이 남향을 향해 열려 있어야 한다.
- 농사짓는 집이 아니므로 큰 마당이 필요 없다. 그러니 앞마당과 뒷마당으로 나눌 수 있다.
- 산으로 막힌 동쪽과 남쪽은 오히려 산으로 더 가깝게 가서 풍경을 끌어안자.
- 서쪽은 전망을 얻기는 하되 선택적 기능이 위치하면 좋겠다.

- 공사용 차량의 출입이 힘드니까 등짐 져서 나르는 재료(콘크리트 블록과 목재 등)를 쓸 수밖에 없다.

차근차근 순서를 정하고 풀어본 모습이다.

동·북·서쪽에서 보는 집은 두 덩어리로 나누어져 있다. 하늘에서 보면 H 자 형태를 띠는 집이다. 양쪽 덩어리는 한쪽이 거실과 현관, 반대편이 안방, 작은방, 욕실, 주방·식당이다. 그 가운데에 가로지른 것이 투명한 유리벽 연결 통로. 그 밑으로는 앞마당과 뒷마당을 연결하는 계단의 내림과 오름이 숨어 있다. 이른바 '채나눔'이다(나의 설계 방법론이다. 집을 한 덩어리로 만들지 말고, 여러 덩어리/채로 나누자는 것이다).

각각의 방에서 보이는 외부 풍경과 방향이 다르고 고유하다. 안방에서는 뒷마당과 동쪽을 취하고 거실은 남쪽과 동쪽을 취한다. 식당은 남쪽과 서쪽을 취하고 연결 통로는 동쪽과 서쪽을 취한다. 이렇게 여러 채로 나뉜 집은 밝고 쾌적하다. 건강하다.

목재로 짜 얹은 지붕틀은 양쪽의 모양을 다르게 한다. 거실, 식당, 복도에서는 천정을 올려다보면 지붕틀 모양이 그대로 보인다. 가로지른 지붕틀의 구조가 그대로 드러나 저절로 장식적 효과를 보여준다. 구조체가 보일 수 있다면 언제나 최상의 장식이 된다. 거실은 지붕틀을 높게 얹어 시각적으로 여유가 있고 창문을 열면 공기의 소통이 활달하여 기운이 넘친다.

벽체도 소박하게 콘크리트 블록을 줄눈 반듯반듯하게 치장 쌓기 방법으로 쌓았다. 안과 밖이 다 블록인데 실내는 매끄러운 표면의 블록을, 밖에는 거친 표면의 블록을 쌓았다. 색상도 원래 재료가 지닌 색을 그대로 보이게 내버려둔다. 모든 색은 아름답다. 색상은 서로 충돌/조화의 단계에서 문제가 발생하는 것이지, 색 자체에 아름다운 색과 추한 색의 편견은 이미 없다. 그래서 원래 재료가 가지고 있는 색상을 감추지 말고 있는 그대로 쓰는 게 상책이다. 괜히 요란하게 칠해봤자 싫증만 빨리 나고 이 재료 저 색상 조화시키는 수고만 늘어난다.

　이 궁리 저 궁리 끝에 그 집이 지어졌다. 무엇보다 그 집에 사는 식구들이 좋아하고 아끼니 나는 더없이 흐뭇하다. 집 이름을 뭐라 할까 생각하다가 처음 와서 보고 이 궁리 저 궁리하던 생각이 떠올라 '궁리채'라고 지었다. 궁리는 만물의 이치를 터득한다는 뜻인데, 집을 잘 지으면 만물까지는 못 가도 한 가지 이치를 터득한 셈은 아닐까. 어쩌면 나는 집주인의 염려에 화답하는 꾀 한 가지를 더 짜냈는지도 모를 일이다.

　산다는 것은 결국 꾀를 부리는 일이 아니던가.

첫 경험의 기억은
이리도
오래간다

탄현재

이 모형 사진만 보면 하마 즐겁다. '열 손가락 깨물어 안 아픈 손가락 없다'고 하지만 깨물어 더 아픈 손가락이 있듯이, 지난 프로젝트 중 유난히 기억에 오래 남는 것이 있다. 나의 설계 방법론인 '채나눔'이란 주장을 세상에 처음 펴기 시작한 것이 바로 이 집이다.

스무 평 남짓한 작은 평수에 공사비도 겨우겨우…, 남들 눈에 띄지도 않는 시골의 작은 동네에 지어진 이 집을 지금도 잊을 수 없다. 지금쯤 그 집의 흰 벽은 먼지와 퇴색으로 희미해지고 눈에 보이는 재료의 색상은 제빛을 잃어 둔해졌을 것이다. 지어진 지가 벌써 10년이 넘으니 세월의 때가 묻고 예리한 직각의 모서리는 둥글게 변했을 것이다. 세월은 날 선 칼도 무디게 하는 법이니 건축 재료 수명에도 푸석함이 스며든다.

먹을거리 재료에도 삶고 찌고 데치는 적절한 요리 방법이 있듯이, 건축 재료에도 쌓고 붙이고 칠하는 적절한 가공/제작 방법이 제각각 다 다르다. 이른바 적재적소(適材適所)다.

어떤 일에 재능/능력을 가진 사람에게 알맞은 일을 맡기듯이 건축 재료의 선택도 어떤 부위에 어떻게 걸맞은지를 따지는 일이 적재적소다. 비가 들이치기 쉬운 곳에 썩기 쉬운 재료를 권하면 좋은 발상이 아니다. 재료의 성질은 강하고 연약함, 투명과 불투명, 질기고 약함, 불에 타는 것과 타지 않는 것, 무거운 것과 가벼운 것, 썩는 것과 썩지 않는 것, 따뜻한 것과 차가운 것, 변형이 심한 것과 변하지 않는 것, 밖에 쓸 것과 안에 쓸 것, 천연 재료와 인공 재료 등등 참 종류가 많다. 건축 기술이란 그 많은 재료를 서로 연관/연결/관계시켜 구조를 만들고 그 쓰임새를 만들어내는 것이다.

인류의 문화유산이 영원하게 보존될 수 없는 것은 아무리 훌륭한 개념·구조·공간·형태의 건축물이라 하더라도 바로 재료의 수명이 영원하지 않다는 데 그 이유가 있다. 세상에 영원한 것은 없고 모든 단단한 것은 푸석해진다. 나는 푸석해지는 그 현상이 바로 건축의 매력 중 하나라고 생각한다. 푸석해짐은 나이를 먹는 것이고 시간의 흔적을 지니는 것이다.

시간의 흔적을 거부할수록 빛나는 것은 이른바 보석이나 귀금속 종류다. 그것들은 녹슬면 안 되고 퇴색하면 가짜지만 건축 재료는 시간이 갈수록 퇴락하고 변형되며 상해가는 것이 자연스러운 현상이다. 그래서 노후한 건축물을 고치고 새로 짓는 것이다. 오히려 시간 따라 변해가는 그 푸석함을 즐기는 것이 건축의 참맛을 아는 것이다.

건축 공간과 형태의 즐거움은 미학적 정취지만 재료의 물성 변화를 즐길 줄 아는 정취는 시간과 대화하는 또 다른 경지다. 건축 미학의 가치가 아무리 높다 해도 자연과 교우하여 생긴 시간의 흔적보다 더 그윽할 수는 없는 법이다. 한 채의 집이 낡아가는 재료 변경의 여러 현상에서 자연의 섭리가 읽힐 때 그것이야말로 자연과 인공의 관계를 제대로 이해하는 것이다.

많은 디자이너가 말하기를, 자연에서 디자인의 아이디어를 얻는다고 한다. 그 말은 자연현상이나 상태가 그냥 아이디어를 주는 것이 아니라 자연현상을 주목하고 이해하는 접점에서 퍼뜩 발견되는 깨침이나 착상을 말하는 것이다. 자연은 다가갈수록 인간에게서 멀어지고 이해할수록 가까워진다. 건물의 푸석해짐을 이해하는 것, 그것이야말로 자연을 한 발 더 가까이 껴안는 것이다.

처음 그 땅에 갔을 때의 기억이 새롭다. 여남은 가구가 모여 있고 벌판 끝에 자리한 그 집. 남쪽은 산으로 막혀 답답하고 동쪽과 북쪽은 낮고 낡은 옆집이 이웃하여 붙어 있고, 오로지 서쪽만이 시야가 넓은 벌판인데, 조용한 동네의 인심이 좋았다. 집주인은 헌 집의 불탄 자리를 보면서 '불난 집은 재수가 좋다'며 웃었다.

큰방 하나, 작은방 하나, 거실 겸 주방식당이 한꺼번에 모여 있고, 뚝 떨어진 다실이 하나. 면적은 다 더해서 25평이던가. 그렇게 작은 집이 참으로 오랜 기간 기억에 남아 있으니 새삼 뭐든지 첫 경험의 기억은 오래가는가 보다.

이 집이 '탄현재'라는 이름으로 세상에 알려진 것은 1992년이다. 그 당시 주거 건축물(아파트·연립주택·단독주택·다세대주택·다가구주택·다중주택)이 많이 있었다. 그런데도 유형마다 독특한 특색을 지니지 못하고 비슷비슷해지는 경향에 대해 지니고 있던 건축가로서의 불만을 '채나눔'이라고 이름 지어 세상에 내보인 첫 번째 프로젝트가 이 집이다. 말하자면 '채나눔'의 첫 집이다.

탄현재는 그 후 많은 관심을 끌었다. 건축을 전공하는 학생에게는 학습의 대상으로, 여성 잡지에는 전원주택을 소개하는 사례로, 건축 전문지에는 어느 건축가의 설계 방법론으로, 문화계에서는 작은 집을 통한 '나눔' 주장으로 한참 회자됐다.

이후 계속해서 30여 평의 '궁리채' 또 그만 한 규모의 '재색불이'와 민박집을 연달아 발표했다. 그러다 보니 민박집은 건축민박학교라는 프로그램으로 그럴듯하게 사용되기도 하고, 이 학교 저 동아리에 소문이 나 엠티나 단합대회 장소로 사용되기도 한다. 그러는 사이에 열성 건축학도들은 답사한다고 그 먼 길을 찾아가기도 하고…. 여하튼 작은 프로젝트를 세상에 알리는 바람에 뒤탈이랄까, 아니면 자업자득이랄까, 뒷치레를 톡톡하게 치렀다.

여기저기서 '채나눔'에 대한 원고 청탁이 밀려오고 강의 좀 해달라고 조르고…. 그러는 사이 가장 곤혹스러운 것은 '작은 집'만 다루는 건축가로 알려진 일이었다. 나는 작은 집도 중요하다고 생각하지만 작은 집만 만지는 것이 아닌데 말이다. 어쨌든 즐거운 일이다. 작은 일이

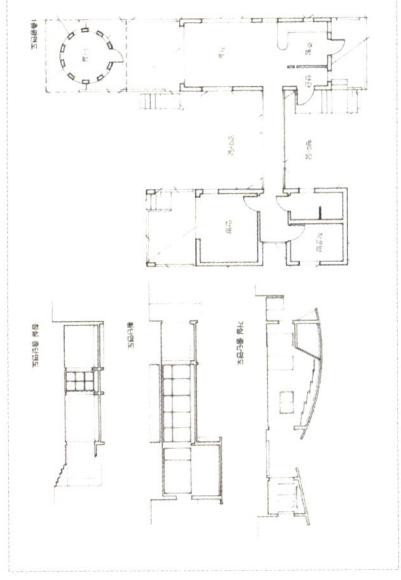

'채나눔'은 작은 집만을 위한 설계 방법론이 아니라, 이 세상을 향해서 한 건축가가 제안하는, 아주 보편적이기를 갈망하는 주장이다. 말하자면 '작을수록 나누자'는 주장이 작은 집만 다루는 건축가로 소문이 난 셈인데, 그래도 유쾌하다. 즐거운 오해다.

건 큰 일이건 건축가에게 프로젝트가 있다는 것은 소중하다. 세상의 모든 건축은 다 소중하고 건축주는 다 고마운 존재다. 마치 세상의 모든 사람이 다 소중하고 나와 관계된 사람이 모두 고맙듯이 말이다.

건축에 바치는 외경(畏敬)은 사람에게 바치는 예의와 같다. 끝없이 퍼부어야 할 열정과 자신을 채근하는 일은 결국 건축가로서 지녀야 할 자세, 즉 삶과 사람을 위한 건축에 대한 애정이라고 생각한다. 그러니 첫 경험, 그것도 사랑이 스민 첫 경험이 오래 기억되는 것인가 보다.

'채나눔'은 작은 집만을 위한 설계 방법론이 아니라, 이 세상을 향해서 한 건축가가 제안하는, 아주 보편적이기를 갈망하는 주장이다. 말하자면 '작을수록 나누자'는 주장이 작은 집만 다루는 건축가로 소문이 난 셈인데, 그래도 유쾌하다. 즐거운 오해다.

탄현재를 지어놓고 세상에 알려지기 시작할 때 어느 출판사에서 작품집을 만들 테니 원고를 달라고 했다. 나는 이런 원고를 보냈다. '채나눔'의 건축 형식과 우리 음악을 비교해 생각한 글이다.

1. 한민족의 위대한 문화유산 중 하나인 판소리, 판소리는 구비문학의 독특한 발전 유형이며 동시에 장엄한 구비서사시다. 판소리가 예술로 승화될 수 있는 중요한 요소는 우리의 '언어'가 집결되어 있다는 것이다. 판소리가 지니는 연극적 요소보다도 언어의 힘이 더 크고, 음악적 구성의 바탕을 이룰 수 있는 것도 언어의 힘이다. 말하자면 언어가 밑바탕이 된 종합예술이라는 것이다. 그것은 언어가 지니는 역사성과 사회의 총체적 속

성이 그대로 판소리라는 음악 형식을 빌려 표출되고 있기 때문이다. 만약 판소리가 음악 형식 중의 하나인 창악 형식에만 의지하고 있었다면 판소리의 수명이 그리 길지 못했을 것이라는 추론은 그래서 가능하다. 판소리는 아니리(노래와 말)를 엮어 발림(몸짓)과 함께 구현된다. 판소리를 건축에 비유하면 소리와 아니리는 건축의 내용이 되고, 발림은 건축의 형태가 된다. 다시 말하면 소리와 아니리 없는 발림은 가정할 수 없으므로 내용 없는 건축 또한 상상하기 어렵다. 건축의 형태나 판소리의 발림은 내재적 내용에 근거할 때 설득력을 지니게 되므로 그러한 호소력이 없는 형식은 결국 공허한 껍질로 남게 된다. 건축에서의 형태는 가시적 요소로서 최종적 구현의 대상임은 분명하나 형태 자체가 건축인 것은 분명 아니다. 형태 자체가 건축이라면 그것은 건축을 형이하학으로 이해하는 것이다.

2. 민속음악의 기악 독주곡 형태 중에 산조(散調)가 있다. 산조는 여러 가락과 장단의 결합에 그 묘미가 있다. 건양조(♩=30)에서 단모리(♩=208)까지 쉬지 않고 계속되는 장단의 조성이 산조의 가장 큰 특징이다. 기본 장단에서 복잡한 선율까지의 적절한 배열이 연주의 맛을 더한다. 특히나 3박자에서 2박자로 절묘하게 변해가는 연주의 특성이 산조의 백미로 꼽힌다. 산조는 빠른 가락에서는 고도의 기교와 숙련이 요구되지만 듣는 사람은 팽팽한 긴장과 느슨한 여유의 대비에서 오는 깊은 멋을 느끼게 된다. 휘몰아치는 격정의 순간부터 느릿한 농현의 배열이 공간을 엄청나게 증폭시킨다. 이는 단순한 비트가 갖는 물리적 파괴력과 즉물적인 흥분을 뛰

어넘는 특유의 조성으로 시간의 빈틈에서 오는 소리와 소리 사이, 장단과 장단 사이 여운의 파장이다. 이를 건축에 비유하면 응집과 확산이 적절히 결합되어 닫힘과 열림의 조화를 이룬 공간과 같다. 이러한 공간에서는 순수 공간 자체의 긴장과 이완이 자율적으로 이루어진다. 열림은 닫힘을 위해 있고 닫힘은 열림을 위해 있다. 어둠 또한 밝음을 위해 상호 보완적인 상태다. 이러한 상태가 되면 억지스러움이 없고 모든 관계가 자연스럽다. 힘을 줄 때 생기는 근육의 수축이나 도약하는 무용수의 탄력 뒤에 섬세한 신경이 결집되어 있음을 보면 당김과 풀어짐이 얼마나 자유자재인가.

3. 일정한 형식 없이 추는 춤을 허튼춤이라 한다. 허튼춤은 일종의 흥 풀이 춤으로 자기의 멋을 집어넣어 추는 이 마음대로 추는 춤이다. 허튼춤은 활달한 동작에 누구든 참여할 수 있는 대중적인 마당춤과 얌전하고 기교 있는 방안춤으로 나뉜다. 마당춤이 대중적이고 서민적인 반면에, 방안춤은 선비 취향에 가깝다고 볼 수 있다. 주목해야 할 점은 허튼춤의 구분이 아니라 춤사위의 동작이다. 허튼춤은 즉흥적이긴 하나 탄탄한 기본 동작의 받침이 있으며, 기본 동작은 있되 형식의 틀에 가둘 수 없는 분방함이 있다. 동작 하나하나의 맺고 풂 사이에 자유분방함과 동작의 형식이 동시에 보인다. 혼자 추어도 상관없고 여럿이 추어도 관계없다. 혼자면 혼자 추는 대로의 흥겨움이 있고 여럿이면 여럿대로의 어울림이 있다. 더욱 재미있는 것은 여럿이 출 때도 각자의 흥과 멋에 겨워 춘다는 사실이다. 말하자면 비형식의 형식이요, 규제 속의 초일(超逸)인 셈이다.

또한 허튼타령은 어떤가. 허튼타령은 허튼가락이므로 당연히 비고정 선율이다. 비고정 선율이긴 하나 박자가 없다는 뜻은 아니다. 비고정 선율이 지니는 형식을 떠난 형식성에 주목해야 한다. 이러한 예를 하나 더 들자. 모심기 못줄을 대지 않고 손짐작·눈짐작대로 이리저리 심는 모를 허튼모라 하는데, 논의 모양이 비뚤거나 쌈지만 한 논바닥에는 줄모보다는 차라리 허튼모 심기가 적절한 해법이다. 구들장 놓을 때도 마찬가지로 골을 켜지 않고 잔돌로 괴어놓은 구들을 허튼구들이라 하는데, 이 또한 눈가림식의 적당함이 아니라 대단한 합리주의로 보이는 것이다. 허튼춤이 헛된 춤이 아니고 허튼타령이 헛된 타령이 아니라, 그 안에서 흐트러진 '사이'의 무한한 잠재력을 보아야 한다.

뭐 대충 건축과 우리 음악을 비교해본 이유는 건축주가 국악계의 내로라하는 분인데 내 딴에는 쉽게 설명하는 방법을 동원한 것이다. 방마다 떨어져 있는 구성을 아주 흡족해하셨는데 연결 통로를 모두 비·바람 맞고 다니자는 제안은 약간 수정되어 뚝 떨어진 다실만 비 맞고 다니게 됐다.

거실의 지붕이 둥근 것은 연주 연습실을 별도로 마련하기엔 집이 좁으니 거실을 연습실로 사용할 때 음향 효과를 고려한 것이다. 말하자면 건축 음향의 형태다. 풍만한 내부 공간의 기운이 방 안에 있는 사람의 기를 펴게 만든다. 높은 천정은 활달한 기상을 뿜어낸다.

채와 채 사이, 방과 방 사이의 빈 외부 공간이 내부 공간과 관련된 방법들-이어지고 떨어지고-이 그럴듯하다. 내부 공간에 있는 사람이 느끼는 외부 공간의 인식 요소(시간의 변화, 밝기의 다채로움, 자연의 여러 현상, 밖에서 일어나는 여러 행위 등)도 풍부하다. 마당엔 별도로 조경하지 않고 맨땅으로 두었는데, 답사 다녀온 학생들이 잡초가 너무 많이 자랐다고 알려준다. 주인이 풀 뽑을 틈이 없이 바쁘겠거니, 아니면 마당에 풀 자라면 어쩌랴 하며 보시는 건지, 가보지 못하고 만나지 못했지만 집도 궁금하고 사람도 궁금하다.

원래 좋은 인연은 서로 궁금해하면서 보고 싶어 하는 것이니…. 첫 경험의 기억은 이리도 오래간다.

건축은 공간으로 드러난다.
　나는 그렇게
믿는다

천주교 우수영 공소

임진왜란 중에 가장 신나는 승리의 기록은 이순신 장군의 명량해전일 것이다. 망가지고 시원찮은 전함 열두 척으로 왜군의 멀쩡한 전함 130척을 부숴버렸으니 대단한 업적이다. 더구나 승자의 입장에서 느끼는 쾌감은 사뭇 자랑스럽다. 말이 쉬워 일당백이지 하나가 열을 이긴다는 것은 거의 불가능에 가깝다. 전력/실력이 비슷한 상대끼리는 더욱 어려운 일이다. 그런데 열세의 이순신 장군이 그러한 승전보를 띄울 수 있었던 힘은 전투 실력이 아니라 전략/전술의 탁월함에 있었다.

　바로 울돌목이라 불리는 좁고 험한 해안 지형과 해류의 흐름을 정확하게 파악한 지형/지식의 승리인 셈이다. 왜군의 입장에서 보면 침략을 위해 준비한 멀쩡한 군함의 패배는 새로운 지형에 대한 정보의 부재가 패인이고, 결국 지형에 대한 몰이해, 즉 무지로 인한 참패였던 것이다. 물을 지형으로 파악한 그 혜안이라니. 움직이는 지형을 활용한 배치/방향의 승리. 그래서 역사는 이순신을 명장이라 칭한다.

전투/전략/전술/전쟁 모두가 지리/지형의 바탕 위에서 벌어진다. 그것은 지표상의 모든 공간이 지형으로 파악되어야 한다는 말과 같은 뜻이다. 지형과 밀접한 관련이 꼭 전쟁에만 적용되는 것은 아니다. 평상시 우리의 삶도 지형을 떠나서는 성립되지 않는다. 아니, 우리의 삶은 지형을 바탕으로 지형을 일구며 사는 것이다.

삶이 지형이고 지형이 삶이다. 지형과의 관계성을 끊는 것이 죽음이고 남은 자는 그래도 아쉬워 묏자리 보는 데까지 지형을 연결한다. 대표적인 예가 풍수지리다. 원래 풍수지리는 자연과 인간의 삶을 어떻게 윤택하게 연결하는지에 대한 관심이고, 현대 지리학과 일맥상통하는 부분도 많다. 또한 지리의 장단점을 삶의 주거와 연결한 조상의 지혜는 소중하다. 그러나 묏자리 잡기에 끌어들이는 당대발복(當代發福)이니, 자손번영 아니면 패가망신이니 하는 수작은 몇 푼의 동전에 흑심을 품은 술사나 하는 짓이다.

그러면 지형/지리와의 관계성이 무시된 건축이나 도시는 어떨까? 묻지 않아도 뻔하다. 한마디로 자연이나 환경에 관심이 없는 독불장군의 건축이요, 부유하는 불안과 초조함의 도시가 된다. 그런 도시는 결국 소비와 유흥 편의의 도시로 변성하면서 재화적 가치에 의존하다가 소비 패턴이 변화하는 순간 소진되는 운명을 맞기에 십상이다.

건축 또한 그렇다. 지형에 대한 세심한 관찰/배려 없이 지어지는 건축물은 미학적 가치가 출중할 리 없고 겨우 필요한 기능을 유지하다가 마치 일회용품처럼 소비되는 운명으로 사라진다(건축물도 자본 시장의 상품이긴 하나 일회용보다는 재활용의 가치가 매우 높은 고가의 지속 가능한 문화 상품이다).

울돌목 옆에 우수영이란 동네가 있다. 지금은 다리가 놓여서 진도를 편히 오갈 수 있지만 예전에 진도는 울돌목을 건너야 하는, 육지와 공간 거리는 가깝지만 시간은 오래 걸리는 아주 먼 섬이었다. 놓인 다리는 진도대교인데 우수영과 진도의 녹진마을을 연결하는 500미터 가까운 다리가 중간의 교각도 없이 서 있다. 울돌목의 물 흐름이 거칠어 교각 없는 사장교(斜張橋)를 세운 것이다. 다리 형식도 지형의 지배를 받는다. 아니, 지형이 다리의 형식을 이미 말하고 있는지도 모른다.

지명도 지형의 특징을 나타낸다. 양지마을은 볕이 잘 드는 마을이고, 넓은들마을은 논밭이 넓게 펼쳐진 곳이다. 울돌목도 '우는 돌다리'라는 용솟음치는 파도 소리와 험한 지형을 나타내는 말이다.

앞서 말한 우수영은 전라 우수영을 말한다. 조선시대 4대 수영(水營) 중 하나다. 경상 좌수영이 부산이고, 경상 우수영이 충무다. 전라 좌수영은 여수이며, 전라 우수영은 해남을 일컫는다. 여기서 수영의 배치/방향이 재미있다. 부산은 충무의 동쪽이고 해남은 여수의 서쪽이다. 서울에서 볼 때 부산은 충무보다 더 동쪽/왼쪽에 있고 해남은 여수보다 더 서쪽/오른쪽에 위치한다. 왕권 시대에 한양 중심에서 본 방향/호칭이다. 그런데 동서남북은 왼쪽/오른쪽의 방향성을 확정하고 있는 것이 아니다. 보는/서는 위치에 따라 얼마든지 자유롭다. 동남서북으로 둥글게 읽든지 북남서동으로 좌충우돌 하든지 방향과는 아무런 관계가 없다.

좌수영/우수영의 역사적 연유를 그대로 살리면서 중앙/서울의 중심적 사고를 털어낼 수 있는 명칭/지명은 없을까. 언뜻 사소해 보이지만 무의식의 반복이 일상을 지배할 때 고착되는 폐해가 많은 법이다. 북쪽은 위고 남쪽은 아래라는 그 고착적 사고라니. 방향은 정해져 있지만 배치는 자유로운 가능성을 암시하고 있는 법인데, 습관적 무의식은 그 자유로운 상상을 압제한다.

비슷한 예 하나. 지방에서 서울에 갈 때는 '올라간다' 하고 서울에서 지방에 갈 때는 '내려간다' 한다. 그럼 지방은 낮고 서울은 높다는 말 아닌가. 아, 무서운 중앙 중심적 사고의 반복이라니. 다양/다원해야 할 지방자치 시대에도 여전히 서울은 높고 지방은 낮다. 세계화 시대에 지방/지역은 스스로 중심/중앙이어야 할 텐데, 우리의 말버릇은 이리 무심하다. 좌수영/우수영에서 느끼는 언어적 불편도 그와 비슷한 찜찜함이다. 좌/우? 뭘까, 이 시대 우리에게 있어서.

동네 한가운데 있던 공소를 마을 어귀로 옮기기로 했다. 구입한 대지는 진도로 통하는 18번 국도변의 경사진 지형. 가용 면적이 좁고 차량 소음이 심하다. 그런 땅을 왜 샀느냐고? 면적에 비해 땅값이 싸기 때문이다. 종교 시설은 접근하는 환경이 그럴듯하고 주변 풍광도 좋고 아늑하면 좋겠지만, 그런 땅은 어디나 비싼 법이다. 공소 살림에 헐한 땅을 구하는 것은 당연지사. 그게 현실이다. 싼 땅을 구해놓고 고민에 빠졌다. 너무 시끄러운 땅/위치. 어떻게 소음을 피해 안온한 미사 드릴 공간을 만들까? 해결책은 무엇일까? 땅 문제가 건축적 해법으로 넘어온 것이다.

지형을 살펴보니 문제만 보였다. 대지 면적 중에 경사진 부분이 너무 많고 도로와 건축물의 차폐/완충 공간을 확보하기엔 대지 폭이 좁고…. 문제가 있으면 피하지 말고 정면 돌파하는 것이 상책이다.

소음은 근본적으로 그 원인을 없애는 게 해법이지만, 지나가는 차량을 막을 수는 없고 방음벽을 치자니 모양이 흉하고. 뾰족한 해결책이 없다. 소리는 창문이 있으면 무조건 통과하는 성질이 있다. 방음에는 흡음(吸音)과 차음(遮音)의 방법이 있지만 근본적으로 창문이 없어야 조용하다. 그래서 도로 쪽에 면한 벽은 창문을 없애고 경사도를 이용해 성당의 벽 일부를 땅속에 묻기로 한다. 지붕에는 흙을 덮어 잡초가 자라게 한다. 지붕의 경사는 도로를 향하는데, 도로 쪽에서 보면 비탈져 잡초가 자란 둔덕으로 보이게 한다.

성당 내부를 보면 천정은 한쪽으로 기울어져 있고 양쪽 벽체의 높이가 다르다. 낮은 벽은 땅속에 묻히고 높은 벽은 아래위의 수평창을 통해 은은한 빛을 받아들인다. 제단(祭壇)의 뒷벽은 둥근 벽이 감싸고, 제단 위쪽에서는 작고 깊은 천창을 통해 한줄기 빛이 쏟아진다. 가장 염려했던 차량 소음을 창을 없애고 성당 일부를 땅에 묻는 계획으로 해결한 것이다. 배치/자리 잡기의 위력적 효용이라니(실제 공사에선 그놈의 공사비 탓으로 덜 묻히고 덜 덮였다).

도로를 지나는 사람들은 잡초로 덮인 그 집이 성당인지 아닌지 잘 모르지만, 동네에서는 높은 벽 쪽을 보게 되어 성당인지 금방 안다(아니다. 제대 위로 떨어지는 빛을 위해 만든 천창을 덮는 삼각뿔 모양이 도드라져 언뜻 성당인지는 몰라도 무얼까, 하는 궁금증을 자아내기는 할 것이다).

천주교 우수영 공소는 완성되고 몇 년 지나서 성당으로 승격, 분리됐다. 선교사가 쓰던 집은 사제관이 되고 공소가 성당이 되는 바람에 몇 가지 부족한 시설/기능이 발생한다. 언젠가 성당을 고칠 때가 되면 공사비 부족으로 대충 덮은 지붕과 벽을 제대로 복토하여 잘 만들어진 둔덕으로 가꾸면 좋겠다.

모형을 만들다 보면 십중팔구 외형에 집착하기 마련이다. 눈에 보이는 것이 외형이므로 건축은 결국 형태로 드러난다고 생각하는 사람이 많다. 아니다. 건축은 공간으로 드러난다. 나는 그렇게 믿는다. 그렇다 보니 단면 모형을 만들거나 내부 모형을 만들 때는 참 즐겁다. 어차피 건축가의 머릿속에는 이미 그림이 그려져 있지만 의사소통의 상대인 건축주나 작업을 도와주는 동료와도 만들려는 내부 공간을 정확하게 설명하고 토론할 수 있어 즐거움이 더 늘어난다.

건축의 형태가 사람의 외모라 본다면 공간은 속살 또는 마음에 비유될 수 있겠다. 해서 공간의 드라마를 서로 이야기한다는 것은 속살에 대해 이야기하는 것처럼 신명 나는 일이다. 어느 건축물이건 속이 깊어야 좋은 건축물인데, 그 속이 바로 공간을 이른다. 어찌 그리 건축은 사람과 비슷한지 모르겠다. 사람끼리 대화도 속내를 드러내는 사이가 친하고 편하듯이, 건축물도 깊은 공간의 은유가 있어야 편안한 격조가 깃드는 법이다.

어쩌면 '작은' 것을 지향하는 것이
더 '큰' 욕망인지도
모른다

어느 시골 가난한 공소(公所)의 증축 계획안이다. 살림을 맡았던 선교사가 다른 공소로 옮겨가고 공사비 마련이 여의치 않아서 중도에 불발에 그쳤다. 마무리해놓은 디자인이 맥없이 날아갈 때는 참 허무하다.

공소는 본당보다 작은 천주교의 단위 교회를 말한다. 말하자면 주임 신부가 상주하지 않는 지역 신자의 모임/교회다. 신부가 상주하지 않기 때문에 미사가 집전되지 못한다. 공소 교우의 지도자로 본당 신부를 대리하는 공소 회장을 중심으로 성찬의 전례가 빠진 미사 형식의 공소예절이 행해진다.

공소는 대부분 섬이나 산간 지방 또 외딴 시골에 남아 있다. 신자 수나 교회 수에 비해 신부가 적어서 공동체마다 상주할 수 없어 생기는 신자끼리의 신앙 공동체로 이해하면 쉽다. 그러나 서울 같은 도시에도 동대문시장 같은 곳에는 공소가 아직 남아 있다. 시장에 공소가 남아 있는 이유는 미사를 드리는 주일에 장사해야 하는 특수한 사정 때문이다.

전국적으로 교회(성당)는 늘어나는 추세지만 공소는 감소하고 있다. 하지만 아직도 천주교 공소는 전국적으로 1000여 군데가 넘는다. 우리나라 천주교의 첫 공소는 1799년(정조 23)에 설립된 평택 대추리 공소인데, 200년이 넘었다. 한국 천주교회 역사상 절반이 넘게 공소 시대였으므로 공소의 의미는 자못 크다고 봐야 한다. 공소의 특징은 신자 수가 적고 재정이 빈약하다는 점이다. 그렇다고 해서 믿음까지 부실한 것은 아니다. 오히려 재정 부족이 신앙과 공소 일에 대한 열성을 더 키우기도 한다.

평소 알고 지내던 분을 통해 연락을 받았다. 작은 공소를 증축해야 한다면서 좀 거들어달라는 말씀인데, 프로젝트로 생각하기엔 턱도 없이 부족한 규모지만 현장을 보러 갔다. 한국전쟁이 끝나고 미군이 지어 준 공소가 멀쩡하게 버티고 있었다. 석재로 두껍게 쌓은 벽체 위에 콘크리트 슬래브를 치고 다시 박공지붕을 얹었는데, 공소 분위기 때문에 고깔 지붕 모양을 내려고 한 듯했다. 벽체는 제법 튼튼했다. 미군이 지어 줄 때보다 신자 수가 조금 늘어나서 공소가 좁으니 증축해야 하는데, 마련된 공사비는 충분치 않고 무슨 묘안이 없을까 궁리하던 중에 이리저리 만나게 된 것이다. 이럴 때가 가장 고민스럽다.

욕심은 있는데 공사비는 마련되지 않고 그렇다고 그냥 마구잡이로 아무렇게나 건축하기는 싫고, 말하자면 근사하게 하고는 싶은데 현실은 약간 따르지 않는, 욕망과 현실의 충돌이다. 그 사이에 건축가는 고민에 빠진다. 빠듯한 예산 틈에 건축가의 디자인 비용은 넘볼 틈이 없다. 그렇다고 무작정 도와준다는 것도 쉬운 일이 아니다.

　본 것은 있고 하고는 싶고 하려니 안 되니… 문제의 삼박자가 고루 갖추어진 셈이다. 살림을 꾸리는 선교사가 투명한 의식이 있어 적당한 증축은 피하려 하니 건축가로서는 반갑지만 예산이 적어 난감할 수밖에…. 그럴 때 최선책은 몸으로 때우는 것이다.

　이문 없이 시공할 회사를 이리저리 알아보고, 필요한 자재를 싸게 거의 공짜 수준으로 공급해줄 은인도 알아보고, 기능공이 필요 없는 공정은 신자들이 대신하기로 했다. 몸으로 때우고 노력으로 메우는 것도 어느 정도인데, 선교사의 열정이 대단해서 일단 일을 진행하기로 했다.

　미군이 지어놓은 옛 건물의 지붕을 뜯어내고 슬래브 바닥 높이를 이용한다. 지붕 뜯은 목재는 다시 내장재로 사용한다. 기존 건물 벽체의 밖에 철골 기둥을 박아서 높은 층고가 필요한 만큼 격자틀을 만든다. 격자틀 안에 필요한 공간을 끼워놓는다. 나중에 변경이 필요하면 격자틀과 상관없이 더 늘리거나 줄이거나 조정이 용이하게 한다. 기존 종탑도 그대로 둔다. 건물 주변에 장성한 나무도 다치지 않게 한다. 그래서 새것은 철골구조의 격자틀 안에 있고, 헌것은 격자틀 밑에서 서로 공존하게 한다.

　새로 짓는 면적을 최소화하기 위해 1층과 2층의 부득이한 연결 계단도 아주 좁게 하고, 수십 명이 드나드는 입구는 경사진 지형을 이용해 빙 돌아가더라도 계단실을 만들지 않는다. 계단을 하나 생략하면 공사할 면적도 줄어들고 회중석으로 가는 길이 빙 돌아가면 오히려 진입 과정의 분위기도 더 좋아진다.

　기존 건물 밖에 헌 집을 다치지 않게 하면서 새로 구조틀을 심는 것이 주된 생각인데, 그렇게 되면 기존 건물에 무게가 더해지는 것도 방지할 수 있어 여러모로 실속 있는 셈이 된다. 기존 건물 위에 벽돌로 한 층을 더 올리는 것은 아래층의 구조적 불안도 문제지만 증축 면적이 주로 회중석인데 필요한 회중석의 면적이 기존 건물 바닥보다 커야 하기 때문에 단순 수직 증축은 해결책이 되지 못한다. 이쯤이면 필요한 면적과 회중석은 마련된 듯한데, 재미가 없다. 신부님 오시는 날 모두 모여 미사 드릴 때 정말 그럴듯한 공간의 분위기가 필요한데 말이다.

　실내 장식이 아닌 공간의 구성 자체에 근사한 분위기가 필요하다. 빛을 이용하자. 공간의 분위기를 연출하는 데는 빛이 제일이다. 벽체와 지붕이 만나는 곳-높은 모서리 부분-에 수평의 띠창을 만들자. 마침 구조틀이 있으니 지붕은 벽체에 얹지 않고 매달 수 있어 구조 해결 방식이 그럴듯하다. 구조틀에 매달린 수평 방향의 천정은 빛이 들어오는 시간에는 허공에 떠 있는 모습이다. 허공에 뜬 천정! 생각만 해도 그럴듯하다. 더욱이 허공에 뜬 천정은 제대 방향으로 살짝 높게 들려 있으니 이런저런 의미가 가지를 친다.

　매달린 천정/지붕판의 시공이 어렵지 않을까 하는 우려가 있는데, 그 정도는 현대의 건축 기술이라고 보기도 어렵다. 다만 시공 회사의 기술이 낙후되고, 전혀 새롭지 않은 것도 해본 적이 없어 회피할 뿐이다.

아마 공사비는 벽체에 고정하는 것보다 조금 더 들겠지만, 미사를 위한 공간의 의도가 보이니 그대로 가보자. 좋다.

　건축가는 대부분 속으로는 '작은' 프로젝트를 선망한다. 그 이유는 '작은' 건축물에서 자신의 확실한 '개념'을 풀기가 좋기 때문이다. 무엇보다 자신의 고유한 언어와 개념을 중시하는 건축가일수록 더 그렇다. 또 건축에서 확실한 개념이 전개되어 있고 그것이 명료한 표현으로 보인다면 이미 '작은' 것은 크기를 초월하여 엄청나게 '큰' 건축으로 존재하기 때문이다. 그러나 건축가 입장에서는 작은 프로젝트를 만져봤자 경제적 실속이 없고 오히려 안 하는 게 좋다 싶을 정도로 일의 양은 많다. 좋은 대가를 받는다 해도 전체 예산이 얼마 되지 않으니까 건축가의 몫이 작을 수밖에 없다. 그저 기분만 좋을 뿐이다. 아, 불쌍한 건축가여.

　그렇지만 큰 프로젝트는 우선 받는 돈이 많고 살림살이와 여러 형편이 궁색하지 않으니 벌떼처럼 달려드는 사람이 많기 마련이다. 하지만 큰 일이 돈 벌기에 좋지만 개념이니 뭐니 하나 없이 지어진 것이 얼마나 많은가. 아무 생각 없이 지어진 큰 건물을 보면 '아! 나중에 쓰레기 치우기 어렵겠다' 하는 탄식이 나온다. 작은 건물이 잘못되면 그래도 치우는 쓰레기의 양이라도 적으니 다행이다.

　종교 건축물은 교회건 법당이건 가릴 것 없이 무조건 작아야 좋다. 한꺼번에 수천 명이 들어가는 종교 집회 공간은 근본적으로 실내 체육관과 별 차이가 없고 종교적인 본질에서도 한참 멀다. 또 그런 큰 일은 일하는 중간에 사과 놔라 배 놔라 이견이 많고, 자문이니 심의니 하는 내용 모르고 뱉는 여러 관계자의 말이 많아서 진솔한 건축물이 만들어지기 어렵다. 특히 규모가 크면 과시욕도 덩달아 크기 때문에 외향적 관심사에만 매달리게 되는 위험이 따른다.

건축이건 사람이건 내면과 외면이 조화를 이룰 때가 가장 아름답고 참되다. 작으면 작을수록 조화를 이루기가 훨씬 편하다. 작으면 모든 것이 단출하고 가벼우니 뜻을 펼치기가 훨씬 유리하다. 작은 것을 지향하는 모든 존재는 욕심(욕망)도 적으니 말이다. 그 작은 것을 꼭 이루려는 것을 보면… 아닌가? 어쩌면 '작은' 것을 지향하는 것이 더 '큰' 욕망인지도 모른다.

그렇다.
　건축가와는 사는 방식을
상의하는 것이다

자비의침묵 수도원

건축가는 집 짓기를 할 때 그 집을 어떻게 디자인해야 할까를 생각한다. 시공자/건설 회사는 집을 짓는다고 할 때 공사의 실행을 떠올린다. 집주인은 공사가 다 끝나고 먹고 자며 행복하게 사는 것을 떠올린다. 같은 주제를 놓고도 관심사가 다르기에 의사소통을 할 때는 상대에 대한 조심스러운 이해/배려가 필요하다. 서로 마음이 급해서 같은 것을 달리 볼 수도 있고 다른 걸 같다고 오해하기도 쉽다.
　대부분의 건축주는 집을 지어본 경험이 없어서 일의 내용을 구분하지 못할 때가 많다. 건축가와 상의할 사항을 시공자에게 말하기도 하고, 시공자에게 물어야 할 것을 건축가에게 묻기도 한다. 이 과정에서 건축주와 시공자, 시공자와 건축가 또는 건축주/건축가가 서로 이해하고 잘 일이 풀리면 다행이지만 자칫 오해가 생기면 일이 엉뚱하게 꼬인다. 시공자는 늘 현장에 있지만 건축가는 현장에 늘 있는 것이 아니기에 더욱 의사소통이 중요해진다. 건축주가 건축가와 사전에 상의하지 않고 현장에서 시공자에게 즉흥적으로 묻고 답하고 변경해버리는 경우가 있는데, 건축가는 그 상황을 나중에 알면 참으로 난감하다. 엎질러진 물이 되어 알게 되는 경우도 있다. 아주 나쁜 경우가 시공자가 건축가 몰래 주인에게 이러쿵저러쿵 재료를 바꾸자, 이 방을 넓히자, 저 방을 키우자… 등의 미끼를 던지는 경우다. 그런 경우 백발백중 공사가 마무리될 때쯤 추가 공사비가 청구된다. 물론 집주인이 동의했으니 꼼짝없이 추가 공사비를 줄 수밖에 없다.

경험에 따르면 건축주와 시공자의 즉흥적 변경이 잦으면 대부분 좋은 집이 되지 못한다. 변경에 서로 합의하고 나서도 나중에는 서로 다툰다. 네가 옳으니 그르니 다툼의 수준도 천박하다(모든 다툼이 천박하지만). 해서 집이 깔끔하게 마무리되려면 의사소통을 서로 정확하게 하고 정해놓은 내용을 서로 지켜야 한다. 만약 변경이 부득이하면 다시 숙고해서 결정된 내용을 처음보다 더 정확히 확인해야 한다.

건축주와 건축가가 궁합이 서로 맞는 경우는 시종일관 기분이 좋다. 집 짓기는 말로 시작한다. 말은 그림보다 앞서고 행동보다도 앞선다. 공사를 하려면 도면이 있어야 하고 도면을 그리려면 내용이 있어야 한다. 내용과 가장 가까이 사는 것이 바로 말이다.

집의 시작은 항상 건축주의 말이다. 말은 생각이다. 건축주가 하는 말은 지어야 할 집의 내용이요, 삶이다. 또한 건축주는 지을 줄 모르고 그릴 줄 모른다. 그래서 건축가를 찾는다. 건축가는 말하기 전에 들어야 한다. 듣는 것이 먼저이고 대답은 나중이다. 좋은 대화는 잘 듣는 것이다. 잘 들은 내용은 잘 그려지고, 잘 그려진 집은 잘 지어진다.

건축주도 그렇다. 건축가의 말을 잘 들어주는 주인은 이해심이 넓다. 넓은 인품은 반드시 깊은 법. 깊이 있는 중심은 흔들리지 않으므로 처음부터 끝까지 평온하며 일관성을 지닌다. 서로 귀를 열어놓는 것이 진정한 대화다. 입만으로 하는 대화는 반쪽 대화다. 대화는 입과 귀로 하는 것이다. 대화 중에 말하는 입은 내 것이지만 귀는 상대의 것이어야 한다.

천주교 어느 수도회의 분원을 짓기로 했다. 수련자를 위한 작은 집이다. 수련자는 수사(修士)를 꿈꾸는 이들이다. 수사는 예수처럼 살기를 열망하고 실천하는 수도자다. 그 집/수도회 식구들은 공통점이 하나 있다. 대화할 때 상대의 이야기를 잘 들어준다는 점이다. 미덕이다. 성숙이다. 귀함이다.

살림 담당 수사는 이런저런 방의 개수와 경당, 도서실, 공동방 등을 열거하고 몇 사람이 사용할 것인지를 말한 후 필요한 면적이 얼마쯤 될 것인지 내게 묻는다. 사용 목적과 기능만을 설명하고 건축가의 의견을 구하는 것이다. 신사요, 선비요, 참 주인답다. 그래야 한다. 건축주가 다 정하는 것이 아니라 건축가의 의견을 물어야 한다. 그래야 건축가의 생각을 다 빼앗아 쓸 수가 있다. 건축가가 신나게 일할 수 있게 조건을 만들어주는 것이 결국 집주인에게 이득이다.

식당에 가서 맛있는 음식을 먹고 싶으면 주방장을 기분 좋게 예우

해주는 것이 비결이다. 집에서도 맛있는 음식은 웃는 엄마의 손끝에서 나온다. 디자인도 마찬가지다. 신나고 즐거운 마음으로 디자인하면 좋은 디자인이 나온다. 형식/격식/권위/억압/일방적 의사소통 방식으로는 좋은 디자인이 나오기 어렵다. 건축가도 마찬가지다. 기분 좋은 의사소통 뒤에는 반드시 좋은 건축 디자인이 나온다.

　수도원은 완공되면 외부인의 출입이 자유롭지 않다. 수사들이 폐쇄적이어서가 아니라 특별한 종교적 수도/수행 공간이기에 번잡한 출입을 삼가기 때문이다. 방문객이 온다 해도 일정한 구역까지만 출입이 허용된다. 특별히 봉쇄 구역에는 방문객이 들어갈 수 없다. 그것은 사제관에서도 마찬가지다. 방문객은 그런 예의를 지킨다. 간혹 예의고 뭐고 생각 없이 수선스러운 사람도 있는데 옆에서 보기가 참 민망하다. 내가 지은 수도원이라 할지라도 완공 후에는 특별한 일이 아니면 건축가도 봉쇄 구역을 출입하지 않는다. 그것이 수도/수행 공간에 대한 예의다. 사람끼리만 예의가 있는 것이 아니라 공간에 대해서도 예의가 필요하다.

　반면에 면회실이나 공동방에서는 아주 자연스러운 대화가 오간다. 특히 젊은 수사의 명랑 발랄함은 너무나 천진스럽다. 수사 각각의 성격 차이는 있을지 몰라도 밖에서 짐작하듯이 모두가 대하기 어려운 성격은 아니다. 수사는 대체로 순수하고 맑은 성격이지만 신앙에 대한 열정과 수행 습관으로 쓸데없는 표현을 삼가는 자세가 밖에서 일반 사람이 볼 때 어렵게 느껴질 뿐이다. 수도원에 사는 수사·수녀가 그렇듯이 수도원 건축물도 그래야 한다고 생각한다.

　　수도원 건축물의 형태가 번잡하고 요란하면 왠지 경망스럽다. 아니 수도원/종교 건축물만 그런 것이 아니라 모든 집이 그렇지 않은가. 집을 보면 주인이 보인다는 말은 그래서 맞다. 건축가의 말에 예의를 갖추는 건축주를 보면 나는 그만 감동하고 만다. 나의 감동은 몇 가지 중요한 제안으로 이어졌다. 집 짓는 방식이 아니라 사는 방식에 대한 제안이다. 건축가는 단순한 기술자가 아니므로 만약 집 짓는 방식만 상의하고 싶으면 기술자와 상의해도 충분하다. 그렇다. 건축가와는 사는 방식을 상의하는 것이다.

경당 멀리 떼어놓기

짓기로 한 수도원 건축 프로그램에는 아주 작은 경당이 있다. 경당은 새벽·저녁으로 미사를 드리는 성스러운 공간이다. 그곳에 사는 수도자만 사용하는 곳이라서 대부분 수도원 본채와 인접하게 배치한다. 식당, 공동방, 숙소, 도서실이 인접해 있으면 편리하고 편한 것은 사실이다. 그러나 경당은 다르다고 생각해서 떼어놓기를 제안했다. 그것도 아주 멀리 수도원 경내에서 가장 먼 곳에 배치하면 어떨까 하고 제안했을 때, 살림 담당 수사는 쾌히 좋다고 했다. 분원의 책임 수사 신부도 좋다고 했다.

　　경당이 멀리 떨어져 있으면 참 불편하다. 비 오는 날은 비 맞고 눈 오는 날은 눈 맞아야 하니 여간 고역이 아니다. 특히 겨울 새벽에 살을 파고드는 추위를 뚫고 가려면 귀찮은 일이다. 일일이 옷을 챙겨 입어야 하고 미리미리 시간을 챙겨야 제시간에 맞출 수 있으니 귀찮은 게 한둘이 아니다. 먼 길 가는데 챙겨 입는 것은 너무 당연하게 받아들이지만 경내의 경당에 가는 데 일일이 챙겨 입어야 하니 번거롭기 그지없다. 말하자면 대충 가기가 어렵다. 나는 바로 그 점을 노렸다.

수도자 방 바로 옆에 붙어 있는 경당은 너무 가까워서 수도자를 게으르게 만든다. 편함은 좋지만 게으름은 밉다. 편함이 습관이 되면 자신도 모르는 사이에 나태해지기 쉬운 것을 경계한 것이다. 그리고 봄에서 겨울까지 사철 자연의 변화를 몸으로 느끼며 경당에 가기를 권유한 것이다. 자연의 변화를 이해하면서 경당을 오가는 시간이 또 다른 묵상의 시간이 될 것을 믿는 것인데, 불편한 것은 사실이다. 하지만 그들은 불편하게 살기를 두려워 않는 수도자가 아니던가.

겸손의 복도

방을 여러 개 만들면 할 수 없이 복도가 생긴다. 수도원에서는 특성상 공부와 기도를 모여서 할 때도 있지만 혼자서도 한다. 그래서 이런저런 방이 많다. 많은 방을 연결하는 동선이 바로 복도다. 복도에서는 지나는 사람이 마주치기 마련이다. 특히나 공동시설(세탁실, 화장실, 세면실, 도서실 등)이 집중적으로 사용되는 시간에는 더욱 번잡하다. 수도자 방에는 개인 욕실을 만들지 않기로 했으므로 그 수도원의 공동시설 이용 빈도는 더욱 높을 수밖에 없다. 그래서 주목한 것이 바로 복도다.

단순한 연결 통로/동선이 아닌 의미/효용을 동시에 지니는 복도를 만들 수는 없을까. 해법은 쉬운 곳에 있었다. 경당을 불편하게 먼 곳에 배치해서 불편함의 교훈을 취했듯이, 복도의 폭에서도 불편함의 교훈을 갖게 하자.

복도가 넓으면 지나는 걸음걸이가 빠르고 빠름은 사람끼리의 예의를 소홀히 여기게 만든다. 서로 간섭 없이 스쳐갈 수 있는 넓은 복도는 언뜻 여유로울 것 같지만, 따지고 보면 인간관계에서는 외면/소외를 조장하는 악덕의 동선이다. 서로 마주치면 한 사람이 비켜서야만 둘 다 지나갈 수 있도록 복도를 아주 좁게 만들자. 그 제안도 쾌히 수용됐다.

그럼 그 복도에서는 어떤 일이 일어날까. 둘이 마주치면 후배가 양보하면서 비켜선다. 저절로 예의와 공경이 묻어난다. 싸웠던 두 사람이 마주치면 먼저 비켜선 사람이 사과한 셈이 되니까 서로 웃을 수 있다. 서로 먼저 가라고 양보하는 사이에 겸손이 밴다. 날마다 겸손하게 산다니 그 집에 사는 이들이 불편할 것이다. 하지만 그들은 겸손을 미덕으로 지키는 수도자가 아니던가.

하늘성당과 난간 없는 계단

멀쩡한 풍경을 벽으로 막다니… 무슨 뜻일까. 그 수도회 한 귀퉁이에는 하늘성당이라 불리는 지붕 없는 공간이 있다. 사각의 작은 공간인데 출입하는 부분만 뚫려 있고 사방이 다 벽이다. 벽의 높이는 키를 넘는다. 사방이 막혔다. 그래서 그 공간에서는 오로지 하늘만 보인다. 하늘을 올려다보면 달·별·구름이 보인다. 어둠이 보이고 밝음도 보이는데 배경은 늘 무한한 하늘이다. 개인의 묵상과 특별한 날의 작은 미사에 쓰인다. 일부러 올라가야 하는 옥상을 대충 활용한 것이 아니라 수도자의 방이 자리한 2층(봉쇄 구역)에서 복도로 연결이 쉬운 귀퉁이를 차지하고 있다. 그러니까 빈 공간을 적극적으로 일부러 만든 것이다. 언뜻 허허로워 보이지만 비움으로 가득 찬 하늘을 담고 있어 하늘성당이라 부르기로 했다. 그곳에는 마당에서 직접 올라갈 수 있도록 계단이 별도로 마련되어 있다.

그 계단에는 난간이 없다. 자칫 떨어질 수도 있다. 처음부터 난간을 만들지 않기로 했다. 난간이 없으면 위험하지 않을까. 여기서 떨어질 정도로 산만하면 수도원에서 나가야겠지요. 조심하면 된다는 나의 대답에 그렇게 하기로 했다. 계단을 오르내릴 때마다 조심하는 것이 힘들 것이다. 하지만 그들은 하늘을 잊으면 안 되는 수도자가 아니던가.

대화는 오가는 말인 동시에 오가는 생각이다. 나의 제안을 건축적 대화로 이해하고 받아준 그 수도회에 지금도 감사하고 있다. 그 집 이름은 '자비의침묵' 수도원이다. 집은 건축가가 짓고 집 이름은 집주인(수사 신부)이 지었다. 마치 대화하듯이.

ⓒ진효숙

수도원 건축물의 형태가 번잡하고 요란하면 왠지 경망스럽다. 아니 수도원/종교 건축물만 그런 것이 아니라 모든 집이 그렇지 않은가. 집을 보면 주인이 보인다는 말은 그래서 맞다. 건축가의 말에 예의를 갖추는 건축주를 보면 나는 그만 감동하고 만다.

원래 그랬던 것처럼
가재리 수도원이 있다.
'자비의 침묵'*

프롤로그

약 3년 전 섣달그믐쯤의 나의 작업일지를 들춰보면 가재리 골짜기를 처음 들러보고 스케치한 내용 중에 이런 구절이 적혀 있다.

> 가재리 골짜기에서 고흐를 생각하다. 포도밭에서 흘러내린 천수답의 계곡이 사계절을 떠오르게 한다. 펼쳐진 논바닥의 황량함은 봄이 되면 녹색의 호수처럼 안정을 이룰 것이고, 여름이면 또 다른 힘을 간직한 녹색의 바다처럼 출렁일 것이다. 장관은 가을이다. 황금색 축제의 벌판에 신

---

* 이일훈이 당시 건축주인 양운기 수사한테 보낸 글이다. 원제는 〈보편성을 향한 몸짓: '자비의 침묵' 수도원을 짓고 나서〉다.

의 축복이 일렁일 것이다. 포위된 평원을 관조할 수 있는 계곡의 끝에서 시간과 대지의 밀월을 생각하는 형제들에게 공간의 은유와 배경을 체험케 하자. 자연이 배경이 되는 또 다른 집을 짓자. 소나무 사이 바람이 스쳐 지나간다. 바람은 소리를 내지 않는다. 나무와 나무 사이, 사이에 소리가 배어 있을 뿐이다. 間…의 무궁함을 위하여 또 다른 벽을 세운다.

이제 힘든 여정이 끝나고 수도회 형제들이 살 수 있는 작은 집이 지어졌다. 처음 스케치에 보이던 마치 고흐의 그림처럼 대지에 밀착됐던 포도밭 자리가 이제 집터가 됐고, 바람이 스치던 소나무들은 여전히 기상을 뽐내며 서 있다. 주변의 풍광 또한 그대로다. 또 다른 벽을 세우고 싶어 하던 그 처음의 마음처럼 벽이 서 있다. 바람은 전과 다름없이 스쳐 불고 밤낮 순서대로 뜨던 달과 해도 여전히 뜨고 진다. 어김없이 계절은 오고 갈 것이다. 단지 하나 바뀐 게 있다면 골짜기를 배경으로 집이 한 채 들어섰다는 사실이다. 자연과 골짜기의 형세에 집이 한 채 더해진 채로 이제 그대로가 또 다른 자연이 된다. 원래 그랬던 것처럼 가재리 수도원이 있다. '자비의 침묵.'

터 잡기

가재리는 경기도 화성군 팔탄면에 있는 국도변의 조그만 마을이다. 땅이름을 연구하는 배우리 선생이 지은《우리 땅이름의 뿌리를 찾아서》

에 보면 가재리의 원이름은 가재울이란다. 가재울, 예쁜 이름이다. '가재이(가장자리)의 울'이란 뜻이다. 들 가장자리의 산 밑에 붙은 마을. 갓마을의 더 가장자리 골짜기 끝에 터를 잡았다. 동네 어른들 이야기로는 이 자리는 예부터 절이 들어설 자리라는 말이 전해왔다고 한다. 원래 절이 들어서는 자리가 풍수가 좋은 법이니까 수도원이 들어서지 않았나 하는 동네 사람들의 이야기를 들은 적이 있다. 우연치고는 참 묘한 느낌이 든다. 한자로는 가재(佳才)라고 쓴다. 가재리 골짜기는 찻길에서 내려 조금 걸어 들어간다. 동리와 멀지도 가깝지도 않게 적당히 떨어져 있다. 동남향으로 열린 벌판이 보이고 뒤편은 산이다. 계곡을 이루는 양쪽 구릉은 그리 높지 않고 힘하지 않으나 송림의 기개가 좋다. 뒷산은 어느 문중의 선산이므로 쉽게 여느 지방 도시처럼 개발되는 일이 없을 것으로 보여 참 다행이다.

땅 고르기 또는 자리매김

땅을 고르고 집터를 잡는다. 자리매김이다. 자리매김은 평생 가는 일이다. 한번 잡으면 바꾸기도 힘들다. 자리를 바꾼다는 것은 집을 허문다는 일이다. 허물지 않게 신중하게 자리를 정한다. 우선 사제관과 경당을 떼어놓는다. 될수록 멀리… 이쪽 끝에서 저쪽 끝까지. 사제관과 경당은 멀리 떨어져 있어야 그 움직이는 사이에 시간이 배어 나오고 사색하고 기도하기 좋다.

다음에는 마당 만들기. 예전의 수도원은 중정을 지니고 있다. 아니, 중정이 중심이 되고 주변의 방들이 에워싸고 있다고 봐야 한다. 세속으로부터의 완전한 격리와 은둔을 의미한다. 그것은 수도원 건축의 규범처럼 되어 있다. 가재리 마당은 건물로 둘러싸는 게 아니라 산으로 둘러싸게 하자. 계곡의 깊숙한 곳에 빈터를 두고 건물로 앞을 살짝 막으면 적당히 막힌 마당이 된다. 마당은 비워두는 게 아니라 나무를 심는다. 가로세로 꼭 같은 간격으로 심는다. 몇십 년 후에 마당은 하늘로 곧게 치솟은 전나무숲이 된다. 나무 아래는 적당히 다닌 발길 따라서 오솔길이 생긴다. 결국 마당을 만드는 것이 목적이 아니라 숲속으로 난 사색의 길을 만드는 것이다. 중정형의 건물 배치는 폐쇄적 평면 구성이 되기 쉽다. 자연과 가깝게 있으면서 굳이 폐쇄적일 필요는 없다. 수도원 내부의 지켜야 될 법식이 지켜진다면 평면 기능은 좀 더 자유로워도 된다. 주변의 자연과 만나는 방식이 다채로울수록 좋다. 외부 공간도 변화 있고 내부와 외부의 만남도 적당히 차단되면서 연결되면 더욱 좋다.

채나눔을 쓰기도 한다. 채나눔은 내가 이름 붙인 나의 설계 방법론 중의 하나다. 나눌 수 있는 데까지 나누어보는 것이다. 한 덩어리로 크게 있어야 할 이유가 없는 기능이라면 쪼개고 포개고 비켜나게 하고 간격을 벌려놓고 나눌 수 있을 때까지 나누어보는 방식이다. 경험에 따르면 면적이 좁을수록 채나눔의 효과는 좋다. 작은 집의 최대 결점은 다용도의 기능을 한꺼번에 합쳐놓아서 말로는 다목적 공간이고 다기능을 수용하나 결과적으로 어느 한쪽도 제대로 효과가 없다. 이를테면 만병통치약이 어느 병에도 특효약이 아닌 것과 같다. 배가 아프면 소화제가 좋고 상처가 나면 소독해야지, 괜히 만병통치라는 쓸데없는 속임수에 신통치 못한 약 믿다가 병만 깊어진다. 다목적 용도는 여러 용도에 다 좋을 듯하지만 어느 곳에도 제대로 못 쓰이고 단점도 많다. 함정이다. 기능이라고 하는 것도 살펴보면 지극히 편협한 구분이다. 기능이 절대적인 것이 아니라 필요가, 요구가 절대적인 것이다. 요구가 바뀌면 기능도 바뀐다. 결국 삶의 방식이 요구를 정하므로 결정적인 것은 삶의 방식인 것이다.

채나눔은 어느 면에서 절대적 공간을 설정하고 내용을 담게 하는 위험도 있으나 생활의 속성을 근본적으로 거부하지 않는 범위 안에서 변화를 갖게 하려는 시도다. 이를테면 경당은 실내 경당과 옥외 경당으로 나누어서 연결한다. 똑같은 크기의 실내 면적을 지니지만 옥외의 구조물 또는 건축적 장치를 통하여 형태와 공간의 연출이 다채롭고 쓰임에서도 변화 있는 체험이 가능해진다. 사제관 역시 마찬가지다. 봉쇄 구역이 지켜지는 규범을 준수하되 공간의 성격별로 모을 것은 모으고 떼어놓을 것은 떼어놓는다. 채와 채 사이에 빛과 바람이 통하고 내부와 외부가 연결된 공간의 구성에 가름과 맺음의 질서가 생긴다.

집 짓기

이른바 디자인에 대해서 몇 가지 편견을 벗길 필요가 있다. 건축 디자인은 근본적으로 실용적이어야 한다. 또한 실재적이어야 한다. 모양만 이상한 것을 디자인으로 이해한다는 것은 대단한 오해다. '보기 좋은 떡이 먹기도 좋다'든가 '이왕이면 다홍치마'라는 속담은 디자인의 시각적 효용과 실용성에 대한 명쾌한 표현이다. '보기 좋은 떡이 먹기도 좋다'는 보기와 먹기를 둘 다 만족시키는 최적의 상태를 함축한 표현이다. 다시 말해 보기는 좋은데 먹기 나쁘면 좋은 떡이 아니다. 보기에만 좋은 것, 또는 보기는 좋은데 쓰기 나쁜 것은 좋은 디자인이 아니라는 말이다.

건축 또한 마찬가지다. 쓰기 좋고 보기 좋아야 좋은 건축 디자인이다. '이왕이면 다홍치마' 역시 같은 맥락이다. 어차피 할 바에는, 같은 값이면, 기왕이면 다홍치마를 택한다는 속뜻은 모든 조건이 충족되고 난 뒤의 부가적 가치를 상승시켜 취하겠다는 뜻이다. 건축처럼 실용과 아름다움의 가치를 동시에 추구해야 하는 작업은 디자인이 왜 중요하고 필요한지에 대한 건축주의 근본적 이해와 동의가 요구된다. 또한 건축가의 자세도 근본적으로 그래야만 한다. 그것은 건축가의 기본 소양이자 지켜야 할 최소한의 덕목이다.

가재리 수도원의 경우 건축주의 건축가에 대한 마음으로부터의 성원이 곁들여진 의사 존중은 전폭적이었다 해도 좋다. 해서 나는 행복하고 분에 겹다. 집 짓기는 그리기(설계)에서부터 살기까지의 모든 과정을 관류하는 일관된 정신이 가장 중요하다. 사실 재료·기술·공사 등의 현실적 과정은 물질로서의 가치를 우선하는 아주 즉물적 요소일 뿐이고 최종적으로 도달해야 될 목표는 그 집의 정신이다. 그것은 물질을 비물

질화하는 것이고, 속된 가치를 형이상학으로 변화시키는 것이며, 믿음으로 이야기하면 믿기만 하는 것이 아니라 실천하는 것이다. 건축 과정에 동원되는 사유에서 행위에 이르는 제반 과정이 비록 물질을 통해 구축된다 하더라도 근본적으로 형이상학적 가치를 지니게 되고 지녀야 하는 이유가 바로 그 점에 있는 것이다.

건축의 재료는 단순히 물질이 가공된 상태의 제품 자체가 아니라 건축의 최종 가치인 공간을 구현하는 구법에 따라 채택된 소재여야 하는 것이다. 그것은 음악으로 비유하면 건축 재료는 악기 또는 음에 해당하고 설계는 작곡이며 시공은 연주인 셈이다. 그래서 건축가는 지휘자보다는 작곡가에 더 적합하게 비유될 수 있다. 어느 경우 작곡가 자신이 지휘봉을 잡는 것처럼 건축가의 총괄 아래 제반 과정이나 단계에서 의사 수렴이 이루어지는 것이 바람직하다. 여러 종류의 악기가 각기 고유한 음색이 있는 것처럼 건축 재료 또한 각기 독특한 의미와 매력이 내재되어 있다. 재료의 물성 자체로는 벽돌도 좋고 블록도 좋다. 슬레이트도 좋고 콘크리트도 좋다. 유리도 좋고 나무도 좋다. 그 자체로는 다 좋고 쓸모 있다. 그렇지만 좋은 건축이기 위해 붙는 하나의 전제가 있다. 그 재료가 적재적소에 쓰이고 있는가와 구법과 화답하고 있는가 하는 것이다.

구법은 집 짓는 방법이다. 구축의 방법으로 인간의 지혜를 보이는 기술이다. 고딕 양식의 건축물은 훌륭하고 아름답다. 웅장하기도 하다. 중세 유럽을 풍미했던 양식이다. 성당 하면 고딕 양식을 떠올린다. 당연한 상상이다. 명동성당도 그중의 하나다. 벽돌을 한 장 한 장 쌓아올려

버팀도리를 만들고 첨두아치를 만든다. 첨탑이 높게 솟는다. 아름답다. 그렇게 만든 건축을 우리는 훌륭한 건축물로 기록하고 기억한다.

요즈음 우리는 어떠한가. 똑같은 모양을 껍데기만 흉내 내어 콘크리트로 짓는다. 껍데기에 벽돌을 붙인다. 벽돌은 붙이는 것이 아니라 쌓는 것임을 근본부터 망각한다. 이른바 모럴(Moral)이 없는 집이 되고 시대정신을 갖지 못한 집이 된다. 역사 속의 향수에 취하거나 형태 복제의 집이 된다. 건강하다고 말할 수 없다. 벽돌집은 벽돌집답게, 초가집은 초가집답게, 기와집은 기와집답게 짓는 것이다. 예전의 모양만 따오거나, 재료만 같은 것을 쓰거나 하지 말고, 이 시점의 사고방식으로 지어야 그것이 바로 이 시대의 건축이다. 건축은 영화 촬영장의 세트가 아니기 때문이다. 영화 세트는 이야기의 배경에 따라 그 시대의 상징을 보여주기만 하면 된다. 필름에 기록되는 장면의 배경만 되면 끝이다. 견고할 필요도 없다. 시각적 재현 효과만 있으면 충분하다. 고딕도 그리고 로마네스크도 그린다. 장미도 그리고 붕어도 그린다. 과거도 그리고 미래도 그린다. 숲속도 그리고 물속도 그린다. 원시도 그리고 중세도 그린다. 폭포도 그리고 정자도 그린다.

건축은 다르다. 건축이 그려내야 할 상황은 항상 현재이며 미래 지향적 사고로 투영한 공간 자체다. 공간을 만드는 목표는 사물의 묘사에 있지 않다. 무엇을 흉내 내거나 똑같이 만들거나 하는 것은 건축의 본질과 아주 멀다. 영화·연극·회화·조각·사진·음악 등의 예술 장르와 건축의 큰 차이점이 거기에 있다. 건축에서 묘사 대상이란 존재할 수 없는 것이다. 만약 묘사하거나 재현해야 할 대상이 있으면 건축이란 수단은 적절하지 않다. 따라서 20세기 말의 이 시점에서 새로 짓는 집이 복고적 형태거나 고딕 양식의 형태만 따르거나 하는 것이 얼마나 무의미한가는 재론의 여지가 없다.

가재리 수도원에서는 그렇게 하지 않으려 했을 뿐이다. 그 단순한 인식의 출발을 건축가로서 응원받았을 뿐이다. 상상해보라. 얼마나 즐거운 일이었는지를. 형이하학적 방법을 통해 형이상학으로 가는 것이 아니라, 건축의 출발 자체가 형이상학의 탐색임을 동의받을 때의 즐거움을 말이다.

기술에 대하여

건축에서 기술은 항상 보편성으로 나아가는 속성을 지닌다. 오늘의 하이테크는 미래의 보편화를 전제로 한다. 보편화를 전제하지 않은 기술은 항상 실험이며 연구 대상일 뿐 건축 기술은 아니다. 새로 개발된 첨단 기술의 기기나 장치가 건축에 반영되는 것의 순서는 산업 구조의 맨 끄트머리를 장식한다. 예를 들면 전자 감응 장치가 건축에 응용되는 순서는 생산 공장 설비, 군사 장비, 가전 소비 제품을 통해 선보이고 일반화된 다음에 건축에 사용되기 시작한다. 일반화된 기술이 채택되면 건축 시공 현장의 공사비는 저렴해지고 하자의 원인은 그만큼 감소한다. 하이테크를 선택하면 (총 공사 규모가 작을수록) 단위면적당 공사비는 상승하며 시공의 난이도는 증가한다. 건축가의 욕심은 항상 실험적인 방법을 구사하고 싶어 한다. 재료의 선택도 그렇고 구조 방식도 그렇고 안 써본 기술을 써 보기 원하는 것이 건축가가 갖는 아주 순진한 욕심이다. 어느 면에서 그 순수한 욕심이 건축 기술의 진보를 가져온 면도 없지 않다.

'자비의 침묵'에서는 그러한 욕심을 철저히 죽이기로 했다. 수도회에서 마련하는 건축 자금이 여유 없다는 것을 알고 있었기에. 다만 현장에서 정성을 들이면 가능할 부분은 철저히 고집했다. 일반화된 현장 기술은 별 특별한 것이 아니므로 정성만 들이면 웬만큼 기술적 성취도를 기대할 수 있다. 이 시대는 아직도 인력비가 싼 편이므로 숙련도는 부족해도 아주 일반화된 공법을 택하고 정성을 좀 들이면 그래도 집다운 집이 지어질 가능성이 충분하다. 엄밀히 말해 가재리 수도원에서는 실험적인 기술은 없다. 기술적 측면에서는 전형적인 동네 인부들이 지은 집이다. 그것은 예상했던 일이며 또한 그렇게 시행됐다.

재료와 구조에 대하여

모든 재료는 솔직하다. 모든 제품은 재료로 만든다. 그러므로 모든 제품은 솔직하냐! 아니다. 모든 재료는 솔직하나 모든 제품이 솔직한 것은 아니다. 여기에 주목해야 한다. 그 함정은 바로 재료의 물성에 대한 오해와 제품의 기능과 관계성이 결여된 디자인 때문이다. 재료의 물성은 최대한 존중될수록 좋고 물성에는 재료가 원하는 가공될 제품 형태와 구법이 내재되어 있다. 기능과 형태의 상관성 또한 마찬가지다. 형태는 불확실한 가변적 기능과 관계 맺는 것보다 재료와 구법에 충실한 것이 좋다. 식탁 위의 국그릇은 크고 간장 종지가 작은 이유는 국은 싱겁게 마실 수 있고 간장은 짠맛으로 타거나 찍어 먹기 때문이다. 아무도 간장을 국처럼 마시지 않는다. 건축 또한 마찬가지다.

 벽돌은 쌓고 타일은 붙이는 것이라는 당연한 방법을 택해야 한다. 그러고 나면 형태는 아주 자유로워진다. 블록으로 쌓은 부분과 콘크리트로 굳은 형태가 생겨난다. 블록으로 만들기 어려운 부분은 콘크리트를 쓰고 안과 밖의 재료 또한 될 수 있으면 통일한다. 얼마나 편안한 구법인가. 비싼 재료는 비싼 대로 좋고 싼 재료는 싼 대로 좋다. 싼 재료로 비싼 재료 흉내를 내는 것이 흠이지 싼 재료를 쓰는 것 자체가 헐한 집이 된다거나 조악해지는 이유가 되지는 않는다. 좋은 물감이 명화를 만드는 것이 아닌 것처럼, 된 목수가 연장 탓하지 않는 것처럼, 재료의 물성대로 반응하고 구축하면 좋은 구법이다. 쉽게 구하고, 쉽게 가공하고, 쉽게 기능공이 수배되는, 그래서 방법은 쉬운데 한 치 두 치 따져가며 정성을 들여 짓는 그런 집이 좋은 집이다. 어렵다는 이유로 무시되는 공법 속에 하자의 위험이 숨어 있고 반성하지 않는 관행 속에 재료의 오용이 되풀이된다. 오용은 남용보다 더 나쁘다. 죄악이다.

형태에 대하여

나는 형태에 대해서는 별 관심이 없다. 건축이 궁극적으로 형태가 지니는 엄청난 호소력과 조형적 가치를 부여받는 요소가 됨을 부정하지 않으면서도 별 관심이 없다. 별 관심이 없다는 것은 처음부터 억지로 만들려고 하지 않는다는 뜻이다. 형태는 앞서 말한 여러 상황 인자를 하나둘 정리해서 중요하지 않은 것, 중요한 것, 끝까지 신경 쓸 것, 중간에 포기할 것 등의 자연스러운 귀결이지 처음부터 물고 늘어질 대상이 아니라는 뜻이다. 형태부터 만들고 나면 조각이 아닌 이상 여러 곳에서 무리가 발생하고 억지를 부려야 하고 과장해야 할 일이 생기게 된다.

우리는 건축의 아름다움을 형태로서 규정지으려고 하는 성급함과 안목 좁은 버릇을 버려야 한다. 건축의 아름다움은 형태가 단연 눈에 띄는 껍데기이기는 하나 건축의 알맹이는 어디까지나 공간이다. 그 때문에 공간의 감동과 감흥이 훨씬 여운 있는 아름다움을 느끼게 하는 것이다. 건축의 줄기가 구조라면 형태는 잎이고 건축의 꽃은 공간이다. 건강한 식물은 뿌리·줄기·잎사귀가 푸를 때 열매를 맺듯이 건강한 건축 또한 구조·형태·공간이 어우러져 합일되어 있을 때가 가장 좋다. 그것이 피어난 꽃 같은 건축이다. 그 때문에 건축의 형태에 대하여 또는 형태만으로 논의되는 시각은 총체적 안목이 결핍된 상태이며 가치 또한 결여되어 있는 것이다.

'형태는 기능을 따른다' 또는 '기능은 형태를 따른다'라는 근대 건축의 명제는 기능과 형태를 대립해놓은 이분법적 사고방식의 결과다. 형태는 기능을 따를 수도 있고 따르지 않을 수도 있으며, 기능이 형태를 따를 수도 있지만 그렇지 않을 수도 있다. 근대 건축이 몰두했던 기능과 형태의 관계는 대립해야 할 요소가 아니라 건축의 큰 틀 속에서 합치되어야 하는 항목이다. 형태에 호소하는 건축은 내심 건축의 표피적 상징성과 표현의 가치를 우선하는 속성을 넘기 어렵다. 상징으로서의 건축이 당위를 지니게 된다 할 때 또는 표현의 도구로서 기능한다 하더라도 그것은 건축에 내재된 질서와 공간이 지니는 추상적 의미로서의 기능일 뿐이지 가시적 표현과 상징의 결과여서는 생명력이 짧다. 이쯤에서 형태에 대해 별 관심이 없다는 내 말은 수정되어야 한다. 나는 건강한 형태에 매우 관심이 많다.

자연에 대하여

철학적으로 정의되는 자연은 인간의 의식으로부터 독립하여 존재하는 객관적 실재 또는 사람과 물질의 고유성이나 본연성을 말한다. 건축적 관심사로서의 자연은 내재적 현상이나 질서의 움직임 자체를 규명하려는 데 있지 않고, 인간과 자연의 관계 맺음에서 발생하는 인식의 범위를 탐색하는 데 있다. 자연을 자연 그대로 인식하게 하는 것이 아니라, 자연 상태를 포함하는 추상적 방법을 탐색하는 것이다. 말하자면 자연 요소를 있는 그대로만 볼 경우에 오히려 자연 사물의 특징이나 본질이 가려질 수 있으므로 자연현상의 성질을 강조할 수 있는 장치를 통해 자연을 인식하게 하는 것이다. 나아가 자연을 매개로 한 자기 체험적 인식의 동기를 유발하려는 것이다.

　자연에 대한 구체적 예를 들면 지리·지질·지형·환경에서 시작하여 공간과 밀접하게 관련 있는 빛·바람·소리·색·향의 요소 모두가 자연이다. 그러나 빛 자체, 소리 자체, 색 자체가 건축에서 운위되는 자연은 아니다. 빛을 인식하게 하는 어둠, 소리를 인식하게 하는 침묵, 색을 보이게 하는 빛깔 없는 상태 등이 건축에서 만들어져야 할 자연을 의식한 장치다. 그 장치를 통해 계절의 바뀜과 풍경의 변화와 숲의 생장이 보일 때 시간을 인식할 수 있다.

　매사 섭리의 신비를 바탕에 깔고 체험되는 오감일 때 비로소 자연이 의미를 갖게 된다. 자연을 통해 우주의 순환적 이치를 공감할 때, 그때는 건축까지가 자연이다. 건축은 분명 인공적 작업이기는 하나 인위까지를 포함하는 자연의 광의 개념으로 보면 결국은 제2의 자연이다. 말을 바꾸면 건축이 자연이 되듯이 자연 또한 철저한 추상으로의 전환이 가능하다. 모든 예술이 그러하듯이 건축 또한 예전에 없었던 것을 만드는 것이다. 구조와 구법의 뉴턴적 인력 체계에 존재하는 규범은 형태까지만 적용되는 것이고, 공간의 구성에서는 규범이 존재하지 않는다.

　건축 형태의 원형과 건축 양식은 전형이 있을 수 있으나, 공간의 원형이나 전형은 있을 수가 없다. 공간은 항상 공간 그 자체일 뿐이다. 그 자체로 존재하는 공간에서 왜 우리는 감동받고 전율하는가. 그것은 인식의 범주에 속하는 문제이며, 건축가에게는 작법의 문제에 속한다. 공간 작법, 어떤 의미에서는 공간 연출이라는 표현이 적절하다. 우리가 받는 감흥은 공간 자체가 아니라 연출된 공간에서의 인식 결과다. 따라서 건축의 역사는 공간 연출의 역사다.

공간은 '아무것도 없이 비어 있는 곳'으로 정의된다. 그것은 입체와 공간을 구분치 않은 용적만을 표현한 것이다. 물리학에서는 '물질이 존재하고 여러 현상이 생기는 장(場)'이라 말한다. 또한 수학에서는 일반적으로 유클리드 3차원 공간을 이른다. 건축에서의 공간은 비어 있는 곳이 아니라 비어 있는 것처럼 보이는 것이다. 또한 행위가 담기는 장이며, 나아가 사유까지를 촉발하는 장이다. 내가 의식하는 자연은 공간·시간·인간의 상호 관계와 변화를 포함하는 영역이다. 그 영역의 변방에서 한두 가지를 빌려올 뿐이다. '아, 무한한 자연의 그물이여! 내가 건져 올린 물고기 한 마리가 넓은 망에서 허우적거리나이다.'

기계로 비유하면, 작동의 메커니즘이 하위로 가라앉고 설치의 순위가 위로 뜬 구조물 또는 장치가 건축의 껍데기라고 볼 수 있다. 오랫동안 건축 역사의 기록은 껍데기를 주목했고 또한 기억하기에 좋았다. 이른바 자연과 어울리는 배치, 스케일의 조화, 유기적 공간, 형태… 등등 좋은 말이다. 하기엔 좋은 말이나 실상은 형태를 주목한 전과투성이의 껍데기 박물관이다. 중복되는 말이 되나, 나는 아름답다거나 자연과 잘 어울린다는 투의 이해 범주에 드는 건축에는 별 관심이 없다. 아름다운 건축은 애초에 존재하지 않는다. 아름다움이 건축 평가의 기준이 아니라는 말이다. 아름답기만 한 것은 건축이 아니다. 건강한 건축이 되면 아름다움은 저절로 획득되는 것이다. 예쁘다는 것과 미학적 성취는 크게 다른 문제다. 자연 요소를 건축의 분명한 구성 요소로 차입하는 것도 마찬가지다. 자연과 어울리는 것 또는 자연의 크기에 맞추는 것 등이 문제가 아니라, 자연과의 상호 교감, 나아가 자연을 어떻게 건축에 도입하느냐가 중요하다.

특히 의도된 공간과 자연이 어떻게 교류하는가 하는 문제에 신중해야 한다. 추상화된 공간에 스미는 빛은 빛 자체로 의미를 갖는 것이 아니라, 설정된 공간 속에 스며들어올 때 빛이 있는 공간으로의 의미를 발한다. 빛과 공간의 관계가 의미를 창출한다. 감동을 낳는다. 느낌을 낳는다. 열려 있는 하늘의 깊이를 느끼게 하기 위한 벽의 둘러침 또한 벽과 하늘의 관계로서 깊이감을 더하는 것이고 침묵을 위해 걸러진 소리가 침묵의 심도를 더한다. 벽 자체가 갖는 형상은 한낱 물질로서의 천박함이지만, 벽과 벽 사이를 통하는 공간과 자연의 관계로서 그것은 존재의 의지를 갖는다. 방치된 자연이 아니라 실존하는 자연이다.

공간 그 영원한 테제

공간은 모든 것에 우선한다. 그 모든 것을 우선하기에 모든 것의 뒤에 있다. 모든 것의 속에 있다. 모든 것이 공간을 위해 구실의 의미를 갖는다. 때로는 건축의 리얼리티 때문에 공간의 추상성이(문자 그대로의 추상이 때로는 허구의 의미로 받아들여질 때가 있다) 맥을 못 쓰는 경우가 있으나, 리얼리즘의 극단 속에서도 결국 꽃피는 것은 공간이다. 치열한 리얼리티가 있는 것이 아니라 리얼리즘이 본래 치열한 것이다.

건축 공간을 말할 때 우리는 변별적 사고를 넘기 어렵다. 공간의 변별성은 분석적 사고에서 오는 것이 아니라 공간 자체에서 온다. 공간은 모든 분석과 무관하며 다만 존재할 뿐이므로 보여줄 수 있되 논증할 수 없다. 건축 요소가 갖는 명사로서의 독립성은 최소한 공간의 절대성 앞에서는 무력하다. 벽·빛·기술·형태·재료·기능·풍경·철학의 모든 어휘 뒤에 의문부호가 붙는 수모를 당한다. 종합되지 않은 분석의 결과가 무의미하듯 건축 요소는 공간을 구성하기 위한 결과에 기능할 때 효용을 발한다. 건축이 지녀야 할 실용적 가치, 기술적 가치, 미학적 가치, 철학적 가치, 역사적 가치의 순위야 건축을 평가하는 평자의 관점에 따를 수 있다 하더라도, 절대적 전제가 되는 것은 공간일 수밖에 없다. 공간 없는 실용을 상상할 수 없으며, 공간 없는 건축의 역사적 가치를 운위하기 불가하다.

'자비의 침묵'을 한창 구상하던 1992년 초 나의 작업 노트엔 이렇게 쓰여 있다.

> 최근 나의 관심은 엄격히 절제되는 공간과 풍성한 대중 감성의 표현이라는 양극단을 오가고 있다. 무의식에서 발원하여 극추상에서의 발현을 꿈꾼다. 그 속에 인간 삶의 실재성을 담고자 한다. 어쩔 수 없이 그것은 사

회성과 시대성을 지니게 될 것이다.

그 몇 달 뒤 어느 글에서는 이렇게 썼다.

공간과 형태의 융합은 나의 자유로운 의지가 가장 편히 쉴 수 있는 곳이기도 하지만 가장 불편한 사유의 영역이기도 하다. 가장 자유롭되 가장 속박당하는 의식의 블랙홀 같은 영역, 건축가를 총체적 안목을 지닌 전문가로서 가장 확실하게 담보시키는 부분. 공간 그리고 형태여! 나는 벽을 구획하고 바닥을 만들고 하는 행위는 건축이 아니고 벽과 벽 사이, 바닥과 바닥 사이, 그 사이사이의 공간 그리고 공간과 공간 사이에 주목하는 사람을 건축가로 부른다.

그리고 몇 달이 더 지나 겨울이 왔을 때 건축가 여럿이 뭉쳐 치르는 건축 전시회에 '자비의 침묵' 1차 계획안과 조그만 주택을 묶어 〈성(聖)·속(俗)·도(道)〉라는 타이틀로 출품했다. 전시회 안내 책자에는 이렇게 쓰여 있다.

상이한 성격의 프로젝트를 공통적으로 관류하는 건축적 흐름은 무엇인가? 나아가 그것이 건축의 본연성과 어떤 관계를 유지하는가에 대한 작업. 또한 이 시대에 잡귀처럼 난무하는 피복된 소모성 형태 유희에 대한 작은 저항.

앞의 글에 보이는 흐름은 '자비의 침묵'을 진행하면서 나의 기조를 이루었던 생각이다. 이후 나는 침묵했다. 잡지사의 원고 청탁도 거절했고, 쓸데없는 모임에도 나가지 않았고, 출강하던 대학에도 이 핑계 저 핑계를 대기 시작했고, 이 자리 저 자리 말해야 할 때가 있어도 될수록 다른 얘기를 하고 '자비의 침묵' 프로젝트는 언급하지 않았다. 이유는 간단했다. 스스로 말하던 절제되는 공간, 극추상, 사회성, 시대성, 자유로운 의지, 공간과 공간 사이, 건축의 본연성, 작은 저항 등에 대해서 곱씹을 시간이 필요했기 때문이다. 앞으로 나의 건축 행보에 얹어질 짐이 더욱 늘어난다 해도 버릴 수 없는 행장이므로 나의 발은 무겁다. 나를 아끼는 어느 선배 건축가는 나에게 스스로 족쇄를 채운다고 말하지만, 차야 할 족쇄라면 즐겁게 차겠다, 힘들기는 하겠지만. 해서 어느 날 아무것에도 구애됨 없이 풀어진 족쇄를 버리고 훨훨 자유로워지기를 꿈꾼다. 공간의 시위를 따라, 건축의 과녁을 좇아.

집에 살기: 불편하게 살기

우리는 집에 살기를 이야기하면 먼저 편하게 살기를 원한다. 그것도 아주 편하게 살기를 원한다. 서 있는 것보다는 앉아 있기가 편하고 누워 있으면 더욱 편하다. 누워 있으면 편한 것은 서 있는 상태와 비교했을 때의 편안한 기준이지 계속 누워 있으면 더없이 불편하다. 계속 누워 있기가 얼마나 힘들고 지겨운지 상상해보라. 끔찍한 일이다. 그 때문에 내가 생각하는 수도원에 살기는 편안하게 사는 것이 아니라 불편하게 살기를 주장한다.

편리한 것은 기능의 문제이고 편안한 것은 정신의 문제다. 집을 껍데기만 보면 수도원과 교도소가 다를 게 없다. 그러나 크게 다르다. 수도원에 사는 사람은 스스로 그 집에 살기를 선택한 것이고, 교도소에 있는 사람은 강요된 생존이기에 속박당한다. 우리는 자유로운 의지로 사는 사람을 수사라고 하며 강요된 생존 속에 속박당한 사람을 죄수라고 한다.

나는 건축가 이전에 자연인으로서 수도원에 사는 그분들의 정신을 믿기에, 자유의지를 믿기에, 그 집에 사는 선택의 생활을 믿기에 감히 불편하게 살기라는 건축가로서의 제안에 부끄럽지 않다. 다시 말해 수도원은 정신으로 사는 집이다. 정신으로 사는 집이므로 불편함을 극복하는 것은 편안함이 아니라 불편함이어야 한다. 불편함으로 극복된 정신적 평안이 결국 수도원을 수도원답게 한다고 믿는다.

안에 살기와 밖에 살기

또 하나 우리는 집에 살며 집 안만 생각하기 쉽다. 안에 살기에 익숙하다. 집은 안과 밖을 다 포함하는 것이므로 밖에 살기도 중요하다. 안에 살기에만 익숙해지면 일상의 행위가 나태해지고 편함의 고마움을 잊는다. 밖에 살기는 일종의 시간 늘리기에 해당한다. 수도원과 경당이 멀리 떨어져 있으니 한참 걸어가야 하는 불편함이 있다. 걷는 게 불편하지만 걷는 동안 사색하게 된다. 결국 걷는 것이 편안한 사색의 시간을 늘리므로 밖에 살기의 효과인 셈이다. 안과 밖이 더해진 상태에서 밖에서 안, 안에서 밖, 안에서 안, 밖에서 밖으로 연결되는 공간 체계는 자칫 단조롭게 인식될 수도원 생활에 보이지 않는 풍요로운 체험을 제공한다. 또한 밖에 살기의 최대 장점 중 하나는 대자연을 끌어안는다는 것이다. 눈비 맞고 찬바람 또는 하늘성당의 벽에는 자연의 숨결이 따라붙는다. 아! 밖에 살기의 불편함이여, 나아가 지극한 평안이여.

에피소드

† 처음 수도회의 건축 담당 수사님이 대지 구입을 위해 시골 구석구석을 다니면서 땅을 소개해주는 사람들에게 부탁하신 말씀이 "어디 땅값 안 오르고 개발 안 될 곳 없습니까?"였다. 요즈음 세상에 땅값 오르지 않는 곳을 찾다니, 대부분의 중개인은 이해하지 못했다. 아직도 이해하지 못할 것이다.

† 처음 구상안에는 연못이 아니라 자갈밭이 있었다. 묵상실의 기초공사를 진행하는 중에 현장에서 연락이 왔다. 기초 부분을 약간만 추가로 보강하면 자연스레 연못이 만들어질 것 같다는 내용이었다. 방수 공사비만 확보된다면 연못 만들기에 동의한다고 했다. 현장에서 주의 깊게

살핀 덕에 지금의 멋진 연못이 덤으로 생겼다. 지금 생각해도 자갈밭이었다면 지금의 연못보다 분위기는 썰렁했을 것이다.

† 콘크리트 벽체를 만들 때 폼타이(Form-tie)를 쓰게 된다. 양쪽의 거푸집을 동일한 간격으로 유지하는 긴결 공법이다. 콘크리트가 굳으면 거푸집을 떼고 플라스틱으로 된 폼타이 콘(Corn)을 빼내야 한다. 그러면 움푹 들어간 구멍이 생긴다. 폼타이가 수백 개가 넘으니까 콘을 빼내는 것도 일손이 바쁘다. 수사님들이 일을 거들기 위해 여기저기서 땀 흘리며 폼타이 콘을 빼냈다. 어느 수사님은 플라스틱 콘을 중요하게 보이게 하는 것으로 알고 주변을 망치로 깨는 바람에 폼타이 구멍 주위에 곰보가 생겼다. 그것도 다 수도원 집 짓기의 흔적이므로 메우지 않고 그냥 두게 했다. 일을 돕다 그랬으니 정말 아름다운 실수다. 흐뭇한 실수다.
"수사님, 고맙습니다."

† 집 짓고 들여놓을 가구가 문제였다. 비용도 만만치가 않다. 현장에서 쓰고 남은 헌 목재를 쓰기로 했다. 하늘성당 제단, 경당 의자, 수사님들이 쓸 이층침대, 식탁, 공동방 테이블 등등 해서 가구의 수량도 꽤 됐다. 그동안 사용하던 책상은 구색이 맞지 않아도 그냥 쓰도록 하고 가능한 대로 헌 합판을 사용해서 제작하기로 했다. 솜씨 좋은 목수가 달라붙어 제작에 들어갔다. 디자인 의도는 합판에 붙어 있는 콘크리트 자국이 그대로 있고 못 구멍이 있어도 깨끗하게 다듬기만 하면 좋다고 생각했

다. 집 짓던 흔적이 그대로 배어 있고 집 짓기의 과정을 회상하며 어려운 시절을 계속 생각할 수 있어 좋다고 생각했기 때문이다. 그런데 목수들은 깨끗하고 고급스럽게 그들 나름대로의 생각으로 정성 들여 사포질하고 또 하고 헌 나무인지 새것인지 구분이 가지 않을 정도로 잘 만들어 버렸다. 물론 고마운 일인데, 너무 잘 만들어서 디자인 의도가 빗나가버렸다. 웃을 수도 없고 서운한 표정을 지을 수도 없어 그냥 좋다고 했다.

✝ 하늘성당으로 오르는 계단의 첫 번째 문틀 상부의 콘크리트가 활처럼 휘어진 것에는 더욱 재미있는 사연이 있다. 많은 분들은 일부러 휘어 놓은 것으로 알고 알파와 오메가를 연상시킨다고 하고, 벽면에 변화를 주기 위해 어렵게 얄궂은 곡선으로 그렸다고 한다. 사실은 책임 목수가 다른 볼일을 보는 사이에 보조 목수들이 버팀대를 제대로 세우지 못해 콘크리트 무게를 못 이긴 합판이 휘어서 일어난 실수다. 책임 목수는 콘크리트를 까내고 다시 만들겠다고 했으나 말이 쉽지 긁어 부스럼만 만들기 십상인지라 그냥 두기로 하고 혼자서 쓴웃음만 지었다.

콘크리트 공사는 목수의 실력이 가장 중요하다. 겉에 미장하는 방법에 익숙한 목수들은 콘크리트 공사는 대충 하고, 미장 공사에서 눈속임하려는 습성이 있어 그걸 설득하기가 참 힘들다. 무엇이든지 골격(원칙)이 확실해야 마감(결과)도 완성도가 따른다. 현장에 가서 보면 세상의 진리와 아귀다툼의 현실이 함께 있다.

† 가재리 수도원 내부 벽체(특히 현관·화장실 등의 벽체 상부 부분)에 색칠이 된 부분에는 이런 사연이 있다. 모든 벽체에 미장을 못 하게 하니 인부들은 여간 힘들어하는 게 아니다. 내 생각은 미장 면적을 줄이면 공사비가 절약된다고 밀어붙이고 인부들 생각은 대충 하고 미장하면 된다 생각하니 견해 차이가 상당했다. 블록을 쌓고 줄눈만 넣으면 그 자체로 아름답다는 게 나의 주장인데, 몇 군데서 도저히 미장 공사 없이는 참을 수 없도록 벽체가 휘어버렸다. 할 수 없이 미장하고 페인트칠을 하게 했다. 방향에 따라 색상을 다르게 정해서 의도적인 것으로 보이게 조치는 했으나 페인트칠을 하고 나니 아쉬움이 있다. 페인트공들은 왜 색을 칠하고 기분 나빠하는지 나의 진의를 알지 못했다. 목수한테 삐친 심정을 페인트공한테 들킨 셈인데, 나의 수양은 아직 멀었다.

† 감실을 만들 때도 바짝 긴장한 순간이 있었다. 세상일에는 알고 보면 대수롭지 않은 일이 오해하면 큰일이 되는 수가 있다. 자세히 설명하고 나면 취지가 이해되고 이해하고 나면 편안한 일이 조그마한 무성의나 오해로 크게 마음을 상한다. 감실이 얼마나 중요한지를 누구보다 잘 알고 있지만 건축가가 생각하는 것보다 수사님들의 걱정은 더 크고 조바심이 앞선다. 혹시 실수할까 봐 노심초사하신다. 솔직히 말해 감실, 제단, 성수대 등등 중요하지 않은 게 어디 있겠는가. 집 짓는 입장에서는 모두 중요하다.

　　감실의 형태를 만들 때 가장 힘든 부분이 내가 천주교 신자가 아니라는 사실이었다. 천주교 신자가 아닌 나에게 건축가로서의 막중한 임무가 주어졌으니 감실은 완성될 때까지 정신적인 부담이 따랐다. 가재리 수도원 경당의 감실은 경당 벽에 반은 안으로 반은 밖으로 걸쳐 있도록 구상됐다. 견고한 콘크리트로 육면체 형상을 만들고 안과 밖의 조각 장식은 한계원 선생께서 건축의 개념과 조화되게 좋은 작품으로 만들어주셨다.

다음은 감실 내부를 꾸밀 차례였다. 감실 내부는 정말 중요한 의미가 존중되어야 하므로 정성을 다해서 작업해야 한다. 사고는 그때 생겼다. 감실 내부 목재판 작업을 끝낸 이름 모를 목수는 집에 가고 내부 목재의 가공 상태는 엉망이었다. 도저히 눈뜨고 참지 못할 정도로 조잡했고 잘잘못을 떠나 성의가 없었다. 가재리 수도원에서 연락이 왔다. 연구소의 모든 일정을 취소하고 급히 현장엘 갔다. 서운해하시는 수사님들의 심정보다 내가 더 황망했다. 일의 잘잘못이야 의사소통이 제대로 안 되고 분야별 의견 수렴이 잘되지 않아서 그렇다고 하더라도 어떻게 이렇게 무성의할 수가 있는가. 세상 사람들 마음이 다 내 마음 같지 않다는 것을 탓해 무엇 하겠는가. 아, 이 불민한 소치여, 부끄러웠다. 급히 수습하느라고 이리 뛰고 저리 뛰고, 다행히 고마운 몇 분의 고생으로 마무리는 됐으나 계속해서 감실 생각만 하면 아찔하다.

그나마 다행인 것은 문제가 생긴 상황을 솔직하게 알려주신 수도회의 연락이 아니었으면 아마 내 마음의 빚은 더욱 커졌으리라. 일의 잘못이 현장의 누구에게 있건 건축가에게 연락해주신 그 마음 쓰심에 나는 감사드린다. 집에 관한 것은 모두 건축가와 상의한다는 그 믿음이 나를 더욱 어렵게 했지만 마음 뿌듯한 자부심이기도 하다. 항상 여러 문제가 부딪치는 현장에는 시간으로는 같은 현재이나 관행은 원시 시대처럼 낙후되어 있다. 나는 그 원시성을 원망하지 않는다. 잘못된 습관과 타성이 반복되는 것은 싫어하지만 그것의 극복에는 건축가의 책임도 따르므로 오히려 잘못된 것을 지적하고, 설명하고, 개선하는 데 더욱 많은 노력을 경주해야 한다고 믿는다.

현장의 의사소통에서 가장 힘든 것은(비단 가재리 수도원뿐만 아니라) 현장소장 또는 기능공과의 견해 차이를 극복하는 것이다. 현장에는 유달리 경험만을 믿는 사고방식이 강하게 지배한다. 도면에 기록된 기술적 정보를 파악하기에 앞서 경험된 사고로만 도면을 보려 한다. 도면을 통해 설계 의도를 파악하는 것이 아니라 자기의 경험과 다른 부분을 찾아내기에 바쁘다. 이른바 주먹구구식의 디테일을 현장에서 추방하기란 그래서 쉽지 않다. 가재리 수도원에서도 그러한 의사소통이 힘들었으나 비교적 성과가 좋았다. 문틀에는 색칠하지 않고 문짝(움직이는 방문, 움직이는 창문)에만 칠하는 생각을 설명하는 것이 색을 내 손으로 직접 칠하는 것보다 어렵다. 왜냐하면 페인트칠하는 인부들은 색깔 없는 문틀은 본 적이 없다 하고, 나는 문틀에 색깔이 없어도 괜찮다고 하니 이야기가 길어진다. 재료의 물성이 어떻고, 정신이 어떻고 하는 얘기를 내 말을 들으면 일이 쉽다고 아주 쉽게 설명하기 위해서 머리는 항상 복잡하다.

현장은 몸으로 부딪치는 곳이다. 몸으로 부딪치며 하는 일은 육신이 피로하고 깊게 생각하기보다 쉽게 하는 방식에만 익숙해져 있다. 사실 조그마한 현장에 무슨 공정 계획이니 합리적 운영이니 하는 경영 방식이 통하겠는가. 공정대로 맞춘다는 것은 제 날짜 안 까먹고 일을 진행하는 것뿐이고, 합리적 운영이라는 것은 무조건 실행 공사비를 절약하려는 것뿐이다. 결국 새로운 시도나 차근한 연구보다는 관행이 우선하게 된다. 그래서 나는 현장에 들를 때마다 나의 방편 설법이 맞았나, 고칠 데는 없나 반성하게 된다. 내 방편 설법의 설은 설(說)이 아닌 설(設)이다.

에필로그

형용사 가톨릭(Catholic)은 '보편적인, 모든 것을 포함하는, 만인에 이르는'의 뜻이다. '자비의 침묵'을 진행하는 동안 건축가의 자의적(恣意的) 영역이 아닌 부분의 관심이 가장 질기게 역할한 부분이 바로 보편성에 대한 물음이다. 극작가 프란츠 베르펠은 '어떠한 사물도 불멸을 추구하려면 우선 그 시대적 죄를 속죄해야만 한다'고 말한다. 속죄하려면 무릎을 꿇기 전에, 두 손을 모으기 전에 죄를 알아야 한다. 죄를 모르고 속죄하면 죄만 더 깊어진다.

  이 시대 건축의 죄는 무엇인가? 건축가 이일훈의 죄는 무엇인가? 이 시대는 시대정신(Zeitgest)의 기치를 내걸 수 없는 시대인가? 지금 우리의 가치는 무엇인가? 대답할 수 없는 이 암울함이여, 이 시대 이 사회에 통하는 권할 만한 보편적 사고가 있는가? 불신·불만·이기·가식·허위·치장이 우리의 일반적 사고인가? 배금·황금만능·적당·호화로움이 우리의 가치인가? 사회 일반에 통함의 정신이 엘리트인 체하는 도구로 쓰이는 이 시대정신의 한심한 용도 폐기 지경에 이른 상식의 죽음이여, 오류여, 상식이 죽으면 지성도 죽는다. 지성이 죽으면 정신의 함몰이다. 부유하는 창백한 껍질의 지식만이 나약함을 드러내며 거리를 메운다. 산하를 덮는다. 무엇이 이 시대의 양식인가, 규범인가, 표준인가, 전형인가, 흔들거리는 우울이여, 우울이다.

아무도 건축이 이 시대를 구원하리라고 믿지 않는다. 나도 믿지 않듯이. 한 가지 흔들리지 않으려는 나의 중심을 믿는다. 믿으려고 한다. 내 중심은 어디서 오는가. '자비의 침묵'은 나의 화두다. 모든 프로젝트가 나의 화두요, 공안이다. 내가 손댄 프로젝트에서 작가가 익명으로 남건 소멸되건 그건 그리 중요한 문제가 아니다. 살아남아야 하는 것은 폐허 속에서도 의지, 숲속에서도 의지, 그렇다. 건축 의지뿐이다. 공간 의지. 속죄한다. 나는 너무 모른다.

후기

1991년 12월 말 눈 덮인 대지를 둘러보고 내 스스로 전율 속으로 빠져들었던 '자비의 침묵' 구상은 이듬해 봄 비 새는 조립식 건물 지붕에 천막을 덮는 일부터 시작됐다.

내가 수도회를 위해 처음 해줄 수 있는 일은 비 새는 지붕을 가장 쉬운 방법으로 해결해주는 일이었다. 가장 쉬운 방법이라? 가장 쉽다는 말 속에는 가장 저렴하고, 가장 손쉽고, 가장 빠르고, 가장 실속 있고, 그러면서 비는 안 새고, 그 대답은 비닐 천막으로 덮는 것이었고, 그 비닐 천막은 또 다른 천막 수도원을 지을 때까지 아주 훌륭하게 버텨주었다.

나는 건축가로서 '자비의 침묵'을 지었고, 그 지음의 행위는 또다시 나 자신을 허물고 허물어진 나를 반성케 했다. 그래서 '자비의 침묵'은 나 자신에게 새로운 기초였으며, 벽이었고, 지붕이었다. 그 집의 창문을 통해 그 낯익은 풍경을 다시 낯설게, 다시 낯선 풍경은 낯익게 보듯이, 늘 '자비의 침묵'은 나의 집이었다.

이제 나는 '자비의 침묵'의 주변에 있다. 원래의 모습대로 나는 수도원 밖에 있다. 안에 들 수 없다. 들어서도 안 된다. 그 주변의 괴로움을, 서성여본 사람은 알 것이다. 중심을 향해서 기웃거리며 용기 없는 머뭇거림을 반복하는 그 둘레의 어색함 또는 괴로움. 중심에 있으나 벗어나 있으나 늘 같이하는 혼돈의 제재. 축복된 형벌에 대한 기꺼움으로 '자비의 침묵'은 언저리이며, 또한 내 마음의 한가운데다.

집 짓기하는 동안 울력의 힘을 보여준 이들에게 감사 또 감사. 움직이기 어려울 정도로 좁은 스튜디오 안에서 갑갑함을 참아가며 박경서, 강미란, 정낙구, 이혁, 이승배, 홍영이 거들고, 나눌 수 있는 일은 김석일, 조대행이 밖에서 도왔다.

여러 분야에서 보내준 이들은 쑥스러움 때문에 적지 못하고, 또다시 나는 그들의 주변에서 머뭇거린다. 창밖의 햇빛은 왜 이리도 고맙도록 보게 하는지….

여름에 덥고 겨울에 추운 곳에서

1994년 9월

공치(空痴) 이일훈

* 양 수사님!
가재리 봉헌식 끝나고 설계~공사 동안의 제 심정을 건축적 표현으로 정리한 글입니다. 모쪼록 저의 애정 어린 집 한 채가 오래갔으면 합니다. 이일훈 드림

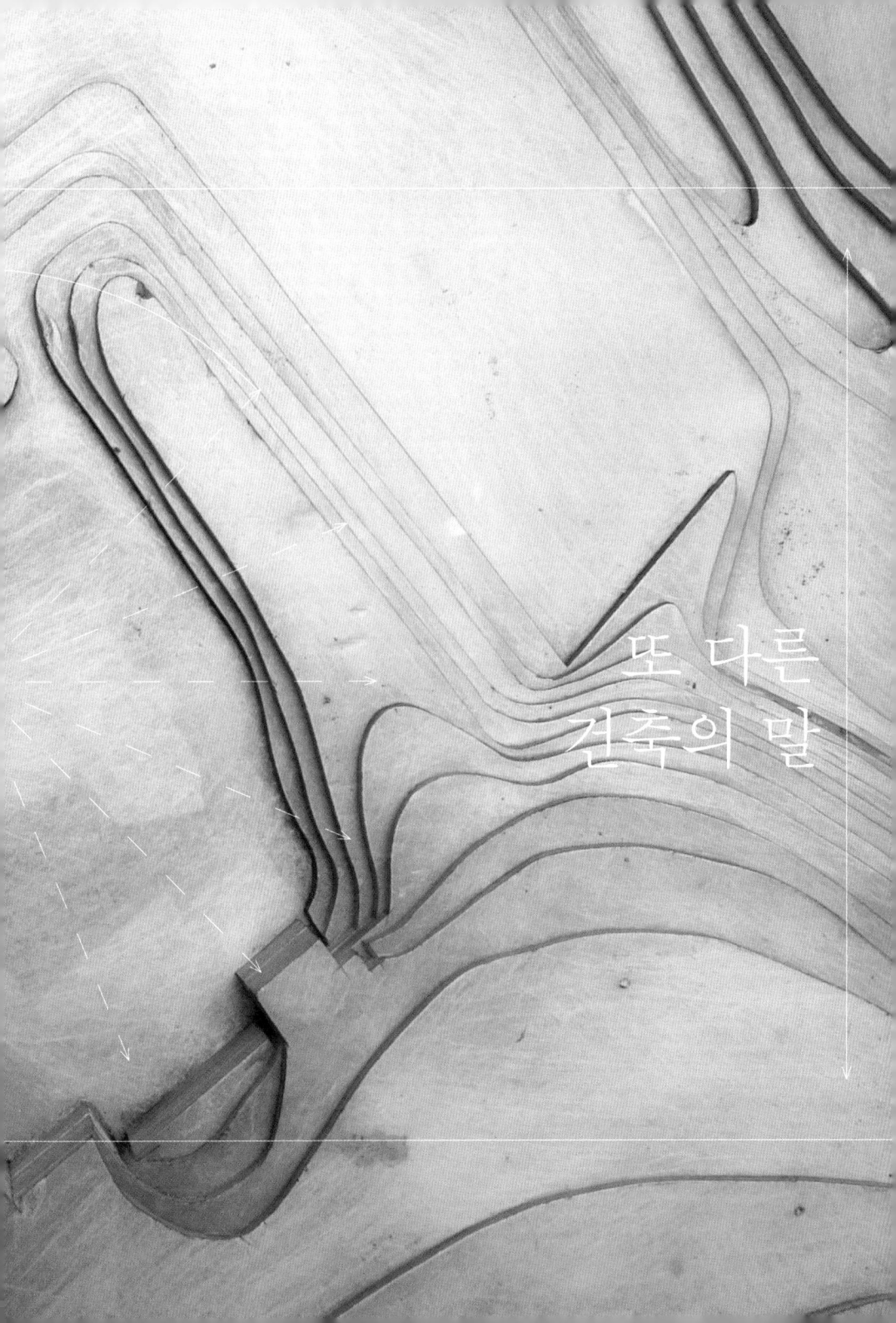

또 다른
건축의 말

건축 공간은
삶과 죽음의 실체적 효용에
바쳐진다

어느 사찰에서 납골당을 만들겠다고 연락이 왔다. 그것도 절의 경내에 만들어 '죽음'을 껴안고 살겠다는 것이다. 날이 갈수록 산에다 묘지를 만드는 매장이 사회적으로 문제가 되고 있다. 납골당은 시신을 화장하여 남은 뼈를 골라 골호나 상자에 넣어 보관하는, 죽은 사람을 위한 공간이다. 납골당에 죽은 이를 모시려면 화장해야 한다. 장법에는 화장 말고도 토장(매장)·수장·풍장이 있는데, 이를 일컬어 4장이라 한다. 수장과 매장은 환경오염과 토지 부족 문제의 심각성이 대두되면서 회피하는 추세다.

티베트에서는 매장하면 건조한 날씨 때문에 부패하지 않고, 고도 높은 산이라 나무 한 그루 찾아보기 어려워 화장이 쉽지 않다. 그래서 그들은 조장(鳥葬, 天葬)이라는 독특한 방법으로 장례를 치른다. 조장은 시체를 도끼로 토막 내서 독수리에게 던져주는 방법이다. 독수리가 살

점을 뜯어먹고 뼈만 남으면 그 뼈를 빻아서 독수리에게 다시 뿌려준다. 독수리가 많이 날아와 깨끗하게 먹어치우면 유족은 망자가 좋은 곳에서 환생한다고 믿는다. 새와 함께 하늘로 훨훨 날아간 죽은 이의 영혼이 자연으로 돌아간다는 라마교의 교리가 티베트의 자연환경과 만나서 이렇게 독특한 장례 의식을 탄생시켰다. 우리가 볼 때는 시체를 토막 내고 독수리에게 던져주는 것이 끔찍하게 여겨지지만, 인간은 환경의 동물/존재이기에 어찌 보면 가장 잘 맞는 장례 방법이기도 하다.

우리나라의 전통 장례법은 매장이다. 불교 전래 이후 승려의 다비 의식은 많았지만, 일반인이 죽으면 거의 시체를 매장했다. 이는 풍수지리 사상이 널리 유행한 것과 관련이 깊다. 묏자리를 잘 써야 후손이 평안/번창하다고 믿는다면 누가 화장을 따르겠는가. 그러나 인구밀도는 급증하고 묘지 확보에 어려움을 겪는 현실에서는 오히려 화장 후 납골당에 안치하는 장례법이 많은 호응을 얻고 있다. 화장하여 납골당에 모시기도 하지만, 가족 납골당이나 가족 납골묘 형식으로 죽은 이를 모시는 방법도 있다.

어느 경우라도 죽은 이의 유언이나 소망을 따라 모시려 하는데, 자식으로서는 이런저런 문제를 고려하지 않을 수 없다. 우선 대대손손 관리가 될 것인가의 문제도 있고, 그다음엔 경제적 문제가 따른다. 산을 하나 사서 산소를 만들면 좋겠으나, 그 비용이 어디 만만한가. 설사 그 정도의 능력이 있다손 쳐도 아들, 손자, 증손자… 시대가 바뀌면서 전통적 유교 방식으로 산소를 관리하고 제사를 지낼지는 미지수다. 그렇다

보니 납골당에 망자의 유골을 모시는 방법이 대안으로 떠오르게 된다. 원래 시신을 화장하면 뼛가루를 산이나 강에 뿌리지만 살아 있는 후손은 왠지 섭섭하고 불효인 듯하여 그나마 유골이라도 보존하려는 장소가 납골당이다.

특히 자신의 신앙과 같은 종교 단체/공동체에서 납골당을 짓고 운영한다면 여러 장점이 있다. 사찰에서 운영하는 납골당이라면 불공/법회 때문에 절에 왔다가 납골당에 들러서 고인을 추모할 수 있으니 좋고, 자신의 신앙생활과 일치된 추모 행사/제사 등의 의례나 형식도 맞추게 되니 심리적으로 평안하다. 관리하는 입장에서는 같은 신자의 지인/혈연이므로 또 각별한 애정으로 돌볼 테니 여러모로 심사가 평온케 된다.

납골당을 사찰 경내 한 귀퉁이에 앉히기로 했다. 단순한 납골당이 아니라 장례식·49재·천도재·기일제 등의 추모 법회·제례가 이루어져야 하고, 평소 절에 드나드는 일반 신자도 기꺼이 납골당 출입이 가능한, 다시 말하면 좀 문화적인(표현이 적절치 않지만) 분위기가 풍기고 음침한 죽음의 느낌이 들지 않도록 만들었으면 하는 것이 주지 스님의 생각이었다.

땅을 둘러보니 경사가 심하고 한쪽으로는 실개울이 지나고 있다. 그냥 집을 앉히면 가뜩이나 좁은 경내의 마당이 더 좁아질 듯해 납골당의 지붕을 새로운 '지형'으로 만들자고 생각했다. 새로운 지형은 지붕이 되 사람이 올라갈 수 있고 경내의 마당과 납골당의 지붕 바닥면이 연결되도록 하는 것인데, 그러면 그럴듯한 외부 환경이 만들어질 것으로 예상했다(전통 사찰의 경내 분위기가 교회나 성당과 전혀 다른 것은 건축물의 나이가 오래된 탓도 있지만, 외부 공간/마당의 구성이 극적인 이유가 더 크다. 한국 전통 건축의 마당은 단순한 외부가 아니라 다목적/다용도의 기능적 측면과 친환경적인 외부 지향적 사고를 보여준다. 내부 지향적인 건축물에서는 내부와 외부를 확연히 구별하려는 의도를 지니지만, 한국 전통 건축에서는 내부와 외부를 서로 연계한 전체적 '공간'으로 파악하려는 의도가 강하다).

사찰의 마당/외부 공간은 단순한 '건물 밖'으로 인식되는 것이 아니라 산책, 머무름, 어슬렁거림, 기웃거림, 상념에 잠기기 등의 행위가 일어날 수 있도록 만들어지는, 말하자면 소요하는 외부 공간이다. 마침 납골당이 들어설 위치가 외부 공간이 협소하여 '빈 땅에 여염집 들어서듯' 채워지면 경내의 분위기가 흐트러질 위험이 걱정스러웠던 주지 스님은 나의 제안을 쾌히 받아주었다.

내 꿈속에 그려진 납골당은 이렇다. 낮은 곳에서 보면 건축물로 보이지만 가장 높은 위치에서 보면 추상적인 무늬를 이루는 출렁이는 판이 보인다. 그 판은 납골당의 지붕인데, 콘크리트 슬래브 위에 흙을 덮어 만든 인공의 대지. 절곡된 판 위로 삼각형 뿔이 몇 개 보이는데, 그것은 아래에 감추어진 납골당 내부 공간으로 통하는 빛의 통로다. 밑(납골당 내부 공간)에서 보면 밝기가 다른 빛줄기가 어두운 공간으로 쏟아진다.

지표로 드러난 납골당의 측면은 땅의 기울기에 따라서 슬며시 건축/인공의 형상이 사라진다. 그래서 낮은 곳에서는 건축물로 보이지만 땅의 가장 높은 부분에서는 지붕은 흔적도 사라지니 그냥 맨땅으로 보인다. 땅속에 묻힌 공간이 어둡고 습한 것은 염려스러운 일이지만, 지형의 경사도를 잘 살펴서 노출되는 면에 채광과 환기 장치를 설치하면 문제가 없을 것이다.

작은 개울이 지나는 것을 놓치면 안 되니 졸졸 흐르는 그 물을 끌어들여 내부 공간에서 쓸 수 있는 공간 장치로 활용하는데, 우선은 구조/공간 속에 들어와 있는 얕고 작은 연못으로 만들고(늘 흐르는 물이므로 썩거나 악취가 나지 않아 좋다), 다음은 납골당에 '침묵의 샘'을 하나 만들고 싶은데 그 개울물을 이용하고 싶었다. 내가 이름 지은 '침묵의 샘'은 간단히 말하면 물통이다. 수반이라 해도 좋다.

납골당은 평소에도 침묵의 공간으로 유지되는데, 그 침묵을 더 강조하는 방법으로 아주 느린 간격으로 물방울이 똑, 똑, 똑 떨어지면 어떨까 생각한 것이다. 어둠과 밝음이 죽은 영혼을 위해 춤추는 사이로 공간의 침묵을 깨우고 더하는 작은 물방울이 느리게 한 방울씩 떨어진다면…. 상상해보면 그것은 한 편의 드라마다. 그렇다. 건축 공간은 항상 우리에게 많은 이야기를 던지고 속삭인다. 우리의 삶과 죽음은 항상 드라마보다 더 드라마틱하다. 건축에서는 그 점을 놓치면 안 된다. 인위의 드라마가 아닌 삶과 죽음 사이에 내재된 일상 요소에서 동기를 찾아내고 그것을 건축 공간으로 바꾸어놓는 것이 건축가가 할 일이다. 건축은 그래서 드라마다.

문득 고고학이 떠오르는 것은 아마 납골당이 '죽은 자'를 모시는

'죽음'의 공간이기 때문일 것이다. 그런데 납골당은 '죽음'을 기리는 공간/장소/상징이지만 철저하게 '살아 있는 자'의 공간/장소/행위다. 죽음과 삶 또는 과거와 현재가 공존한다는 점에서 납골당을 생각하면서 자연스레 고고학이 떠오른 것인지도 모른다. 고고학은 과거/흔적을 다루지만 근본적으로 현재/현실에서 성립하는 학문 아니던가.

만약 지금 건축한 납골당을 먼 훗날 고고학자가 발굴하게 된다면 무엇을 읽고 찾고 상상할 것인가. 아마 납골 형식에서 장례 방법을 해석할 것이고, 공간 구성 방식을 보고 납골당의 기능을 추정할 것이다. 건축물에 사용된 재료를 보고 기술의 발달 정도를 따질 것이고, 만들어진 건축물의 구조나 가공 방법을 보고는 건축 공사에 사용된 공구/도구를 상상할 것이다. 천정과 벽에 난 창문의 위치를 분석해서 공간의 밝기나 건축과 주변 자연 요소와의 관련성을 연구할 것이다.

고고학은 흔적/단서 한 점을 통하여 과거와 현재를 이어주는 역사의 통로다. 과거를 말하지만 현재의 문제이며, 그것은 미래를 위해 성립한다. 건축 또한 그렇다. 과거의 지혜를 경험으로 받아들이지만 현재의 시대정신을 가져야 하고, 그것은 미래 지향적 가치가 없으면 무의미하다.

도구/장비가 결과를 지배한다는 것은 기술의 보편적 논리다. 건축은 같은 도구/장비를 사용해서 기술이라는 보편적 방법을 통해 구축된다. 다음에는 바로 그 기술의 보편성을 초월하는 공간을 만들어내는 것에 의미를 건다. 건축 기술은 건축 공간을 위해 존재하고, 건축 공간은 삶과 죽음의 실체적 효용에 바쳐진다. 납골당이 죽은 자를 추모하는 공간이되 삶과 관계가 없다면 납골당을 아예 건축하지 않는 것이 온당할 것이다. 그러나 납골당에 모셔진 죽은 자를 통해(결국 죽은 자를 통한다는 것은 산 자의 깨침/각성일 것이지만) 삶이 더 의미 있는 것으로 인식된다면 납골당 건축 공간은 마땅히 삶과 죽음을 위한 찬가여야 할 것이다. 그럴 때 건축은 기술의 영역이 아니라 철학/심리의 깊은 영역을 구축하는 것이다. 건축은 어쩌면 미래의 고고학 발굴 현장인지도 모를 일이다.

    집은 무너져도 '건축'은 죽지 않는다. 숨 쉬는 모든 존재가 죽어도 '죽음'이 죽지 않는 것처럼.

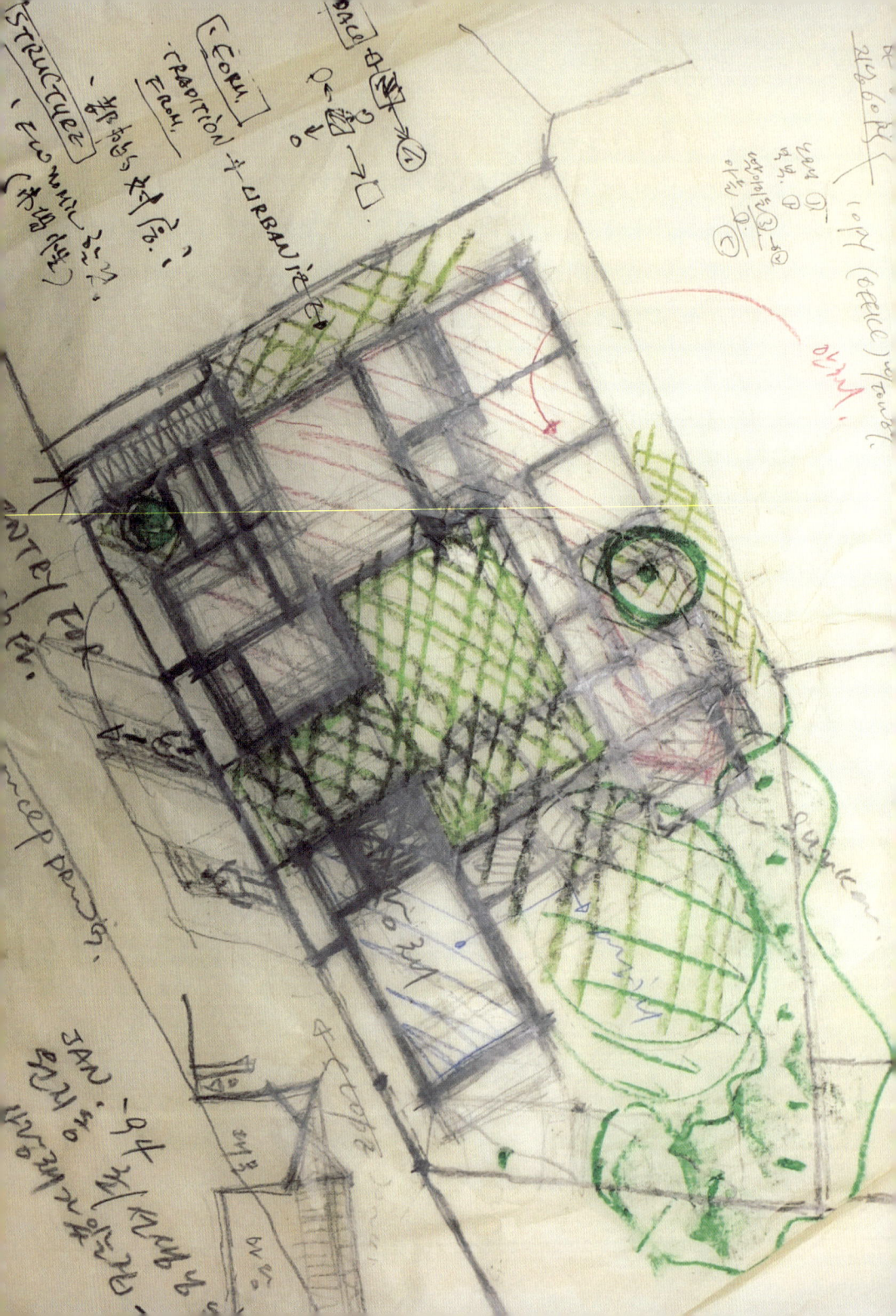

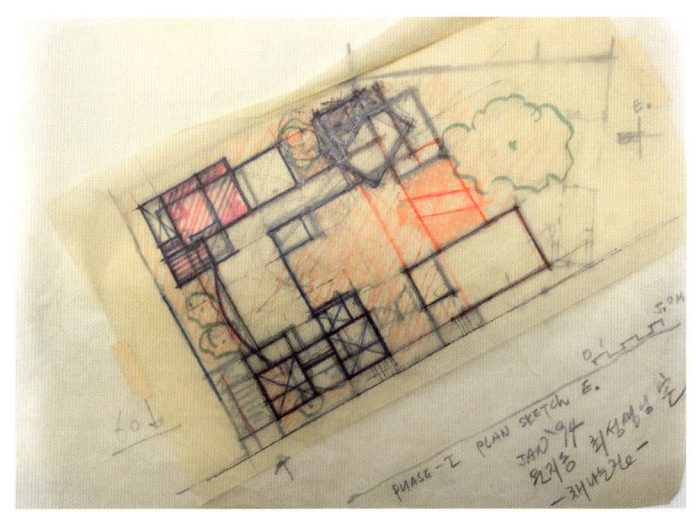

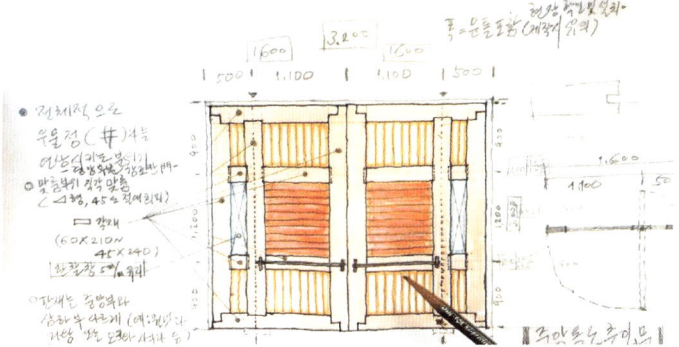

집의 구성과 공간이 그려진 평면도 '위'를 걷는다. 아니, 평면 '속'을 걷는 셈이다. 그럼 누가 아나, 늘 사는 집의 평면을 연상하며 건축적 이해에 도움이 되는 버릇이 생길지도 모르니까. 그러고 보니 무엇이든 평면/입면/단면이라는 도면의 형식으로 파악/표현하려는 건축가의 버릇/습관이 배어난 디자인인지도 모르겠다.

건축에서 이웃을 잃으면
  그것이 폐허와
무엇이 다를까

지도는 평면에 그려진 지형이다. 지형, 지물, 철도, 도로, 강, 하천, 학교, 관공서, 문화재, 다리, 저수지, 지명, 행정구역 등의 정보가 표현된다. 그중 산을 표시할 때는 등고선을 그려 높고 낮음을 보여주는데, 등고선 역시 평면으로 그려져 있어 입체적인 느낌은 상상에 기대는 수밖에 없다. 등고선으로 표현된 산보다 모형으로 만들어진 산을 보면 산맥의 흐름, 계곡의 물줄기, 능선의 이어짐, 급한 절벽과 고지대의 형성 구조 등이 한눈에 들어와 가히 장관이다. 마치 비행기를 타고 내려다보는 지상의 풍경 같다.

지상의 풍경을 내려다보는 그림을 조감도라고 하는데, 새의 기분으로 그린 그림 또는 새처럼 높은 시각에서 보는 그림이란 뜻이겠다. 영어 표현으로는 '버즈아이 뷰(Bird's-eye View)' 또는 '에어스케이프(Airscape)'라고 쓴다. 하늘에서 내려다본다는 것은 일상적 경험이 아니다.

눈높이에서 보고 보이는 그저 그런 풍경도 허공에서 보면 엄청나게 달라 보인다. 날지 못하는, 걷는 존재가 꾸는 꿈이라서 그럴까, 아니면 올려다보는 하늘에 주눅이 들어서일까. 주눅이 든 것이 아니라면 동경일까. 여하튼 높은 데서 내려다보는 그림은 항상 보는 재미를 배가한다.

왜 그럴까? 항상 존재하던 모든 게 그대로인데 말이다. 우선 보는 시점이 일상적인 높이와 각도가 아닌 데서 오는 경이감 때문이다. 허공에 떠서 본다는 것은 현대가 낳은 시각의 축복이다. 컴퓨터 시뮬레이션을 통하건 항공 촬영을 통하건 쉽게 일상적으로 접하는 앵글이 됐다. 그러다 보니 국가에서 주최하는 세계 행사라도 있으면 각 건물의 옥상을 청소해야 하는 세상이 됐다. 도시의 모습이 항공 카메라에 잡혀 전 세계에 생중계되는데, 옥상의 지저분한 모습이 전 지구에 알려지는 것을 걱정해야 한다. 도시 미관을 위해 길거리만이 아니라 옥상 청소까지 병행해야 하는 것도 다 시점 상승에서 오는 새로운 걱정이다.

그다음의 이유는 디테일의 생략에서 오는 간결함과 큰 윤곽의 파악이다. 높게 뜬 것은 멀리서 본다는 것인데, 멀리서 보면 잡스러운 것은 보이지 않고 커다란 얼개를 쉽게 파악할 수 있다. 복잡한 도시일수록 하늘에서 보는 큰 가로망의 얼개는 인상적으로 보이게 마련이다. 전체가 파악된 미로는 그냥 '재미있는 그림'으로 인식되는 것처럼 항공 촬영된 도시의 한 부분을 놓고 '재미있는 그림'으로 즐길 수 있다. 보는 입장에서는 축소된 장면을 보면서 자신이 거대해진 것으로 착각하게 되는데, 일종의 심리적 우월감 같은 쾌감을 갖게 된다. 그러다 보니 자신이 하늘에서 보는 존재로 변해 있는 셈인데, 부상한 높이와 넓은 각도가 주는 경이감에 절대자가 된 듯한 우월감과 쾌감이 서로 상승하여 부감(俯瞰)을 즐기게 된다. 평면으로 표현된 상태가 그럴진대 한 동네를 입체 모형으로 만들어놓고 보면 가히 장관이다.

집 한 채를 짓기 위해 동네 하나를 다 만들어보는 작업은 건축가로 하여금 순수한 열정을 느끼게 한다. 작업을 그렇게 하면 대부분 받은 비용보다 소모한 시간과 경비가 더 들기 쉬운데 건축가의 살림이 궁해지는 이유가 된다. 세상은 그래서 재미있다. 시키지도 않았는데 괜히 만드는 사람이 있으니 말이다. 그것도 즐겁게-즐겁지 않으면 할 리가 없지-만드니 말릴 수도 없다. 자기가 좋아서 하는 일, 세상은 제 흥에 겨워서 스스로 하고픈 일을 하는 사람이 많을수록 신명 나는 판이 된다.

동네 모형을 보면 집장수가 똑같이 지어서 팔아먹은 집도 있고, 상가 위에 살림집이 있는 건물도 있고, 마당 넓고 집이 작은 경우가 있는가 하면, 마당 없이 집만 커서 꽉 찬 집도 있고, 경사지붕에 평지붕, 막다른 골목에 뚫린 골목, 서로 마주 본 집이 있는가 하면 등진 집이 있고, 좁은 길 넓은 길, 삼거리에 사거리, 온갖 표정이 드러난다. 그 다양한 표정을 살피다가 눈길이 멈추는 곳, 다름 아닌 나의 호흡이 멈추고 발길이 닿았던 그 집. 반가운 그 집. 또 떠오르는 그 집 사람들, 아 좋은 사람들…! 여기서 그치면 얼마나 좋을까. 다시 그 집을 생각하다 살아나는 악몽. 지도는 희로애락을 말하진 않지만 기억은 감정을 내뱉는다. 모형은 사물의 형태로만 있지만 만든 이의 경험은 감정까지 움직여 되살아

난다. 특히 불쾌한 경험은 오래가는 법이다.

그 집을 지을 때 있었던 일이다. 집주인과의 만남과 대화, 정리된 아이디어와 구체적 도면 작업, 그리고 만든 후 다시 상의와 조정, 건축안 확정, 건축 허가 신청, 시공자 선정, 착공…. 진도 잘 나가고 있을 때 주인에게 걸려온 전화, 구청에서 전화가 왔다고, 공사가 중지될지도 모른다고. 옆집에서 민원이 들어왔다고, 자꾸자꾸 들어온다고. 무슨 일인가 했더니 공사로 인해 지하층에 금이 가서 물이 새네, 먼지가 나네, 소리가 나네 하며 사사건건 시시비비란다. 주인은 주인대로, 시공자는 시공자대로 날마다 구청에 불려 다니는 게 일이니 어찌할 바를 몰랐다.

결국 옆집을 확인해보니 금이 간 것도 물이 새는 것도 없는데…. 민원에 시달린 것은 담당 공무원도 마찬가지였다. 모든 상황을 파악한 공무원이 오죽하면 민원인을 말렸을까. 겉으론 웃으며 멀쩡한데 뒤로 이웃을 괴롭히는 사람이 가끔 있다. 그러다 공사가 끝나면 담을 맞대고 살아야 하는데, 한 치 앞을 못 보고 시비만 거니 이웃끼리 할 짓이 아니다. 집 짓는 게 무슨 죄라고 괴롭히는지. 물론 옆집 담에 금이 가고 손해가 생기면 다 해결해준다. 하지만 얼토당토않은 시비는 대부분 질투와 시기에서 오는 것임을 누가 모를까. 옆집만 민원을 낼 수 있는 게 아니라 새집 짓는 것도 민원 사항임을 이해하면 간단한 것을.

속담에 '100냥 주고 집 짓고 900냥 주고 이웃 산다'고 했는데, 요즈음 세상엔 그런 이웃이 드물다. 하긴 사촌하고도 싸우는 세상에 이웃사촌이 어디 있겠는가. 이웃을 잃어버린 동네. 모형 속에서도 잃어버린

이웃이 보인다. 아니, 보이지 않는 이웃, 실종된 이웃. 사람 관계에서만 이웃이 있는 게 아니라 집에도 이웃이 있다. 이웃은 가까이 있거나 나란히 있어서 '경계'가 접해 있는 것을 이른다. 이웃 사이의 중요한 핵심은 '경계'가 아니라 '관계'다. 모형 속의 기존 동네를 보니 마당을 공유하거나 길을 내어 통하게 하는 건축적 제안이 보이지 않는다. 지독한 개별성만이 눈에 띈다. 우울한 도시의 단면이다.

도시가 우울하면 사람도 우울하다. 이웃의 관계에 주목하지 않는 이웃은 이미 이웃이 아닌 것처럼 도시를 인식하지 못하는 건축은 이미 건축이 아니다. 삶의 가치를 인식하지 못하는 삶은 이미 삶이 아닌 것처럼. 사람도 건축도 도시도 모두 그 터전의 삶의 방식을 닮는다. 사람이 집이고, 집이 사람이고, 도시가 집이고, 집이 도시다. 지나간 작업 노트를 뒤적이며 내 마음의 지도를 다시 읽는다. 그때 모형을 만들고 동네를 살피며 나는 이렇게 적었다.

뼈와 살에 대하여

살아 있을 때와 죽었을 때의 골격 구조는 같다. 이번 프로젝트의 골격은 도미노 그 자체다. 있어야 할 것이 뼈대로 있고, 적당한 두께의 살이 붙는다. 길이 되고 방이 된다. 세 번째 시도다. 공교롭게도 도시 개발과 변화의 추이가 비슷한 동네다. 도시가 변하면 건축도 변한다. 건축이 변하면 도시도 변한다. 현실은 불행하게도 도시와 건축의 직접화법에 익숙하지 않다. 더 불행한 것은 건축이 도시를 변화시킬 수 있다는 환상주의자의 꿈과, 건축이 도시를 변화시킬 수 없다는 허무주의자의 좌절이 공존한다는 사실이다. 나는 환상주의자도 허무주의자도 아니다. 더 솔직히 말하면 환상주의의 유혹과 허무주의의 그늘도 나를 가려주지 못한다. 겨우 환상의 그늘에 머리를 묻고 허무의 투명함에서 위안을 받으려 하는지 모른다. 도시의 얼개와 건축의 형태 모두가 환상과 허무의 위험한 줄타기는 아닐까? 이번 프로젝트의 작업은 뼈와 살이 있고 앞을 지나는 길과 조우하는 벽이다. 그것이 내가 갖는 숨 쉬는 도시에 대한 반응이다. 1994. 4.

겨우 벽 하나를 길과 만나게 세워놓고 도시의 꿈을 담지 못한 일. 넓게 만든 동네는 모험으로 존재하다 결국 사라지고 내 마음의 지도 속엔 사라진 절터같이 끈질기게 자란다. 이웃에 대한 실망과 상처의 기억. 희망은 절망을 먹고, 그래서 난 이웃에 대한 희망을 꺾지 않는다. 아니, 사람에 대한 기대를 접지 않는다. 그럴 때 건축은 익명으로 남아도 부끄럽지 않으리.

지도를 펼칠 때마다 이런 꿈을 꾼다. 교차로와 휴게소만 표시된 지도가 아니라 좋은 건축이 표시된 지도, 그것도 좋은 현대 건축물이 소개되면 더 좋겠고, '범죄 없는 마을'이란 팻말을 세우듯이 '이웃 좋은 동네', '웃음 많은 마을' 등으로 표시되면 좋겠다. 아니면 '싸움박질 많은 동네', '싸가지 없는 마을', '바가지 씌우는 유원지'라고 써놓든지.

진정 자랑해야 할 팻말은 '범죄 없는 마을'이 아니다. 어디서든 범죄는 없어야 한다. 그것은 너무나 당연한데 당연함을 상실한 이 시대는 가만히 보면 자랑할 것이 없다. 우리의 전통적 이웃 의식이야말로 자랑거리이며 서로의 가치를 높여주는 쉬운 생활 교범이다. 건축에서 이웃을 잃으면 그것이 폐허와 무엇이 다를까. 오늘도 이웃이 표시된 지도를 꿈에서 본다. 그래, 꿈은 꾸어야 참맛이다. 이루어진 꿈은 이미 현실이므로 꿈의 욕망을 잃는다. 이루어지기 어려운 이웃의 꿈. 같이 꿈꿀 이웃, 어디 계신가. 같이 꿈꾸다 꿈의 욕망을 잃을 때까지.

폐허 속에 숨은 이야기를 위해서는
좁고 깊은 창이
제격이다

우연일까, 아니면 질긴 인연의 끈일까. 10년 전에 쓴 글을 찾아보다니. 어느 작업을 마치고 소회를 적은 짧은 글을 통해 10년 전으로 돌아간다.

10년 후쯤, 파괴된 자연이 또 다른 모습으로 소생되어갈 때쯤, 다른 흔적 없이 벽이 몇 개 서 있는 꿈을 꾼다. 벽과 벽 사이에 필요한 공간을 찾아내서 사용하는 것 같은 '활용되는 폐허'를 그린다. 부감과 조망이 함께 이루어지는 장소 특성을 형태에 천착 않고 시간과 내부 공간의 변화에 초점을 맞춘다. 나그네처럼 지나가는 골퍼들에게 계절에 따라 안으로, 또 밖으로 잠시 쉬어갈 자리를 펼친다. 드나드는 문에는 소망 같은 막대를 세우고 바람이 불면 움직이고 소리 내는 변화를 갖는다. 나의 작은 의지가 자연 속에 끝없이 퍼져 들어가고, 벽마저 썩어서 빛과 바람만이 그곳에 머물기를 간절히 바란다. 그곳이 원래 그랬던 것처럼…. 1992. 5.

어느 골프장을 새로 만들면서 코스 중간에 있는 티 하우스(T House) 한 채를 만지게 됐다. 사업주는 안목이 대단히 높고 예술에 이해가 있는 분이다. 여러 채의 티 하우스를 젊은 건축가들이 공동으로 참여하여 다루게 됐는데, 불행하게도 이루어지지 못했다. 골프장 건설 계획이 자금 문제로 순조롭지 못해서 여러 가지 좋은 계획이 실현되지 못했다. 예를 들면 골프장의 주된 개념이 '예술 작품을 감상할 수 있는 골프장', '친환경적인 사계절 골프장', '많은 작가가 참여하여 만드는 열린 골프장' 등이었는데, 이런 개념이 빛을 보지 못했으니 아쉬움이 남는 프로젝트다. 그때가 벌써 10여 년 전이라니. 시간은 쏜살같이 달린다. 달리지 않으면 쏜살이 아니듯, 세월도 흐르지 않으면 안 된다. 정지한 시간-고장 난 시계와는 아주 다른-은 없다. 모형에 앉은 먼지가 땟국으로까지 번진 걸 보니 이미 먼지가 아니라 두꺼운 각피를 이룬 것 같다. 그때 새로 만드는 티 하우스를 폐허처럼 만들고 싶어 했던 욕구처럼 10년 지난 모형은 저절로 폐허가 됐다. 그렇다. 폐허는 저절로 이루어진다. 인위적인 폐허는 폐허가 아니다. 그런데 왜 폐허처럼 만들고 싶은가.

오래된 자연 상태의 숲이나 벌판은 아무리 삭막해도 폐허라고 하지 않는다. 폐허는 인간의 손길이 닿았다가 멈춘 곳을 말한다. 오래전의 성터나 부스러진 기와 조각이라도 발견되는 흔적이 폐허다. 해서 폐허를 만드는 것은 자연이 아니라 사람이다. 또 폐허를 발견하는 것도 사람이다.

폐허는 다분히 인간 중심적 사고의 구분인 셈이다. 새로 짓는 집을 폐허의 이미지로 만들겠다는 생각도 다분히 건축가 중심적 사고다. 삶이 소거되고 유구(遺構)만 남아 있는 상태로의 방치가 폐허인데, 엄밀히 말하면 폐허는 사람이 만들 수 없는 지경을 말한다. 그래서 폐허를 만들고 싶다는 나의 욕망은 폐허의 감상과 인상적 느낌을 차용하겠다는 표제적 수준을 벗어나지 못한다.

폐허! 자연에 새겨진 상처의 흔적이 폐허다. 또한 폐허는 상처 난 자연의 치유이기도 하다. 불치의 상처인 동시에 치유라니 모순이다. 그렇다. 폐허는 모순이다. 창과 방패가 모(矛)와 순(盾)이다. 중국 초나라 때 상인이 있었다. 창도 팔고 방패도 팔았다. 어떤 방패도 막지 못하는 창이라며 팔고 어떤 것으로도 뚫리지 않는 방패라며 팔았다. 앞뒤가 안 맞는 동시에 떼어놓으면 말이 되는 그 모순.

폐허를 보면 자연의 상처와 그 흔적을 살피게 되고 뒷면을 통해서는 되살아나는 자연을 본다. 그러나 그 둘이 동시에 보이지는 않는다. 같이 보면 폐허는 자연도 인위도 아닌 것이다. 그래서 폐허는 대지 위의 모순이고 모순의 말의 폐허다.

티 하우스를 지으려 했던 현장에는 골프장 건설로 생긴 부스러기 돌이 많았다. 현장에서 쉽게 구할 수 있는 돌을 하나둘 두껍게 쌓아올려 벽을 만들고, 차를 마시며 쉴 수 있는 공간은 추울 때를 위한 내부 공간과 더운 계절에 밖에서 앉아 쉴 수 있게 외부 공간으로 나누어 마련한다. 더운 계절에 쓰는 외부 공간에는 그늘을 만들기 좋게 구조틀을 엮는다. 그 집의 위치는 올려다보이기도 하고 높은 곳에서 내려다보이기도 하니까, 올려다볼 때는 주로 벽이 보이고 내려다볼 때는 지붕이 드러나게 만든다. 그 지붕은 수평의 띠가 드러나는 부분이 추울 때 쓰는 내부 공간이고, 갈비뼈같이 총총한 그늘틀과 지붕 뚫린 부분이 외부 공간인데, 두 부분 다 만곡한 경사벽으로 둘러쳐진다.

 그 벽은 토목공사할 때 생기는, 현장에서 그저 줍기만 하면 되는 돌을 차곡차곡 쌓아 만든 돌벽이다. 그 돌벽은 담쟁이가 자라고 이끼가 붙으면 오래된 성채처럼 굳건해질 것이고 계절에 따라 변하는 들풀의 표정이 벽의 모습을 바꾸리라. 티 하우스는 우리말로 그늘집이다. 그야말로 잠시 쉬는 그늘집인데, 이 땅의 기후는 봄에서 가을은 밖에서 지내기가 좋으므로 진짜 그늘이 있는 그늘집을 만들고 싶은 것이다. 그늘은 빛이 물체에 가려져 어두워지는 상태를 이르지만, 단순한 어둠이 아니다. 그늘은 희미하지만 같은 정도를 유지하는 그늘은 잠시도 없다. 그늘은 생길 때마다 다르고 사라질 때마다 다르다. 그늘의 정도를 이르는 말은 그래서 찾기 어렵다.

 넓은 골프장의 광활한 초원에 만들어진, 그늘이 드리워진 오래된 성채 같은 벽, 폐허. 폐허는 자연에 생긴 그늘이다. 모순의 그늘. 그래서 그 집은 모순의 집이다. 만들어진 폐허라니 얼마나 모순인가. 말의 폐허처럼 공허하게 폐허는 이루어지지 않았다. 폐허의 꿈은 날아가도 폐허다.

 그 집의 창에 대한 이야기. 의자에 앉았을 때 사람의 눈높이는 대략 110~120센티미터다. 그 집 내부 공간의 창 높이는 앉은키에 맞추어져 있다. 일어서면 벽과 마주치는 시선 아래로 창을 통해 풍경이 내려다

보인다. 높은 위치의 특징을 살려 창 높이를 낮춘 것이다. 창은 또한 좁아서 벽에 난 구멍처럼 보인다.

　　벽과 창의 면적 비례를 보면 옛날 건물일수록 벽의 면적이 넓고 현대 건물일수록 창의 면적이 넓다. 그것은 건물의 구조가 석재·목재에서 콘크리트와 철강재로 변화했기 때문이다. 구조체를 철강재로 쓰면 창문의 크기와 건물 외벽 마감 재료 등이 자유로워진다. 반면 창문이 갖는 이야기는 줄어든다. 유리창 자체를 외벽 마감으로 하는 가벼운 껍데기의 건물이 현대 건물이고 두꺼운 돌 껍데기의 건물이 옛날 건물인 셈이다. 뭔가 이야기가 숨어 있을 듯한 창을 만들려면 좁고 긴 창 아니면 작고 깊은 창이 그럴듯하다. 벽면과 창문 크기의 비례에 따라 음악적/회화적 구성이 가능하다. 요즈음 유행처럼 퍼지는 넓은 창-이른바 통창-은 시각적 개방감은 있으나 한눈에 모든 것이 다 드러나서 이야기가 숨을 곳이 없다.

　　폐허 속에 숨은 이야기를 위해서는 좁고 깊은 창이 제격이다. 풍경 좋은 곳에서 왜 일부러 창을 줄이는가 하는 질문을 종종 받는데, 좋은 풍경을 더 좋게 '보려면' 창이 작은 게 훨씬 효과적이다. 더 적극적으로 펼쳐진 풍경을 '즐기고' 싶으면 앉아서 보지 말고 풍경 속으로 뚜벅뚜벅 걸어 들어가는 것이 좋다.

　　창틀은 말하자면 자연을 보는 그림틀인데, 그림틀이 넓으면 풍경의 깊이감이 떨어진다. 깊은 그림틀을 통해 보이는 풍경은 대상을 관조하게 하는 힘을 갖는다. 풍경과 보는 사람 사이에 시간/거리를 만들어낸다. 그것은 그림틀이 주는 힘이다. 틀 속에 들어온 풍경은 스스로 객관화된 풍경으로 바뀐다. 보이는 시간 동안 정지된 풍경이 된다. 말하자면 공간적 장치를 통해 특별한 순간의 시간성을 얻는 것이다. 그렇다, 풍경은 공간의 문제만이 아니라 시간의 결과물이다.

건축은 공간적 주제만이 아니라 시간성의 문제를 깊이 있게 다루는 것이다. 건축에서 말하는 동선도 위치의 이동에서 생기는 단순한 거리의 문제가 아니라, 이동 좌표 속에 내재된 시간의 연속이다.

폐허는 공간의 생성과 소멸을 말하지만, 그 바탕에는 시간의 변화라는 도도한 자연현상이 꿈틀거리고 있다. 폐허의 공간은 건축 의지가 담긴 형태와의 관계 소멸을 의미하는 동시에 시간 속으로 귀의하는, 더 큰 자연 상태로의 귀일을 뜻한다. 그래서 폐허를 통해 읽을 수 있는 건축 의지는 상상 속의 실재이며 실재하는 상상이다.

가상과 상상은 다르다. 가상은 존재 기반부터가 가상이므로 오로지 실재하지 않음에 가치를 둔다. 이른바 허구의 존재다. 실재하지 않아도 되는 자연스러움의 특전을 누리는 가상 세계야말로 꿈의 극치이나, 그 극치를 이루지 못하는 애처로움은 또 다른 가상의 비극이다. 반면에 폐허는 허구가 아닌 실재의 바탕에 서 있는 비극이다. 결국 폐허는 비극의 본질처럼 남아 있는 모순으로 되돌아온다. 늘 현실에서 존재하는 모순으로. 그래서 현재는 미래의 폐허다. 숨 쉬는 폐허.

어슴푸레한 그늘로 속삭이던 동네 풍경은
　바둑판같은 그리드로
질러간다

생각 없이 또 속절없이 지나는 시간의 속도는 무척 빠르게 느껴진다. 오죽하면 세월의 흐름을 쏜살같다고 하겠는가. 쏜살은 시위를 떠난 화살이 허공을 가르며 달리고 있는 상태인데, 그야말로 허공에 떠 있는 순간을 이름이다.

　어느 날 길을 가다 문득 전에 없던 새 건물이 들어차 있는 것을 보거나 한두 해 만에 가보는 시골길에 전에 없던 다리가 놓여 있거나 길이 넓게 확장되어 있는 것을 볼 때가 있다. 야, 참 건설의 속도가 빠르구나, 이리 생각이 들다가도 자기 집을 지을 때는 공사 속도가 느리고 속이 터져 답답하다. 옆집 청년이 군대에 갔다가 오는 것은 '어! 벌써'이고 자기 자식의 제대 날짜는 길고 더딘 것과 비슷하다. 직접 겪는 불편은 길고, 그냥 보고 지나치는 남의 일은 금방이다.

　어릴 때 듣던 수수께끼, 세상에서 가장 빠른 새는? 제비! 틀렸다.

독수리! 아니다. 내가 아는 새 이름을 다 대도 아니다. '눈 깜박할 새.' 세상에서 제일 빠른 눈 깜박할 새보다 더 빠른 게 있다. 그것은 바로 우리나라 신도시의 건설 속도다. 가히 번갯불에 콩 볶아 먹기를 자랑한다.

원래 도시는 사람이 모이는 곳이 아니라 시간이 고이는 장소다. 단순히 여럿이 모여 임시방편적 활동만 한다면 그곳은 도시가 아닌 난민수용소와 다름이 없다. 도시는 사람이 모여 생활을 영위하는 공동의 터전인 동시에 오랜 시간 삶의 흔적이 역사의 과정으로 녹아 있는 살아 있는 유적이다. 그런데 신도시 건설의 가장 큰 문제는 필요와 수요의 논리만 우선되는 공급 방식에 있다. 한마디로 '급하게 먹는 떡이 체한다'는 것이다.

도시의 기본인 도로가 만들어지기 전에 이사한다든지, 한쪽에선 살며 싸우고 한쪽에선 일하면서 싸우는 아수라장이 바로 신도시의 현실이다. 그렇게 그럭저럭 몇 년이 지나야 자리 잡히는 신도시는 바로 건설 과정에서 지혜는 방기되고 만드는 과정의 소중함이 소멸된 비인간적인 도시가 된다. 특히 삶의 소중한 가치인 문화적 기준은 철저히 뒤로 밀리게 되는 것이 무엇보다 안타까운 비극이다. 도서관, 학교, 병원, 공원 등은 나중에 만들어지기 일쑤인데, 더 씁쓸한 현실은 그러한 안타까움보다는 모두 집값의 프리미엄만 오르면 그만이라는 경제적 동물이 되어간다는 것이다.

이 집은 어느 신도시의 주택단지 속에 자리 잡고 있다. 이 집이 지어질 때 그곳도 역시 서부 개척시대의 풍경처럼 거친 단지였다. 드문드문 들어서는 집은 모두 눈뜨고 못 볼 정도의 요란한 형태와 치장으로 아우성이었다. 그런 모습은 보나마나 10년 후쯤에는 한물간 유행으로 지루해할 모습을 예상케 했다.

1970년대의 달력 그림에나 나올 법한 가짜 뾰족지붕 아니면 유원지의 간판 같은 번쩍번쩍함은 그것이 아무리 유행이라 할지라도 참기 어려운 고통이다. 그러한 집의 모습은 집주인의 안목과 관계없이 업으로 집을 짓는 사람의 교묘한 속셈일 때가 많다. 말하자면 같은 공사비를 공간의 특징을 만드는 데 투입하기보다는 눈에 띄는 곳에 투입하는 것이 언뜻 그럴듯한 집으로 보이게 하는 데 효과적이기 때문이다. 알맹이는 별로 신통치 않은데 포장만 요란한 싸구려 선물 꾸러미 같은 경우일 것이다.

또 하나, 그러한 형태를 부추기는 이유로 관청의 건축 지침이 영향을 미치기도 한다. 평평한 슬래브 지붕이 미워서인지, 일정 지역을 지정해서 지붕을 반드시 경사 꼴로 만들어야 한다는 건축 행정규정이 있다. 아마 그런 조항을 만든 관리의 사고방식 속에는 평평한 지붕보다 경사지붕이 신도시에 적합하다고 판단하는 이해 못할 까닭이 있는 모양이다. 건축물이 아름답다 추하다 논의하는 데 경사지붕이 무슨 영향을 미치는지 도저히 이해할 수 없다.

건축 미학적으로 평지붕의 걸작이 수없이 많고 경사지붕이되 역겨운 형태가 도처에 많은데 왜 건축 규정으로 지붕의 경사도를 정해놓은 것일까. 신도시는 건설 과정만 난민촌 같은 게 아니라 행정지침도 난민 관리 규정과 다를 게 없다.

어찌 됐든 이 집은 도로에서 보이는 면은 지붕이 없어 보인다. 관청의 지침은 지키면서 도로에서는 정리된 상자 모습을 띤다. 집의 안쪽 마당을 향한 최소한의 경사지붕이 도로 쪽에서는 보이지 않게 능청을 떨고 있다. 옆집과 이웃한 세 방향은 어차피 다른 집에 가려져 보이지 않는다. 이유 없는 경사지붕을 만드느니 차라리 도로 면에서 보이는 정면의 비례와 간결함이 도시 풍경에 더 적절할 것이라 판단했다. 마침 도로 쪽이 북동쪽이라 창문이 많지 않아도 됐다. 하지만 그 집의 마당 쪽에는 많은 창이 나 있다. 마당까지 깊숙하게 햇빛이 드니 밖에서 보기와 달리 집 안이 밝다. 밖에서 보면 창이 적고 벽면이 넓어 어두울 것 같지만 방마다 고루 햇빛이 잘 든다.

특히 도로에서는 보이지 않지만 집의 중심에 있는 마당은 생활에 아주 요긴하다. 눈과 비가 떨어지고 바람이 잘 통해서 제법 단독주택이 기품이 있다. 그 집의 중심은 하늘을 향해 비어 있는 마당이다. 말하자면 중심이 비어 있는 외부 공간이다. 중심이 비어 있으므로 그 주변의 방들에서 다 마당을 볼 수 있다. 1층과 2층에서는 옆집과 외부가 통하도록 방과 방 사이를 비워 일부러 외부 공간을 만들었는데, 옆집에서 화답 없이 벽으로 막힌 집을 짓는 바람에 큰 효과 없이 끝나고 말았다. 이웃과 상의하면서 서로 통로를 만들고 방 배치를 조절하는 시절이 언제나 올지 안타까운 경험이다.

인간관계도 이웃이 중요하지만, 집과 집의 관계도 이웃이 중요하다. 서로 경계선을 구획하면 단순한 경계벽인 담장으로 끝나지만, 서로 힐어내고 같이 쓰면 그럴듯한 길/공간이 된다. 어차피 경계선 따라 담장을 두르면 서로가 아무 쓸모없는데, 담장을 없애고 넓게 쓰는 지혜를 발휘할 생각을 하지 않는다. 소유욕과 땅에 대한 집착 때문에 결국 길고양이만 다니는 담장만 남고 사이 공간은 죽는다.

옆집과 내 집 사이에 나무 한 그루 못 심는, 버리는 공간의 넓이를 다 더해서 모으면 상상을 초월하는 면적이 된다. 30평 정도 주택의 벽 두께를 10센티미터 정도만 줄일 수 있다고 가정하면 세 평 정도가 된다. 양쪽에 벽돌 한 장씩 쌓고 가운데 단열재를 채우는 이중벽의 두께는 약 50센티미터인데, 경량 벽체로 단열 마감해서 10센티미터를 얇게 하면 세 평 정도 실내가 넓어진다는 얘기다.

집과 집 사이 버리는 공간을 50센티미터×10미터로 보면 1.5평이고, 그런 면적이 두 군데면 세 평이고 옆집도 그런 형편이면 벌써 두 집이 버리는 공간 면적은 여섯 평이 된다. 단독주택 100채의 자투리를 모은다면 600평이나 되는 엄청난 넓이가 나온다. 600평이면 웬만한 크기의 소공원이나 운동장의 넓이다. 대단찮아 보이는 손실 면적이 정말 티끌 모아 태산이다. 이처럼 도시의 주택은 토지 사용, 이웃과의 관계, 도로와 대지의 이용 방법 등에서도 새로운 개념을 도입해야 한다.

만든 지 얼마 되지 않아서 신도시가 아니라, 새로운 가치와 개선의 노력이 보여야 신도시가 아닐까. 도시는 인간의 역사와 지혜를 극명하게 보여주는, 그야말로 인간이 만든 인위의 총체다. 그래서 도시는 현재 삶의 수준을 드러낸다. 도시의 수준이 낮으면 삶의 수준이 낮은 것이고, 도시가 재미있으면 삶이 재미있는 것이다. 치안이 불안한 도시는 삶이 불안한 것이고 외로운 도시에서는 삶도 외롭다. 이웃과 의사소통을 하지 않는 건축 문법은 곧 외로운 섬이 아닌가. 어디 신도시뿐인가, 오래된 중소도시도 다 신도시의 문법을 닮아간다. 좁은 길은 넓어진다. 담백하고 소박하던 집 모양은 요란하고 복잡하게 바뀌어가고, 어슴푸레한 그늘로 속삭이던 동네 풍경은 바둑판같은 그리드(Grid)로 질러간다.

개인도 건축도 도시도 스스로 고립을 자초하면서 틈나는 대로 외로움을 한탄한다. 아, 외롭지 않으려면 스스로 외로움을 버려야 한다. 내 마당을 통해 옆집의 길을 이으면 그런 집들은 서로 외롭지 않으리라.

자본 이야기가 나오면
　건축가는
우울해진다

꽤 오랜 시간이 지났다. 모형의 색상도 변하고 몇 번 다닌 이사 뒤끝의 상처로 기둥도 떨어져 나가고 바닥도 들떴다. 습기 먹고 먼지 뒤집어쓴 모형도 막상 버리겠다, 맘먹으니 서운하다. 그러나저러나 할 말은 남고 모형은 사라졌다.

　종이나 스티로폼은 가벼워서 모형 만들기가 비교적 쉽지만, 그렇다고 버릴 때의 아쉬움마저 가벼운 것은 아니다. 이때의 아쉬움은 무거운 안타까움에 쓸데없는 아까움까지 겹쳐 있다. 버려지기 직전의 모형을 보면 세상에 할 말이 많이 남은 듯 조바심이 가득하다. 작은 모형의 속삭임은 세상에 세워지면 굳건한 건축의 표정을 빌려 말하는 건축 언어가 된다.

　건축물로 채워진 도시는 건축의 말로 채워진 언어의 도시다. 도시의 거친 풍경은 건축의 말이 거칠다는 뜻이다. 도시의 현란한 표정 뒤에는 개별적 건축의 현란한 어휘가 있다. 기품 있는 도시의 바탕에는 하나하나의 건축물이 품격 있는 자세를 유지하고 있다. 경박한 도시에 신중한 건축 드물고 기품 있는 공간 속에 비로소 기품 있는 생활이 따른다. 그러고 보면 건축의 말은 도시의 말이자 근본적으로는 사람의 말이다. 사람이 말하듯이 건축도 말하고 싶어 한다.

서울에서 가까운 도시의 큰길가에 서 있는 '스토리 빌딩'. 스토리 빌딩은 내가 이름까지 지은 어느 상업 건축물의 별칭이다. 10년쯤 됐다. 이제 제법 시간의 때가 묻었을 것이고 이런저런 쓰임새에도 변화가 있을 것으로 짐작된다. 출입구와 계단실이 가운데 있고 형태 다른 두 덩어리가 떨어져 있다. 모든 층이 실내 공간에서 연결은 되지만 밖에서 보면 마치 두 개의 건물이 따로 서 있는 것 같다. 가까이 보면 붙은 건물로 보이지만 멀리서 보면 다른 건물 두 채로 보인다. 모든 층을 임대용 사무실로 하기로 하니 두 덩어리로 되어 있어도 별 문제가 없고, 오히려 넓게 좁게 나눌 수 있는 평수가 다양해서 임대하기도 편리하다.

사실 임대용 건물은 어떤 업종이 들어올지 모르는 상태이므로 건축가가 자유롭게 상상력을 불어넣어 프로그램을 조절할 여유가 많을 것 같지만, 반대로 불확정성이 너무 커서 건축가의 상상력이 빈약해지기 쉽다. 건축가의 빈약한 상상력과 건축가가 상상력을 발휘하는 부분이 적다는 것에는 아주 미묘한 차이가 있다.

언뜻 건축가의 솜씨가 드러나 보이는 건축물도 공간 해석이 진부하면 결국 상상력이 빈약하다는 평가를 듣는다. 반면 대부분의 건물이 임대용일 때는 건축가의 상상력이 그다지 요구되지 않는다. 임대 수익이 목적이기에 많은 투자를 하지 않으려는 건축주의 심리가 일반적이고, 임대 업종 예측이 어려우므로 기능과 공간의 성격이 일치되는 확정된 공간을 만들 수 없다.

공간을 만들 때는 다양한 프로그램에 따라 면적도 넓고 좁고, 크기도 크고 작고, 공간의 높이도 높고 낮고 하는 변화가 많을수록 공간을 구성/조직하는 묘미가 있다. 어떤 용도로 사용될지 모르는 임대용 건물은 균등해 보이는 면적/넓이를 확보하고 기본 설비를 갖추어놓은 후 세입자의 요구에 따라 융통성 있게 분할 사용되는, 어찌 보면 자기주장이 약한 운명일 수밖에 없다. 모든 용도를 다 수용하려 하니 어떤 용도에도 최적의 상태로는 사용되기 어려운 적당/적정의 타협이 임대용 건축물이 지니는 기능의 한계다.

기능의 한계는 건축가의 개입으로 해결되지 않는다. 다만 최선의 조율/조정에 목표를 맞출 수밖에 없다. 그것은 근본적인 자본 또는 경제의 문제다. 자본 이야기가 나오면 건축가는 우울해진다. 디자인에는 개입할 수 있으나 자본에는 개입할 수 없는 처지가 건축가의 위치이기 때문이다. 건축가는 자본의 시녀라고 하는 비판을 면하기 위해서 겨우 순화된 자본을 꿈꾸거나, 자본의 논리 속에서 그래도 투자 금액의 합리성이나 낭비를 따져보려고 노력할 뿐이다.

이 세상에서 자본으로부터 자유로운 건축가는 한 사람도 없다. 그 냉혹한 자본주의의 현실 속에서 사회적 기능과 미학적 성취를 동시에 이루는 건축가는 존경받을 만하다. 특히나 낮은 예산의 프로젝트에서 그러한 노력과 성취를 이룬다면 더 큰 응원과 박수를 보내야 한다. 이 사회가 갖는 건축에 대한 기대와 애정이 식지 않았다면 우리는 건축가를 격려해야 한다.

    스토리 빌딩은 땅 모양이 남다르다. 보통의 대지가 도로에 면한 전면 폭이 좁고 앞뒤로 긴 데 비해, 그 땅은 앞뒤에 도로가 평행으로 있고 도로를 따라 전면 폭이 매우 넓다. 말하자면 도로를 따라 옆으로 긴 사각형 필지다. 이런 땅에 건물이 들어서면 앞뒤 도로가 차단된다. 도시의 모든 도로는 차량을 통해서는 연결되지만 종종 보행자를 무시하기 쉽다. 해서 스토리 빌딩은 건물이 들어서도 앞뒤 도로를 보행자가 질러 다닐 수 있도록 사람을 위한 통로를 확보했다. 누구든지 건물 통로를 이용해서 다닐 수 있도록 했다. 주민들은 돌아가지 않아 편리하고 건물은 접근성이 높아서 유리하다.

    양쪽의 두 덩어리 구성은 한쪽은 평지붕이고 한쪽은 둥근 지붕이다. 평지붕에는 수평 띠를 둘러 옥상에서 밖을 보는 그림틀 역할을 의도했다. 처음에는 옥상에도 철 조각 작품이 여러 점 설치되어 볼거리를 제공했는데, 지금도 잘 관리가 되고 있는지는 알 길이 없다. 가운데 복도와 계단실은 투명하게 처리해서 건물 내부 사용자의 움직임이 밖에서 보이도록 했다. 복도를 걸어 다니는 사람을 밖에서 볼 수 있으니 건축 공간의 생생한 기운이 느껴진다. 또 사용자도 이동하는 사이에 밖의 풍경을 볼 수 있어 좋다.

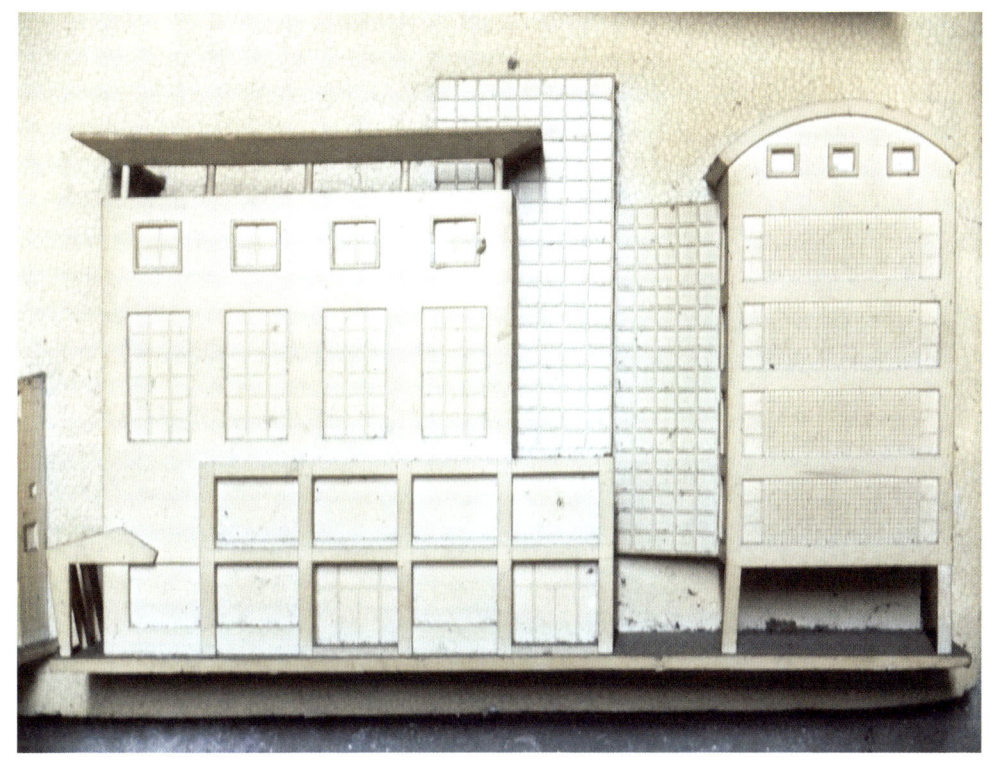

스토리 빌딩

양쪽의 두 덩어리 구성은 한쪽은 평지붕이고 한쪽은 둥근 지붕이다. 평지붕에는 수평 띠를 둘러 옥상에서 밖을 보는 그림틀 역할을 의도했다. 가운데 복도와 계단실은 투명하게 처리해서 건물 내부 사용자의 움직임이 밖에서 보이도록 했다.

양쪽 덩어리가 얼핏 다른 건물처럼 느껴지도록 어휘가 다른 이유는 길 건너편에서 보이는 풍경 위주로 디자인이 출발했기 때문이다. 바로 맞은편에 버스 정류장이 있는데, 그곳에서 건물을 보면 전면 폭이 너무 넓어서 자칫 위화/위압감을 줄 위험이 있었다. 버스 정류장은 사람들이 멈추어 서고, 서성대고, 만날 약속도 하는, 버스를 기다리는 속도가 느린 지점이다. 그런 지점에서 바로 보이는 위치는 건물의 시각적 사용자가 많다는 뜻인데, 한마디로 눈에 띄는 장소/건물이다. 그런 곳에는 이야기가 많은 건축물이 들어서야 한다. 날마다 새로우면 더 좋겠지만 건축물의 표정을 매일 바꾸기는 어렵더라도 최소한 지루한 형태는 피해보자는 심산이었다.

장소가 특별할수록 건축의 공간과 형태가 신중하게 고려되어야 한다. 이른바 장소성의 특별함이 건축으로 어떻게 녹아드느냐의 문제다. 달리는 기차는 속도 때문에 외부 모양보다 내부 공간의 안정성/쾌적성을 위주로 이야기한다. 그런데 서 있는 건축에서도 사용자의 속도가 매우 중시된다. 건물 이용자의 행위 분석에서도 속도는 중요한 요소지만 건물에 들어오지 않고 옆을 지나는 사람의 속도도 중요하다. 사람들이 빠르게 통과할 때와 머물 때의 차이를 관찰하는 것, 그것은 건축 외부 형태 디자인의 실마리를 찾는 또 다른 탐색이다.

스토리 빌딩의 자리가 아주 한적한 길가, 드문드문 버스가 오는 시골 정류장 건너편이었다면 무슨 이야기였을까를 상상해본다. 아마 더 작은 덩어리로 중첩되게 만들고 더 단순하고 무덤덤한 이야기로 풀지 않았을까. 사용자의 아주 느린 속도와 반응하는 건축물은 언뜻 지루한 모습을 띠고 있어도 의미 전달에 그리 나쁠 게 없기 때문이다. 오히려 감상하는 입장에서는 천천히 살펴보는 즐거움이 따르니까.

얼마 전 건축 잡지를 보다가 건축가의 의도와 관계없이 간판으로 흥해진/망가진 여러 개의 건물 사진 중에 스토리 빌딩이 포함된 것을 보았다. 크기·색상·형태가 제각각인 간판이 보기 흉했다. 10년이나 되었으니 세입자가 수없이 바뀌고 업종도 많이 바뀌었을 것이다. 건축주도 간판을 걸겠다는 극성을 말리지 못한 모양이다.

정리된 방법으로 깨끗하고 간결하게 간판을 걸면 도시 환경에도 좋고 건물의 유지·관리에도 도움이 되련만, 건축 공사가 끝나면 간판 거는 문제까지 상의하는 건축주는 현실적으로 드물다. 간판에 거는 업소 주인의 기대는 빠른 속도로 지나가는 사람들의 눈길을 잡는 것이니 간판이 크고 화려하길 원한다. 말하자면 호소력 있는 간판을 걸고 싶어 한다.

세상의 모든 영업장은 간판도 걸지만 기대도 건다. 아니, 기대가 간판보다 더 크다. 그럴 바에는 건물을 버릴까 봐 간판을 못 걸게 할 것이 아니라 처음부터 생각을 바꿔보면 어떨까. 건물의 모든 면에 간판을 걸어도 되는 디자인으로 말이다. 그래서 아무것도 보이지 않고 오로지 수십 개의 간판으로만 이루어진 건물의 외벽이면 어떨까. 그래서 건축학에서 말하는 건물의 전통적 입면이 사라지고 간판과 상업적 이미지만으로 이루어진 광고의 벽이 건축된다면 어떨까. 아마 극단의 상업주의 건축은 그것이 답인지도 모른다.

건강한 건축은
건강한 뜻에서 잉태한다

밝맑도서관

　강동이 서울의 동쪽이듯 충남 홍성의 동쪽엔 홍동마을이 있다. 전국에서 최초로 오리 농법이 실시되고 친환경 농업의 메카로 알려진 곳이다. 전국의 농촌 마을이 인구가 줄고 노인만 사는데, 거꾸로 홍동마을은 젊은이가 늘고 아이들 뛰어노는 소리가 들리는 곳이다. 무엇이 홍동마을에 인구가 늘어나게 하는 것일까. 필시 살기 좋다/살 만하다/살고 싶다는 이유가 있을 것이다.

　　아프리카 속담에 '한 아이를 키우는 데 한 마을이 필요하다'고 한다. 어디 아이 키우는 데만 마을이 필요할까. 우리 모두 사는 데, 노는 데, 죽는 데도 마을이 필요하다(그러함에도 도시에선 마을 개념이 사라진 지 오래다. 공동주택-아파트, 다세대, 연립주택-에 살아도 공동 의식이 없이 사니 마을이 실종된 시대, 마을과 담쌓은 집, 마을에서 버려진 개인, 마을과 괴리된 삶-마을에 속하되 마을과 관계없는, 마을을 버리고 잊은-을 사는 셈이다). 홍동마을엔 바로 그 마을 정신이 살아 있고, 마을을 이루는 몸이 살아 있기 때문에 사람들이 기꺼이 모인다. 홍동에서는 세상의 변화를 마을에서 시작하자는 공동체 정신을 오래전부터 구현해왔다. 이웃과 함께하는 출판사, 공방, 목공소, 빵집, 밥집, 카페, 연구소, 협동조합 등이 그것을 잘 보여준다.

그 중심에 작지만 큰 학교가 있으니, 이름하여 풀무(농업고등기술)학교다. '더불어 사는 평민'을 잘 키워내 사람 농사 잘 짓는 곳으로 소문난 학교다. '위대한 평민'을 만드는 학교다. 1958년에 문을 열었다. '두 칸짜리 초가 교사, 흙바닥에 들보와 서까래'가 보였다고 한다. 개교 50주년을 맞을 즈음 기념사업으로 도서관을 짓기로 한다(여기까지는 어느 학교라도 흔히 있을 수 있는 일이다. 국가·단체·기업 등의 50주년, 100주년 사업이 얼마나 많은가). 그런데 그 뜻이 자못 다르다. 개교 50주년 기념 도서관을 학교 안이 아닌 학교 밖에 짓기로 한 것이다(학교 안에 있으면 학생들만 이용하지만 동네 한가운데 있으면 지역주민 모두가 사용할 수 있다는 열린 사고방식이다). 과연 풀무학교다운 생각이다.

나는 그 말을 듣는데, 학교 도서관이 세상 밖으로 뚜벅뚜벅 걸어 나오는 느낌으로 가슴이 울렁거렸다. 지을 도서관은 아직 밑그림도 없는데 이름은 벌써 지었다. '밝맑도서관'이다. '밝맑'은 풀무학교 공동 설립자(이찬갑+주옥로) 중 이찬갑 선생의 호, 밝고 맑다는 뜻이다(풀무학생과 주민의 아침 인사말 '밝았습니다'와 낮 인사말 '맑았습니다'의 연유다). 건강한 건축은 건강한 뜻에서 잉태된다. 학교 밖에 도서관을 짓겠다는 생각이 과연 세상에 밝고 맑구나! 옛말에 '호랑이는 죽어 가죽을 남기고 사람은 이름을 남긴다'지만, 대부분의 사람은 죽어 가족만 남(餘)기는 시절에 부끄럽구나. 과연 밝맑이시다.

지역주민과 함께하는 큰 뜻의 밝맑도서관을 어떻게 지을까. 요구되는 프로그램을 그대로 반영하는 것이 건축이라면 건축은 너무 쉽다. 프로그램 밖의 프로그램은 무엇이 있을까. 흔히 도서관은 이용자의 양태를 분석하여 설계 자료로 활용하는데, 거꾸로 나는 전혀 다르게 구상했다. 즉 책을 읽지 않는 사람도 편히 올 수 있는 도서관을 만들고 싶었다. 수장·열람하는 책과 책을 읽는 사람을 고려하는 것이 도서관인데, 그것은 지역 도서관의 입장으로 충실하지 않다고 생각한다. 도서관이 책만 있(읽)는 곳이라면 공부방·독서실과 무엇이 다른가. 지역(동네) 도서관은 책을 읽기 싫은 사람도 올 수 있어야 한다. 놀고 싶은 아이도 와야 한다. 심심한 사람이 기웃거리고 머물면 더욱 좋다. 논밭일에 피곤한 몸이 잠시 기운을 차리고, 막걸리 마신 기분으로 그늘에 머물고, 동네 일에 대한 의견을 나누고, 영철이는 책을 보지만 영수는 뛰놀기도 하는 곳, 오늘 책 안 읽은 사람이 내일은 책을 읽고 싶은 곳….

흔히 도서관은 크건 작건 내부(실내) 공간을 확보하는 데 주력한다. 도서관은 책 중심이라는 사고방식 때문이다. 오히려 책 중심이라면 책을 읽는 방법에 주목하여 외부 공간에서도 책을 읽을 수 있으면 더 좋으리라는 것이 내 생각이다. 눈비에 젖지 않고 바람은 통하고 여름이면 시원한 그늘이 드리워지는 외부 공간(마당)이 있고, 마당을 둘러싸는 회랑이 있으면 좋으리라. 회랑은 외부인 듯 내부인 듯 이중성의 공간, 그런 공간은 내부 공간에서의 집중된 두뇌 활동을 멈추고 잠시 쉬기에도 적당하지만 아무 일 없이 어슬렁거리기에 더없이 좋다. 그래서 내부 공간이 아닌 외부 공간이 중심이 되는 도서관을 만들자.

준공식에서 내 인사말 중 일부다. "밝맑도서관의 면적은 넓지 않고, 사용된 재료 또한 화려하지 않습니다. 빛나지도 않습니다. 그러나 옹색하지 않고 누추하지 않습니다. 보는 방향에 따라 여러 채로 나눈 것은 언덕에 있되 도드라지지 않고 동네와 조화되려는 자세입니다. 밝맑도서관은 그 시설 면적에 비해 참으로 배짱 좋은 외부 회랑과 마당을 마련했습니다. 책만 읽는 도서관이 아니라 사람과 사람이 어울리는 장소로서의 밝맑도서관 정신을 보여주는 중심 공간을 외부에 마련한 것입니다. 여러 가지 프로그램 개발에 유용할 가능성의 공간입니다. 동네 마당이 되면 더없이 좋을 것입니다. 도서관의 중심을 외부로 끌어낸 그 빈 마당은 무한한 채움의 가능성을 위해 열려 있습니다. 어디선가 본 듯한 새로운 마당입니다. 그 비움의 장치가 가능했던 것은 물질적인 도서관 한 채를 짓기 전에 세상을 껴안는 뜻과 정신을 먼저 품고 그렇게 살고 계신 여러분들이 계셨기에 가능한 일이었습니다."

몇 년이 흘렀다. 마당과 회랑은 어떻게 쓰이고 있을까. 한마디로 건축가의 예상보다 훨씬 잘 쓰이고 있다. 각종 전시회가 열리고 음악회도 열린다. 동네 행사가 열리는 것은 기본이다. 가장 기분 좋은 일은 할머니 장터가 열리는 것이다. 도서관과 마을 사람들의 궁합이 아주 좋다. 그것은 도서관을 운영하는 사람들의 안목과 노력 때문이다. 이럴 때 건

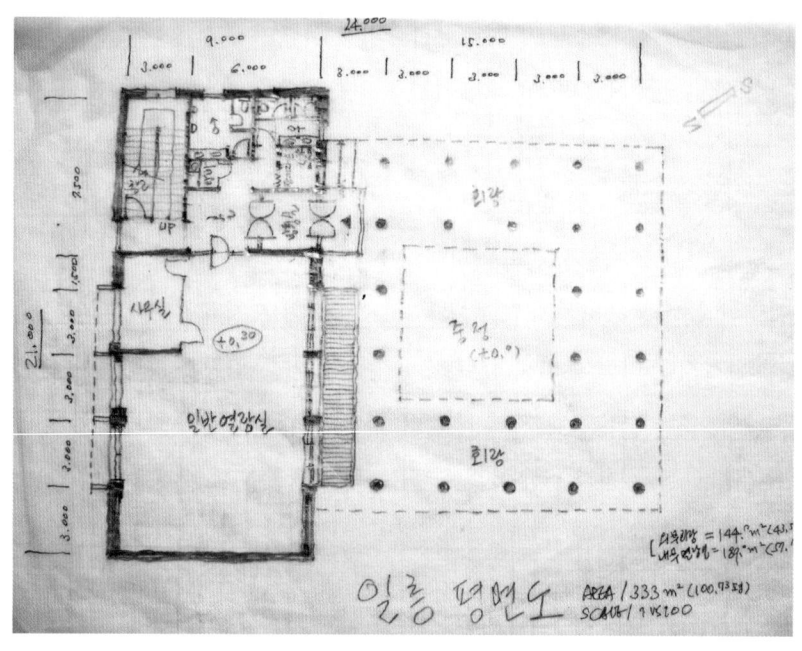

빈 마당은 무한한 채움의 가능성을 위해 열려 있습니다. 어디선가 본 듯한 새로운 마당입니다. 그 비움의 장치가 가능했던 것은 물질적인 도서관 한 채를 짓기 전에 세상을 껴안는 뜻과 정신을 먼저 품고 그렇게 살고 계신 여러분들이 계셨기에 가능한 일이었습니다.

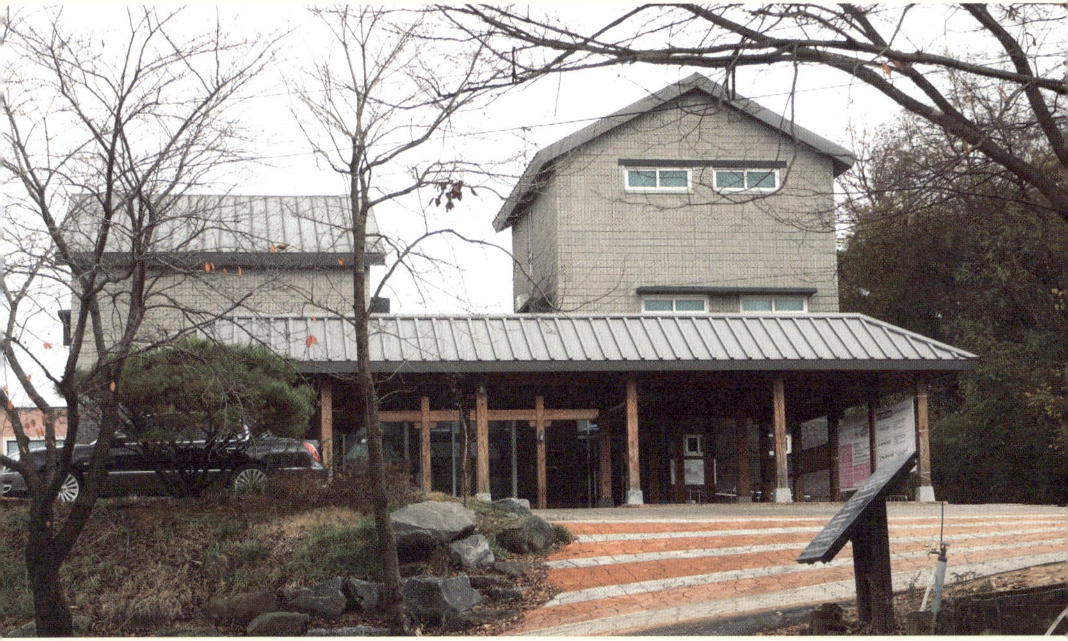

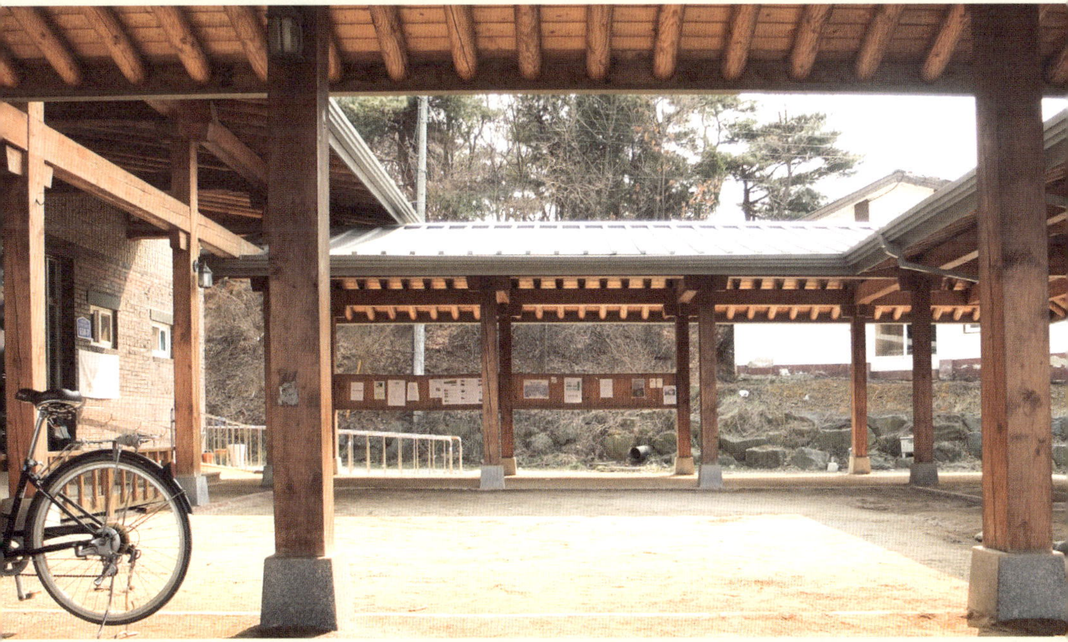

축이란 하드웨어가 아닌 소프트웨어라는 생각에 힘이 실린다. 하드웨어로서만 존재하는 거대한 건물들을 자주 본다. 그런 것들은 문화·예술이라는 말을 앞세우고도 문화·예술과 호흡하지 못하며 불편한 동거를 지속한다. 문화·예술에 대한 이해가 부족한 탓이다.

어떤 자리에서 인사를 나눈 사람이 내게 "제 친구가 밝맑도서관 마당에서 결혼식을 올렸습니다. 도서관에서 올리는 결혼식이 참 보기 좋았습니다"라고 했다. 그런 일이 있었구나. 그게 다 마당(장소)의 힘, 건축의 힘일 것이다.

얼마 전, 모 신문사의 기획으로 풀무학교와 밝맑도서관을 다녀왔다. 그전에는 다른 일행이 같이 가길 청해 다녀온 적도 있다. 그럴 때마다 건축가로서 은근한 걱정이 있다. 규모도 작고 볼 것도 없는데(흔히 건축 작품이라면 대단한 기대가 있을 것이니) 무엇을 느낄 수 있을까. 다행히 '세상에서 제일 큰 도서관'이라거나, '마음이 움직이는 시간'이었다고 하기도 하고, '제 고향에 이런 도서관을 짓고 싶다'고 하기도 한다. 도서관의 운영 자세를 보고 느낀 것이니 그것 역시 건축은 소프트웨어라는 방증일 것이다.

열람실에는 들판을 볼 수 있는 긴 수평창이 있다. 책을 보다 슬며시 눈을 들어 들판을 보며 농사와 세상을 잊지 말기를 바라는 마음으로 만든 창이다. 갈 때마다 그 창에도 빽빽하게 책을 꽂아 들판 풍경을 많이 가린다. 책이 점점 늘어나 공간이 부족한 탓임을 알면서, 봉사자에게 말했다. "저 수평창의 의도를 아시지요?" "예. 압니다. 공간이 부족해서 자주 못 치워서 그렇습니다. 앞으로 웬만하면 창을 가리지 않게 하겠습니다."

말없는 들판 풍경에서 노동의 의미와 같이 사는 세상의 소중함을 느낀다면 '창(窓)이 곧 책'이라고 여겨 한 말이었지만, 공간의 부족은 건축가로서 어찌해볼 수가 없다. 좁을수록 넓게 쓰자고 말하는 것 외에는.

멈추어선 벽체와 자라는 나무,
　그 둘이 보여주는
계속 변하는 장면으로서의
건축이라니

내 땅이라고 내 마음대로 무엇이든 지을 수 있다고 생각하기 쉽지만, 무허가 건물이거나 불법 건축물이 아니라면 어느 곳에 집을 짓더라도 건축 제한이 따른다. 행정기관에서는 건축 관련법으로 제한할 수 있고 관련 행정규정으로 규제할 수도 있다.

　건축 제한의 목적은 개별적 건축 행위가 공공 이익을 침해/위해하는 것을 방지하는 것이다. 행위 제한을 통해 사회의 공공 이익/환경을 지키자는 뜻인데, 경직된 법 운영은 종종 개인의 이해와 충돌하기도 한다. 건축물의 용도나 규모는 다 관련 법령에 의해 선별적으로 규제 또는 금지된다. 내 땅이라고 해서 아무렇게나 무엇이나 내 맘대로 지을 수 있는 것이 아니다.

　건물을 짓고 운영하고자 구상한다면 일단 그 땅이 집을 지을 수 있는 상황과 조건에 맞는지를 우선 알아봐야 한다. 건축 제한 규정은 누구에게나 똑같이 적용된다. 말하자면 건축법은 누구에게나 고르다고 보면 된다. 가끔 되지 않는 일을 꾸미느라고 억지로 담당 공무원을 구워삶아 사회문제를 일으키는 일이 생기는 것도 따지고 보면 금지된 것을 풀어보려 하거나 안 되는 것을 되게끔 해야 이득이 생긴다는 이유가 바탕에 있다. 누구든 관청의 일이라면 빨리 처리하고 싶어 하고 처리 기한이 불투명/불명확할 때는 어떻게 해서든지 당장 유리하게 일을 마무리하려 한다.

닭이 먼저냐 알이 먼저냐 하는 경우가 아마도 공무원과 민원인 사이에 오가는 뇌물 수수 관행과 같지 않을까. 뇌물을 주고 잘 봐달라는 민원인의 입장이 먼저인지 뇌물을 받고 잘 봐주겠다는 담당자의 심보가 먼저인지 모르겠다. 어찌 됐든 전례도 드물고 법 운영도 명확하지 않을 때는 금지된 규정을 풀기란 참 어렵다. 명확한 높이 제한, 층수 제한, 규모 제한, 거리 제한 등은 사례별로 다르게 해석할 수 없으므로 누구에게나 말 그대로 제한이다. 어찌 보면 누구에게나 똑같이 적용되는 규정은 제약이 될 수 없는 평등한 금욕인 셈이다. 그러나 그 틈에도 상상력이 파고든다. 아니, 디자인의 비법은 금단의 영역 속에 있는지도 모른다.

상상력이란 토양 좋은 양지에서 자라는 화훼 같은 성질도 있지만, 한편으로는 생각지도 못했던 음지에서 발견되는 의외성도 있다. 어떤 금지 규정을 말 그대로 물리적으로만 해석해놓으면 그야말로 법규가 디자인해놓은 꼴이 되어 웃기는 조형/형태가 되기 쉽다. 그런 건물은 건축적 상상력을 보여주기보다는 이 시대의 사회상/시대상을 보여준다. 일레로 많은 단독주택이 북쪽 발코니를 나중에 새시와 유리로 막는 행태라든지, 아파트 전면 발코니를 입주 후 확장해서 실내 공간을 넓히는 것 또는 옥탑의 작은 공간을 방으로 꾸미는 일 등이 모두 관련 금지 조항 때문에 완공 후 변형된 예다. 말하자면 어느 정도 사회적으로 묵인되는 변형 행위인데, 모두가 묵인해야 한다면 차라리 금지 규정을 없애는 것이 좋다. 쓸모없는 금지 규정은 법령집의 두께만 늘린다. 필요 없이 무거운 법전이다. 법은 항상 인간의 삶보다 무겁다.

구멍 뚫린 벽과 나무 한 그루는 언뜻 환경 조형물 아니면 조각 벽면처럼 보인다. 벽면에 뚫린 구멍의 위치는 전체 면의 구성에서 역동성이 느껴지는 지점이고 구멍 아래 삼각추가 붙어 있다. 벽의 안쪽에서 구멍으로 나무 한 그루가 밖을 향해 나온 채 위로 자라고 있다. 삼각추처럼 보이는 형태는 벽의 안쪽에 더 큰 덩치를 감추고 있는데, 실은 나무가 심겨 있는 화분/뿌리통 역할의 그릇이다. 말하자면 허공 위에 나무 한 그루를 의도적으로 심기 위한 건축적 장치다. 콘크리트와 철재로 만든 구조물은 그대로 서 있고 나무는 계속 하늘을 향해 자라나는 것이다. 벽면의 구성 요소인 구멍과 삼각 화분은 의도된 비례대로 만들고 유지되지만, 자라는 나무는 나무 마음대로 어떻게 변해 갈지 모른다. 벽면의 높이만큼 나무가 자랄 수 있으면 나무와 벽면의 회화적 관계는 지금의 모습과는 사뭇 다를 것이다. 만약 나무가 자라다가 휘어져 누운 채 옆으로만 자란다면 그 모습 또한 야릇할 것이다.

고정된 벽과 자라는 나무는 서로 속성이 다르지만 둘 다 강한 시간/세월에 대응하는 방식을 보여준다. 나무는 사계절에 따라 잎이 나고 낙엽이 지는 빠른 변화를, 고정된 벽체는 서서히 퇴색하는 질감의 변화와 이끼 끼는 장면의 아주 느린 모습으로 시간을 보여준다. 멈추어선 벽체와 자라는 나무, 그 둘이 보여주는 계속 변하는 장면으로서의 건축.

그린벨트 안의 어느 주택이었는데, 2층 이하의 높이 제한이 있었다. 2층보다 더 높게 올리고 싶은 나의 상상은-나무는 법과 관계가 없으므로-그 집 한쪽 벽에 2층 높이보다 높게 자라는 나무를 심어 높이 제한을 슬며시 비웃고 싶었는데, 그 꿈은 이루어지지 않았다. 아마 금지 규정을 조롱하고픈 나의 욕망을 허공에서 괴롭게 살았어야 할 나무의 정령이 허락지 않은 것이리라. 항상 인간의 욕망은 나무의 영성보다 불순하다. 나의 욕망 또한 불순했도다.

밤의 불빛은 자본과 정비례한다.
　　밝은 곳은 비싸고
어두운 곳은
싸다

　풍경은 우리 눈에 보이는 모든 것을 말하지만 의미를 가지고 생각해보면 자연적 풍경, 사회적 풍경, 정치적 풍경, 역사적 풍경, 문화적 풍경… 등으로 나누어볼 수 있다. 또 풍경에 시간성을 넣어서 보면 일시적 풍경, 영구적 풍경, 변화하는 풍경, 순환적 풍경… 등으로 세분할 수 있다.
　풍경에서 시간성만 잘게 나눌 수 있는 것이 아니라 모든 풍경은 무수한 갈래의 나눔과 분석이 가능하다. 풍경을 크게 자연적 풍경과 인위적 풍경으로 나누어본다면 자연적 풍경에 대해서는 감상/완상하려는 욕구가 강하고, 인위적 풍경에 대해서는 의미를 찾으려는 욕구가 강하다. 사회적 풍경이나 정치적 풍경이란 표현이 이를 잘 보여준다.
　심리/의식이 작용하되 보이지 않는 인간의 내면세계에 대해서도 내면 풍경이란 말을 쓰는데, 이 경우는 보이지 않는 인식의 대상까지도 풍경으로 변화시켜 가시권을 넓히려는 지적 욕망을 보여준다. '보이지 않는 것'보다는 '보이는 대상'이 의사소통에 편하기에 의식/내면의 풍경을 언어를 통한 관념의 풍경으로 바꾸어 내면세계를 외부화하려는 것이다. 말하자면 생각하는 것도 '풍경'이 되는 셈이다.

이렇게 풍경에 대해 이해와 접근이 높아지는 관심과는 달리 사전적 정의는 정말 재미없다. 국어사전은 풍경을 뭐라고 설명할까? 기대하지 마시라. 순환 설명의 극치를 보여준다. '풍경=경치.' 그렇게 되어 있다. 다시 경치를 찾아보면 '자연(산이나 강 따위)의 아름다운 모습'이라고 설명한다. 그것 역시 자연 풍경을 한정지어 설명하는 범주를 넘지 못한다. 그것도 '아름다운 모습'만이 경치라고 설명한다. 그렇다면 풍경 역시 '아름다운 모습'이어야 한다는 얘기인데, 풍경은 미추의 구별로 정의되는 것이 아니라 다만 '아름다운' 부분이 선호될 뿐이다. 풍경에 의미가 깃든 사전적 설명은 언제쯤 수록될는지.

사전에는 늘 살아 있는 말의 싱싱함보다 죽어 있는 진부함만 실려 있어 답답할 때가 많다. 쾨쾨한 먼지 냄새가 나는 사전은 그야말로 언어의 공동묘지쯤 될 것이다. 풍경을 이루는 건축물 또는 풍경 속의 건축물 중에서 특히 도시의 풍경은 '자본'의 풍경을 적나라하게 보여준다. 자본의 공간화/구조물화 그 이상도 이하도 아니다. 그것은 우울한 현실이지만 달리 방법도 없다. 자본이 곧 풍경이고 풍경이 곧 자본 논리의 반응이다. 무슨 뜻인가 하면, 도시는 땅값이 너무 비싼 탓에 무조건 크고 넓고 높게 건물을 지으려 한다는 말이다. 그러다 보니 '이 지역에 높은 건물이 들어서면 뒷산을 가리게 되므로 낮은 건물을 짓는 게 바람직하다'

또는 '강변에 높은 건물을 지으면 경관을 해치므로 몇 층까지만 짓도록 하자'는 의견은 공공성을 위해서는 바람직하지만 개인의 재산 권리 행사 측면에서는 부담스러운 충돌이 발생한다. 사회와 개인이 이익 때문에 다투는 꼴이다.

공동의 가치와 권리를 추구하면서도 개인의 재산과 이익을 무조건 규제할 수 없다는 현실 앞에서 풍경은 자본의 논리대로 만들어진다. 빽빽하게 건물이 들어선 상업 지역의 풍경은 건물 밀도가 곧 자본임을 보여준다. 만약 상업 지역에 비움을 주제로 지어진 건물이 있다면, 그리고 그 건물이 누구에게나 열려 있고 스스로를 작게 좁게 낮게 하려는 자세를 보인다면, 그 건물의 모양이 어떻든 건축 미학과 관계없이 훌륭한 건물이다. 그 자세만으로도 이윤의 극대화를 취하지 않겠다는 것인데, 글쎄, 그런 건물이 있을까? 혹 있다면 '환경'을 앞세워 장사하고 '생태'를 앞세워 호객하는 세태를 보여주듯이 장삿속을 뒤로 감춘 채 선전/광고하기 위한 위장 전술-예쁘장한 완상용 정원을 만들고 자연 친화 운운하는 역겨움-이나 보여주지 않으면 다행이다.

도시는 밤풍경마저 자본으로부터 자유롭지 못하다. 불야성을 이룬 도시는 자본의 집중을 보여준다. 어두운 곳은 자본의 강도가 떨어지는 지역이다. 밤풍경이 화려하면서 오랫동안 밝은 곳은 돈이 많이 모이는 곳이고, 불이 드문드문 켜져 밤풍경이 어두운 곳은 가난하거나 아직 상업적 손길이 미치지 않은 곳이다. 그래서 밤의 불빛은 자본과 정비례한다. 밝은 곳은 비싸고 어두운 곳은 싸다. 햇빛은 가난과 부유함을 구분하지 않지만 인공조명은 있는 자에게는 밝게 비치고 없는 자에게는 어둡게 비친다. 그런 자본의 논리는 조용한 동네의 골목길을 넓게 만들고, 나지막한 지붕으로 덮여 있던 동네 풍경을 높은 층의 공동주택으로 꽉꽉 채운다. 그것만이 아니다. 사람만 다니던 고샅은 자동차로 채워지고 이웃의 말과 열린 대문은 소음과 닫힌 철문으로 바뀐다. 어쩌면 이러한 풍경의 변화는 도시의 융성함과 생기를 보여주는지도 모른다. 부정적 측면이 있지만 어쩌랴. 쇠잔한 기운을 드러내며 죽어가는 도시라면 거꾸로 높은 빌딩에 불이 꺼지고 동네마다 빈집이 늘어나는 폐허 같은 도시일 터이니.

문제는 도시의 팽창과 번성에 있는 것이 아니라 새로운 도시, 새로운 건축, 새로운 풍경에 대한 인식이 저급하다는 데 있다. '새로운 풍경'이 우리 삶을 '새롭게' 한다는 믿음이 없는 해결 방식이 도시의 건축/삶을 건조하게 만드는 것이다. 풍경을 즐기려면 좋은 풍경을 만들어야 한다는 새김이 필요하다. 도시 풍경이 직설적 '자본'으로만 읽히는 것이 아니라, 문화/역사/예술/인간을 위한 풍경으로 일구어져야 하는 것이다. 순화된 '자본의 풍경' 말이다.

의뢰받은 프로젝트를 수행하기 전에는 현장에 간다. 반드시 가야 한다. 현장에 숨겨진 상황을 파악하려면 직접 가야 한다. 모든 현장은 겉으로 보기에는 비슷해도 현장마다 사정/상황/가능성이 다르다. 한마디로 현장의 이야기는 땅마다/집마다/장소마다 다 다르다. 그래서 현장이다. 현(現)은 '나타내다, 나타나다, 실재(지금)'의 뜻이다. 장(場)은 '마당, 때(시기), 구획'의 뜻이다. 그래서 현장은 사물이 있는 현재의 장소를 이르거나 사건이 일어난 곳, 또 그 장면을 일컫는다. 말하자면 공간으로서의 장소이며 시간으로서의 장면이다. 그래서 현장은 이야기가 숨어 있기도 하지만 새로운 이야기를 만들어내야 하는 장소/시간이기도 하다. 풍경은 보이는 장소/시간이다. 따라서 현장에선 새로운 풍경이 생겨난다.

그곳에 갔을 때 중첩된 고옥(개량 한옥)의 지붕이 몇 채 보였다. 그 옆은 헌 집 헐고 새집 지을 채비를 하고 있고 앞집은 언제 팔릴지 모르는 상황. 팔리면 헐린다 한다. 몇 채 건너서 들어선 이른바 '빌라촌'은 몇 채 남은 기와지붕을 내려다보고 있다. 주인은 동네의 앞날을 내게 묻는다. 마음이 급해 생각나는 대로 묻는다. 나는 답하기에도 바쁘다.

"한옥을 살릴 수 없을까?"
"가능하지."
"돈이 많이 들어?"
"그야 어떻게 고치고 어떻게 남기느냐가 결정돼야 하지. 일의 범위가 정해지지 않으면 예산 추정이 곤란하지."
"앞집은 팔려고 내놓았대. 누가 그 집을 사서 이사 오면 그 집도 그냥 고쳐 쓰지 않을까?"
"모르지. 살 사람이 산다면 고쳐 쓰겠지만 건설업자가 사면 헐고 해서 짓겠지."

"한옥을 살리면서 2층으로 지을 수 있나?"

"가능해. 구조 보강하고 여러 군데 변형이 일어나겠지. 일부분은 지붕 자체도 없어져야 할지 몰라."

"아니, 그냥 지붕 놔두고 2층은 안 되나?"

"지금 구조 놔두고는 어렵지. 너무 약해…. 특히 지붕을 손대지 않고는 어렵겠어."

"앞집이 새로 지으면 얼마나 높게 지을까?"

"건설업자가 지으면 아마 4층으로 지으려 할 거야. 왜냐하면 그래야 회사도 타산이 맞을 테니까."

"그럼 앞이 안 보이겠네. 햇빛도 안 들고?"

"일조권 규정이 있으니까 햇빛은 조금이라도 들어오겠지만 지금 보는 전망은 가려지지."

"앞집이 새로 4층을 짓는다면 우리 집하고 얼마나 떼어서 짓나?"

"그 집 높이의 절반을 떼도록 건축법에서 정해놓고 있는데, 남북 방향으로 수평거리를 말해. 그러니까 땅의 방향이 비스듬하면 사선의 길이를 의미해. 담에서 무조건 직각으로 일조 규정 거리를 떼는 것은 아니야."

"그럼 바람도 안 통하고 햇빛도 없겠네?"

"그거야 아까 말한 대로 지금보다야 어둡고 답답하겠지만… 앞집은 그 집의 권리를 최대한 찾으려고 이쪽으로 붙여서 지을 게 뻔하지."

"대들보하고 서까래, 멀쩡한 게 있는데 헐 때 조심해서 새집에 쓸 수 없을까? 지붕이 여러 군데 물이 새서 그렇지 한옥 기와는 옛날 거라 하더라고,

귀한 것이라던데… 새집에 쓸 수 없나?"

"새로 지을 집의 규모, 방의 개수, 층수가 정해지지 않으면 무슨 재료를 어디에 쓸지 정하기 어려워. 만약 헌 목재 살리고 싶으면 실내 장식재로 쓸 수 있겠지만 구조재로 쓰긴 어려워. 특히 기와는 쓰기가 난감할 거야. 새로 지을 집이 한옥이 아니라면 그 기와를 어디에 쓰겠어?"

비만 오면 여기저기 새는 통에 지붕 전체를 비닐천으로 여러 겹을 덮었는데, 멀리서 보면 기와지붕이 아닌 비닐지붕의 한옥이었다. 식구는 늘어나고 방은 모자라고, 땅은 좁아 옆으로 더 지을 수는 없고, 새집 지으려면 싹 헐어야 되는데 한옥의 정취는 살리고 싶고… 여러 형편이 복잡하게 얽혀 있었다.

해법이 없어 보였다. 이때 내가 다시 물었다.

"어느 정도의 예산이 마련됐는데? 돈 말이야!"
"아니, 동네 업자들이 다 짓고 전세 빼간다고 하던데… 내 돈은 안 들이고."
"그럼 꿈 깨! 이 사람아, 그런 경우는 한옥이고 뭐고 따질 게 없지. 무조건 헐고 새로 지어야지. 그리고 예산이고 뭐고 전세 시세에 맞는 공사비 이상 들일 수가 없지. 말하자면 집장사 집이 되는 거지. 그래도 할 수 없지 싸기는 하니까. 특히 내 돈 안 들어가서 좋아 보이지만 전세는 결국 빚이야."

"그래도 새집에서 살 수 있잖아?"
"그렇긴 한데. 이것저것 주인 입맛과 욕심대로 수습하려면 집장사 단가로는 불가능해. 누군지 모르지만 그 사람은 전셋값을 공사비로 가져간다 해도 거기서 좀 남아야 될 테니까 당연히 공사 원가를 줄이려고 할 테고, 인건비 줄이려면 일은 거칠어지기 마련이고…. 맘에 들지 않을 거야."

그런 대화는 끝이 없지만 진전도 별로 없다. 현대의 풍경만 자본의 지배를 받는 것이 아니라 대화의 내용도 결국 예산/자본의 지배를 받는다. 그 땅에 설 건축물은 이렇게 정리됐다.

1층은 몽땅 주차장, 2층과 3층은 전세 놓을 셋방(가급적 세가 잘 나가는 타입으로 궁리하기로 함), 4층에 주인이 산다. 그렇게 프로그램을 정하고 나서 이구동성으로 나온 말. 이렇게 되는구나/되었구나 결국. 한옥은 꿈도 못 꾸고.

전세 주는 세대가 모두 여섯 세대. 한 층에 세 세대씩. 좁은 집이 두 세대, 약간 넓은 집이 한 세대. 말이 넓고 좁고지, 모두 원룸이다(우리말로 단칸방이다). 그렇지만 세대마다 발코니를 둔다. 좁은 집일수록 발코니는 유용하다.

주인이 사는 맨 위층은 한옥에 살던 기억을 되살리기 위해 계단실에서 밖으로 나갔다가 외부를 통해 현관으로 가게 만든다. 말하자면 계단 맨 위층에서 다시 옥상 같은 외부로 나가서 마당 같은 바닥을 지나 현관으로 드나드는 것이다. 이 부분은 특히 눈·비·바람 부는 날 외부/

바깥이라는 기운으로 자연을 느끼기에 좋다. 앞집이 높게 짓더라도 가리지 않는 남서쪽 귀퉁이에 창문과 발코니를 넓게 만들어 외부에서 석양을 볼 수 있게 한다. 그 집에서 유일하게 보장되는 전망/풍경을 조금이나마 즐길 수 있는 숨통이다.

지붕의 4면을 다 다르게 하고 울퉁불퉁한 것은 일부를 다락으로 쓰거나 주인 세대는 높은 천정을 만들고 싶다는 이유와 건축법의 높이 제한 규정 사이의 절묘한 타협이다. 말하자면 법규와의 동침이다. 북쪽 면의 무표정한 벽은 도로를 보는 집의 표정을 침묵으로 드러내려 하는 것인데, 창문을 내도 도로에서 마주 보여 늘 닫혀 있을 바에야 아주 벽체로 만드는 것이 좋겠다는 판단에서였다. 그리고 보니 집의 형상이 동·서 측면은 살짝 속삭이는 모습이고, 북쪽 측면은 깊은 침묵, 남측은 수다 떠는 모습이 됐다. 동서남쪽의 집도 새로 높게 지어질 테니 겨우 지붕과 북쪽의 침묵하는 벽면이 도로에서 보일 것이다. 북쪽에서 보이는 지붕 위로 솟은 탑은 2·3층의 배기(排氣)와 4층의 벽난로 굴뚝을 묶은 환기통이다. 전면(북쪽)의 도로 폭이 좁아 높게 올리지 못하는 건축법규(사선 제한: '도로' 폭과 건물 높이를 규정하는 건축법 조항)를 적절히 활용하여 4층 벽체가 일부러 후퇴한 듯이 형태를 구성한다. 그 사이를 앞서 말한 4층(주인 세대)의 외부에서 진입하는 현관과 연결된 외부 마당처럼 사용한다.

멀리서 조망되는 이 집의 지붕은 울퉁불퉁/들쑥날쑥한 형상을 띠는데, 지붕의 스카이라인 변화를 유도하려는 뜻을 감추고 앞서 말한 주인 세대의 바닥 면적이 좁은 문제의 해법으로 다락을 만들고자 하는 실속을 형태로 만든 결과다. 가짜 지붕이 아니라 밖에서 보이는 지붕 모양과 같은 다락방이 마련되는 꼭대기 층이다.

요즈음 건물은 가짜 지붕이 꽤 많다. 겉모양은 지붕처럼 생겼으면서 속의 단면/공간이 겉과 상관없는, 모양만 지붕인 것이 가짜 지붕이다. 한옥은 밖에서 보이거나 안에서 보이는 구조/골조 모양이 거의 비슷한데, 그런 경우가 구조와 공간이 일치된 좋은 건축물이라 할 수 있다.

한옥이 많이 남아 있는 동네가 전국적으로 드물다. 한옥 보존 지구로 지정된 동네야 이런저런 문제가 있더라도 보존이 될 것이다. 그러나 한옥이 몇 채씩만 남아 있는 동네의 경우는 그 보존 대책이 건물 주인의 이해관계에 달려 있을 뿐이니 안타까운 현실이다.

이 프로젝트는 결국 '돈' 문제 때문에 완성되지 못했다. 돈이 문제인 경우는 돈만이 해결책이라서 누군가 그 집을 사서 헐고 새집을 지을지 모른다. 헌 집 들어찬 동네의 전통/역사/문화적 풍경을 중시하듯이, 새집 짓는 이들 모두가 새로운 풍경 만들기에 그러한 관심을 실천하면 얼마나 좋을까.

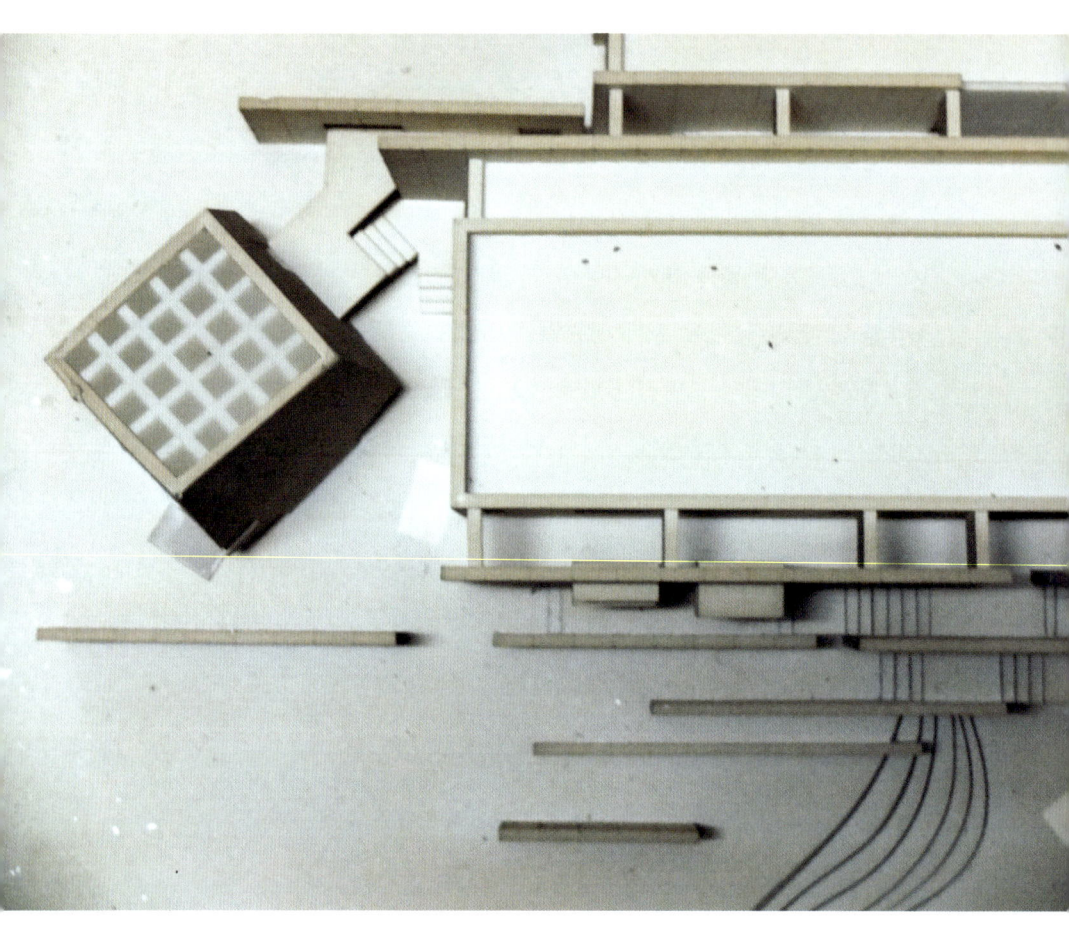

요즈음 건물은 가짜 지붕이 꽤 많다. 겉모양은 지붕처럼 생겼으면서 속의 단면/공간이 겉과 상관없는, 모양만 지붕인 것이 가짜 지붕이다. 한옥은 밖에서 보이거나 안에서 보이는 구조/골조 모양이 거의 비슷한데, 그런 경우가 구조와 공간이 일치된 좋은 건축물이라 할 수 있다.

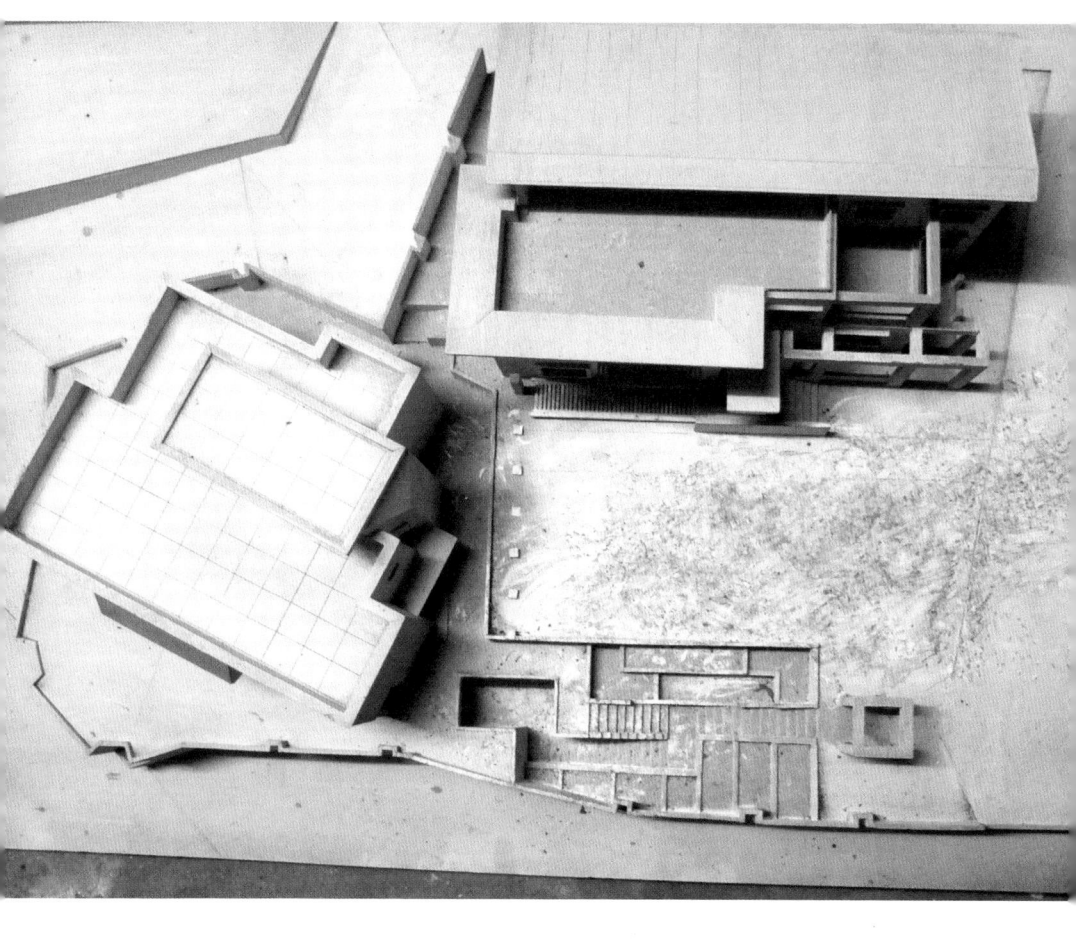

종이나 스티로폼은 가벼워서 모형 만들기가
비교적 쉽지만, 그렇다고 버릴 때의
아쉬움마저 가벼운 것은 아니다. 이때의
아쉬움은 무거운 안타까움에 쓸데없는
아까움까지 겹쳐 있다. 버려지기 직전의
모형을 보면 세상에 할 말이 많이 남은 듯
조바심이 가득하다.

집에 '정신'이 들어가면
　그런 집이 바로
이 시대의 '한옥'이다

'한옥 보존 지구'로 지정된, 그래서 말도 많고 탈도 많은 도심 어느 동네에서 한옥을 애지중지 손보며 사는 집에서 연락이 왔다. 아이들이 점점 커가고 살림이 자꾸 늘어나서 증축이 불가피한데 어쩌면 좋을까를 물어왔다.

　　현장을 보러 갔다. 그럴듯한 안채가 ㄷ 자로 있고 한쪽에 어설프게 지어놓은 창고 겸 장독대가 있었다. 창고를 가파른 계단으로 올라가 장독대로 활용한 방법은 그 동네에서는 흔히 볼 수 있다. 말이 한옥이지 전통 기와집은 아니고 1910~1930년대에 지어진, 말하자면 절충식 개량 한옥이다. 그 당시에 지어진 한옥은 ㅁ 또는 ㄷ 자 평면 형식이 많고 필지별 대지 면적이 좁은 것이 한 가지 특징이다. 전통 목조 기술이 생략된 부분도 있고, 부엌과 화장실의 위치나 형태를 변형한 예도 많이 발견된다.

지금은 그나마 전통 한옥의 예가 드문 탓에 개량 한옥이라도 희소/보호 가치가 높아져서 보존의 관심이 높다. 말하자면 골동품의 가치다. 그러나 막상 한옥에 사는 사람은 새로운 주거 방식과 맞지 않는 가옥의 불편함과 신축의 욕망 때문에 불만이 많다. 헐고 새로 짓자니 당국에서는 이러저러한 규제와 지침을 따르라고 하고, 바로 옆 동네는 다 헐고 높게 지어 재산 가치(부동산 가치)가 높아지는데 한옥을 껴안고 살자니 못마땅한 생각이 드는 것이다. 그렇다고 세제 지원을 통한 경제적 후원이 눈에 보이도록 많은 것도 아니니 한옥 보존 지구를 못마땅하게 여기는 사람이 많은 것이 사실이다. 그렇다 해도 사회적으로는 역사·문화 자원을 보존한다는 것은 잘하는 일인데, 그 과정에서 개인의 재산권에 불이익이 가지 않도록 하는 것이 행정 당국의 책무다. 오히려 문화 선진국이라면 문화 자원을 소유/관리하는 개인에게 더 많은 이익을 주는 것이 옳다.

어쨌든 그 현장의 한옥은 조금씩 방을 늘리기 위해 손을 봤지만 훼손이 적었고, 개량 한옥이기는 해도 보존 가치가 있는 제법 운치 있는 집이었다. 특히 집주인은 미감이 깊고 눈썰미가 있는 분이라서 어떻게 하든 증축은 하되 기존의 한옥을 꼭 살리고 싶어 했다. 그러다 보니 자연스럽게 장독대를 겸하던 창고 부분을 증축할 수밖에 없는 형편이 됐다. 화장실 하나, 방 두 칸을 같은 층에 놓고 싶은데, 땅은 좁고 한옥을 헐기는 너무 아쉽고 해서 수직 증축하는 방법을 택하기로 했다.

수직 증축은 철근콘크리트 구조나 벽돌쌓기 방식에서는 아무 문제가 없으나 목재를 써서 기둥, 대들보, 서까래를 다 살리려고 할 때는 만만한 일이 아니다. 우선 2층 바닥의 목재 구조가 매우 어려운 문제로 나타난다. 2층을 가벼운 다락 바닥처럼 처리/사용하면 그나마 간단하지만, 바닥 난방에 화장실 등을 제대로 갖추려면 바닥 하중 문제와 난방에 필요한 바닥 두께가 만만치 않아서 일반적인 한옥의 목조 방식으로는 적절치 않다. 이 경우는 대지가 좁은 점을 고려하여 2층으로 만들면서 옥상에도 쓸모를 두느라 철골구조로 만들기로 했다. 힘 받는 부재를 철골구조로 만들면서 콘크리트 슬래브 바닥을 만들면 옥상도 쓸 수 있고 각 층의 냉·난방 방식을 현대식 설비로 갖추는 데 아무런 문제가 없다. 문제는 기존 한옥과 증축 부분의 재료가 달라 서로 어울릴 수 있을까 하는 점이다.

어울림/어울리다, 그것은 상호 조화의 문제다. 조화로운 느낌은 단순히 재료와 색상과 크기가 비슷하다고 얻어지는 것이 아니다. 현대식 공법을 동원하고 철골구조를 택한다 해도 한옥의 기술적/조형적/공간적 특성을 잘 살펴 반영한다면 기존 부분과 증축이 잘 조화되리라 생각한다. 오히려 현대 기술/재료로 애매하게 옛 정취를 따라서 '흉내 내기'를 하는 것은 자칫 부조화의 위험이 더 클 수 있다. 흉내 내기는 전통 계승도, 역사 사랑도, 아무것도 아닌 단순 모방에 불과하다.

한옥(韓屋)을 한번 생각해보자. 한옥은 한반도/우리나라의 집이라는 뜻이다. 그런데 우리는 은연중에 그럴듯한 기와집에 오래된 체취가 밴 집을 연상하지는 않는지…. 그렇다면 그것은 대단히 잘못된 것이다.

초가집도 한옥이고 귀틀집도 한옥이다. 일반적으로 한옥을 전통 건축과 동일시하는 것도 올바른 시각이 아니다.

전통은 단순한 과거가 아니라 현재를 통해 계승되며 미래를 향해 길항하는 것인데, 그 와중에 점진적 변화를 거치게 마련이다. 그렇다면 요즈음 짓는 현대 주거 건축도 넓은 의미로는 한옥의 범주에 포함된다. 그럴 때 바람직한 한옥이냐 아니냐 하는 것은 현재를 사는 우리의 책임인 것은 자명하다.

전통 한옥이 당대의 시대정신을 드러낸다고 가정하면 건축 미학적 측면, 환경/자연과의 조화 등에서 예찬되는 한옥의 우수성을 잘 살려서 지은 이 시대의 주거 건축이 새로운 한옥이 될 수 없다는 것은 이 시대를 사는 모든 이의 삶과 미감이 수치스럽다는 예증 아닌가.

한옥의 특징은 우선 집 짓기 방식에만 있는 것이 아니라 생활 방식에서 온다. 한옥은 좌식 생활을 전제한 집이다. 그렇기 때문에 인간적 척도(Human Scale)가 의미가 있고 조형/균형 감각에 의한 공간의 크기가 중요시된다.

현대적 필요에 따라 입식 생활을 전제하며 한옥의 집 짓기를 추구하는 것은 여러 요소의 섬세한 보정이 따르지 않으면 '무늬'만 한옥인 껍데기 건축이 되기 십상이다. 입식 생활은 좌식 생활에 비해 모든 것이 넓고 클 수밖에 없어서 한옥의 아기자기함을 반영하기 어렵다. 만약 한옥에 살고 싶으면 좌식 생활에 거부감이 없어야 하고 입식 생활을 하면서 한옥에 살고 싶으면 한옥의 깊은 체감을 포기해야 한다. 입식 생활과 한옥의 분위기를 둘 다 취하고 싶으면 이른바 이 시대의 개량 한옥이 되는 것이다. 그럴 때는 서까래, 기둥, 창호 등의 요소요소에 집착할 것이 아니라 전통 한옥의 공간 구성 방식을 잘 살펴 새로운 해석으로 짓고 살 일이다. 그것이 이 시대의 '한옥'이다.

건축물의 형태를 통해 전통을 계승해야 한다는 주장은 흡사 전통을 위해서는 한복만 입어야 한다고 주장하는 꼴이다. 어리석은 일이다. 무슨 기념관이니 회관이니 하는 공공건물을 현대식으로 지으면서 굳이 지붕은 기와로 덮고 정면에 열주를 세우는 옹졸함이 전통을 현대적으로만 파악하는 좋은 예다.

한옥의 조형적 특징이 '처마 곡선', '지붕 곡선'의 우아함이라고 말하는 것도 건축의 핵심을 삶의 방식에 두지 않고 외연적 관점에 둔 편협한 시각이다. '직선 처마'든 '수평 지붕'이든 형태미는 전체적 조화/균형/비례에서 나오는 것이지 곡선이 직선보다 무조건 미학적으로 우월하다는 논리는 참 우스운 주장이다. 더 우스운 억지는 한옥의 지붕 모습이 뒷산과 어울리니, 앞산을 닮았느니… 하는 식의 삼류 해설이다.

건축의 형태는 만들 때 무엇을 '표현'··'묘사'··'재현'하려고 해서가 아니라, 사용된 건축 재료와 구조 방식 등에 따라 자연스럽게 나타나는 것일진대, '자연'을 닮았다니… 참 우습다. 그러면 벌판/평야 마을의 한옥은 왜 평평하지 않고 봉긋한 지붕을 갖는가. 억지도 그런 억지가 없다.

2층으로 지을 그 집의 증축 계획안을 만들어놓고 황홀하게 상상하는 장면이 있다. 2층에서 앉은 채 바로 눈앞에 펼쳐진 ㄷ 자 지붕을 내려다보는 모습을 상상하는 것이다. 눈앞에 펼쳐진 지붕은 새로운 땅이다. 비가 오면 대지의 촉촉함이 흐르고 눈이 오면 백색의 광야를 이룬다. 또 옆집의 지붕까지 겹쳐지면 그것은 중첩된 산맥이다. 사시사철 지붕의 풍경이 미묘하게 변하는 것은 도심 속의 황홀경 아닌가. 약간 높은 곳에서 내려다보는 지붕은 항상 보는 이를 들뜨게 한다.

구조 모형 사진을 보니 흡사 뼈만 남은 박제 같다. 인체도 건축도 가장 순수한 조형 의지를 드러내는 순간이 골격/골조만 서 있을 때다. 골조가 완성되면 벽이 붙고 창이 뚫리고 각종 마감 재료가 붙는다. 색상도 여러 가지, 형태도 여러 가지, 질감도 여러 가지…. 자꾸 복잡해진다. 그럴수록 수다스럽고 번잡해진다. 자칫 절제하지 못하면 조형/형태도 수다를 떤다. 골조만 있을 때는 온갖 수다로부터 멀리 있으니 심사가 평온하다.

아! 우리 한옥의 미덕 중 으뜸이 '검박(儉朴)'이요, '절제'라는 큰 말을 잊을 뻔했다. 그것은 물질만의 이야기가 아니라 정신을 아우르는 말이다. 집에 '정신'이 들어가면 그런 집이 바로 이 시대의 '한옥'이다.

산다는 것과 시시콜콜함은 늘 붙어 있고, 건축 또한 그 사소함을 껴안고 존재한다

누구든 버릇 한두 가지는 있기 마련이다. 세상에서 가장 질긴 습관이 버릇이 아닌가 싶다. 여러 번 거듭하는 사이에 몸에 배어 굳어버린 성질이나 짓을 버릇이라 한다. 몸에만 버릇이 드는 게 아니라 마음과 정신에도 버릇이 든다. 속담 중에도 '제 버릇 개 줄까', '천생 버릇은 임을 봐도 못 고친다', '거적문에 드나들던 버릇' 등이 있는데, 한결같이 부정적으로 쓰인다.

한자로는 '익힐 습(習)'에 '버릇 벽(癖)'을 써서 '습벽'이라 하는데, 두 자 모두 버릇을 나타내는 글자다. 질기고 오래가는 습관이나 버릇은 이상하게도 좋은 면은 보이지 않고 나쁜 면이 잘 보인다.

일하는 중에도 버릇이 나타난다. 버릇이 일을 방해하지 않으면 다행인데, 때로는 자신의 일까지 망치는 못된 버릇도 있다. 즐거운 답사 여행길에도 며칠을 같이 다니면 몰랐던 서로의 버릇을 알게 된다. 때로는 고칠 수 없는 서로의 버릇 때문에 다툼도 생긴다. 또는 비슷한 버릇 때문에 서로 더 친해지기도 한다.

행동에도 버릇이 있지만 말에도 버릇이 있고 글에도 버릇이 묻어난다. 먹을거리나 입을 거리도 다 버릇과 관련이 깊다. 편식도 일종의 맛/입의 버릇이고 옷차림에도 각별히 즐기는 모양이나 색상이 있다면 그것 역시 형태와 색채에 대한 버릇이다.

겉으로 드러나는 버릇은 언제나 눈에 띄지만 속마음의 버릇은 눈에 잘 띄지 않는 자신만의 은밀함이다. 누구나 자신만이 간직한 비밀이 있듯이 버릇도 비밀처럼 꼭꼭 숨어 있다. 보이는 버릇은 주인보다는 다른 사람에게 더 과장되어 보인다. 버릇은 다른 사람을 울게도 하고 웃게도 한다.

《나무의 마음 나무의 생명》을 지은 니시오카 쓰네카쓰는 나무에도 버릇이 있다고 말한다. 그래서 집을 지을 때 나무의 버릇/성깔을 잘 파악해서 그것을 살려 쓰면 강하고 오래간다고 한다. 또 사찰을 지을 때 동서남북 방향에 기둥으로 쓰는 나무는 산의 동서남북 방향에서 자란 나무를 사용하면 뒤틀림 없이 튼튼한 집이 된다고 한다. 나무가 자라면서 길든 자연적 버릇을 목재로 사용할 때 적절히 사용하면 최대의 재질/재목 효과를 볼 수 있다는 말이다. 버릇의 유용함을 살피는 큰 지혜를 보여주는 말이다.

건축/공간/장소와 버릇은 어떤 관계가 있을까? 버릇은 일종의 익숙함인데, 건축/공간/장소는 무의식적인 버릇과 일상의 익숙한 무대가 된다. 그렇기에 버릇이 공간/장소를 만들기도 하고 공간·장소가 특정한 버릇을 만들 수 있다. 사람에 대한 환경의 영향이라는 것이 개인의 버릇까지 만든다고 볼 수 있는 것이다.

환경 심리와 공간 심리 연구의 밑바탕에는 개인의 아주 사소한 행위와의 관련성이 깔려 있다. 건축이 그냥 집 짓는 기술만을 다루는 것이 아니라 삶을 아우르는 총체적 생활 방식의 총화여야 함이 지지받는 근거다. 그렇다, 삶은 사소함이다. 일상이 웅변처럼 거창하고 독립투쟁하듯이 항상 날을 세우고 있어야 한다면 얼마나 힘들겠는가. 일상은 사소한 것부터 막중한 일까지 두루두루 섞여 있고, 그 사이사이에 단조로움과 시시콜콜함으로 채워지는 것이다. 그래서 산다는 것과 시시콜콜함은 늘 붙어 있고 건축 또한 그 사소함을 껴안고 존재한다.

어느 아파트 단지의 외부 환경 만들기를 의뢰받고 제안한 적이 있다. 바닥은 맨땅이고 기하학적 형태는 옛 건축물의 평면이다. 자유스러운 곡선은 작은 물길이다. 물길을 따라가면 샘도 있다. 꺾인 직선은 낮은 벽/담장이다. 옛 건축물의 평면은 마치 그 집이 원래 그곳에 있었던 것처럼 방/벽/마루의 흔적을 보여준다. 공간의 기억을 바닥이 간직하고 그 기억을 평면이라는 형식을 통해 땅/바닥에 새겨 넣으려는 것이다. 말하자면 땅바닥에 새겨진 집의 바닥이다.

바닥은 평면이므로 평면 위에 새겨진 평면이다. 그리고 그 평면은 돌·나무·모래 등의 재료를 사용해 높이와 질감을 다르게 만든다. 말하자면 건축 평면도를 입체적으로 새기고 만드는 것이다. 그 입체적 평면

위에서 안고 눕고 뒹굴고 뛰고 하는 것은 이용하는 사람의 마음대로다.

그리고 슬쩍 비켜난 위치를 골라 큰 나무 몇 그루를 심어 여름에는 그늘이 드리우게 하고 맨땅으로 놔둔 바닥엔 사람들이 자주 다니는 발길-자주 다니면 나중엔 길이 된다-을 피해 저절로 야생초가 피어나게 그냥 둔다. 대지의 회복력이랄까 자생력이랄까, 그 힘은 놀랄 만한 것이어서 비어 있는 땅 위에 야생초가 자리 잡는 것은 2~3년이면 충분하다. 요즈음은 웬만하면 고운 잔디를 심어 푸르게 하려고 하는데, 오히려 잡초-잡초란 이름은 원래 없는 것이지만-를 저절로 자라게 하는 것이 자연을 즐기기엔 훨씬 좋다. 이렇게 바닥의 의미가 강조된 평면의 흔적을 만들려고 하는 이유는 바닥/땅/대지의 의미를 강조하기 위해서다.

바닥은 늘 밑에서 세상을 받치면서도 눈에 띄지 않는다. 바닥과 같이 눈에 띄지 않는 존재가 또 있다. 천정이다. 벽은 눈에 잘 띄는데 바닥/천정이 눈에 안 띄는 것은 수평성 때문이다. 벽은 수직이라서 눈에 잘 띈다. 수평성의 바닥/천정 면을 너무 무심하게 받아들이는 것이 요즈음의 사고방식이다. 울퉁불퉁한 바닥, 약간 기울어진/비스듬한 바닥은 어떨까.

산길을 걸을 때는 누구도 길의 생김을 트집 잡지 않는데, 우리 생활 속의 바닥은 모두 반듯/평탄하게 만들려고 한다. 차가 다니는 아스팔트는 평탄하다 못해 매끄럽고, 복도 바닥 또한 평탄함에 더해 반짝이기까지 한다. 아스팔트 도로는 자동차의 속도와 관계되어 평탄함을 추구하고, 복도 또한 사는 이의 걸음걸이와 실내 이동을 편케 하기 위함이니 나무랄 수 없다. 하지만 놀이터·산책길·공원의 녹지까지 모두 평탄하게 만들 필요는 없지 않을까. 오히려 평탄한 것을 울퉁불퉁하게 만들어서 만든 것의 의미를 강조하는 것도 방법이 아닐까.

모든 단지에 갖춰지는 부대시설도 자꾸 구조물로서 형태를 강조하지 말고 밋밋한 지형, 봉긋한 흙더미, 높이와 폭이 다른 계단형의 지형을 만들어서 사용자가 아무렇게나 내키는 대로 앉고 눕고 뒹굴고 엎드리고 할 수 있는 가능성을 더 높여주는 것은 어떨까. 구조물은 무엇이든 수직성으로 만들려 하는데, 오히려 수평성을 강조해서 강한 기억을 세공하는 장소를 만들려고 한다. 건축 평면도를 연상시키는 풍경 속에서 뒹구는 아이들을 그려보는 것이다. 집의 구성과 공간이 그려진 평면도 '위'를 걷는다. 아니, 평면 '속'을 걷는 셈이다. 그럼 누가 아나, 늘 사는 집의 평면을 연상하며 건축적 이해에 도움이 되는 버릇이 생길지도 모르니까.

그러고 보니 무엇이든 평면/입면/단면이라는 도면의 형식으로 파악/표현하려는 건축가의 버릇/습관이 배어난 디자인인지도 모르겠다. 그럴 것이다. 디자인은 자꾸 새로운 것을 만들려고 하는 것이지만, 그 바탕에는 은연중에 만든 이의 버릇이 나타나고 또 보인다.

디자인은 새롭게/낯설게 보일수록 파격으로 이해되지만, 따지고 보면 목적/기능을 분석하고 연구하는 과정에는 디자이너의 버릇이 스며 있다. 아이디어를 끌어내고 발전시키는 방법도 가만히 보면 디자인 접근 버릇에 다름 아니다.

거꾸로 해석하는 버릇, 옛것에서 동기를 얻어오는 버릇, 모순을 찾아내는 버릇, 자료부터 모으는 버릇, 좋은 생각이 날 때까지 딴짓하는 버릇… 등등. 일의 방식도 버릇에서 오고 내용도 버릇에서 오고, 아! 예의도 버릇에서 오네. 그러고 보니 가장 큰 버릇이 사는 것이군.

늘 새로운 지형(地形)을 꿈꾼다. 건축 또한 지형의 일부다. 지난한 삶의 지형/건축! 건축이 삶의 전부인 양 생각하면서도 건축을 통해서 내 삶을 건지지는 못했다. 결국 꿈꾸는 건축/지형을 통해 좌절하고 또 실망하면서도 건축을 버리지 못했다는 고백이 뒤따른다.

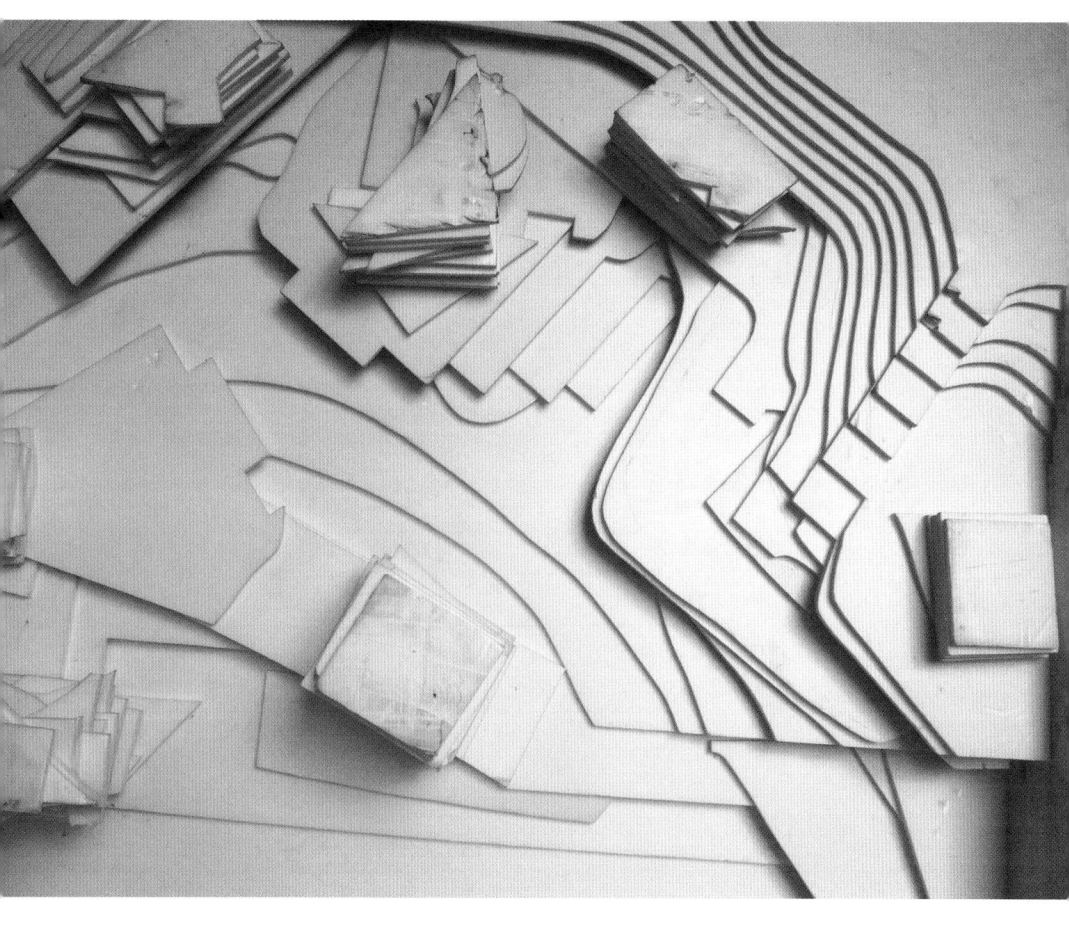

지반 사정이 험할수록
멋있는 다리가 만들어진다.
　조건이 나쁠수록
해법이 멋지다

강, 개천, 길, 골짜기 또는 바다의 좁은 목 등을 건너게 해주는 교량을 일컫는 '다리'와 사람의 '다리'는 소리가 같다. 또 판이나 물건을 받치거나 당기고 지탱하는 기다란 부분을 '다리'라고 한다. 책상 '다리', 안경 '다리' 같은 경우다. 어떤 일의 중간에서 양쪽을 소개/연결/관련짓는 일을 '다리' 놓아준다 하고, 몇 단계 거친 소식/물건을 받을 때는 몇 '다리' 거쳤다고 한다. 언제나 말은 참 재미있다.

　교량도 장소와 장소를 '이어주는' 역할이고 사람/세상살이의 다리 구실도 관계를 '이어주는' 역할이다. 말하자면 다리의 근본은 단절된 상황을 이어주는 의사소통이다. 세상의 불통/단절/고립의 상황은 지옥을 말함이고, 소통/연결/대화의 상황은 좋은 사회 환경을 말하는 것이니, 결국 '다리'를 잘 놓는 일은 좋은 세상을 만드는 일인 셈이다. 그렇다면 좋은 다리가 많은 나라는 좋은 나라인 듯도 한데…. 이른바 문화 선진국의 교량 디자인은 세련됐고, 후진국의 교량은 대부분 단순/단조한 형태를 보인다. 또한 사회의 부조리, 부정부패, 뇌물 사건 등은 다 잘못 놓은 인간관계와 나쁜 다리 놓기의 결과이니 그것도 비슷하게 맞는 듯하다. 결국 부정부패 없는 세상은 건전한 다리 놓기나 의사소통과 통한다는 얘긴데, 제법 그럴듯한 비약이다.

우리나라의 그 많은 다리는 왜 그렇게 멋이 없느냐고 사람들은 얘기한다. 결국 단순하고 투박한 다리는 아름답지 않다는 말이다. 그것은 우리나라의 교량 디자인이 낙후됐다기보다는 교량 공사비가 부족하기 때문이다. 한마디로 교량을 빠르고 싸게 만들다 보니 멋이 없다. 최근 미관 개선이라는 이름으로 한강의 다리에 야간 조명 계획을 세우느니 조형물을 설치하느니 하며 수선을 떠는데, 원래 디자인이 바뀌지 않는데 장식품 가져다 놓는다고 아름다운 다리가 될는지…. 자던 소가 웃을 일이다.

다리 디자인은 구조역학의 디자인이다. 구조역학은 힘의 흐름을 다루는 학문이다. 힘의 흐름이 잘 풀려야 좋은 구조체가 된다. 따라서 좋은 구조 디자인이 좋은 다리를 탄생시킨다. 사람들은 무조건 토목 기술자는 미적 감각이 없다고 흉을 보지만, 다리 하나를 건설하는 데는 엄청난 경비가 든다. 한강의 다리가 멋없는 첫째 이유는 틀림없이 싸게 놓은 탓이다. 그런데 다리를 싸게 만들 수 있는 이유를 알면 더 재미있다.

한강 다리는 교각과 교각 사이에 커다란 보를 얹어놓은 형교가 대부분이다. 형교는 교각 사이가 좀좀하고 얹힌 보가 일자형이니 모양이 없고 일반적이다. 그런데 형교는 보기는 싫지만 공사비가 가장 적게 든다. 교각을 세우려면 교각의 기초가 단단한 암석층까지 닿아야 하는데, 한강은 대략 20여 미터만 파면 암석층이 나온다. 한강은 지반이 좋아서 다리를 건설하기가 좋은 셈이다. 낙동강은 40~50미터를 파야 암석층이 나온다고 한다.

암석층이 깊은 강에 다리를 놓을 때는 교각 수를 줄여야 하니 구조/형태가 다양해질 수밖에 없다. 한강은 지질이 좋아서 교각 만들기가 편하고 교각 만들기가 편하니까 싸게 먹히는 공법을 택할 수 있다. 그러니 한강의 다리가 못생긴 것은 한강의 지질이 좋아서 그런 것이다.

다리를 놓아야 할 지점의 지반 사정이 험할수록 멋있는 다리가 만들어진다. 조건이 나쁠수록 해법이 멋지다. 조건이 무난하면 해법도 밋밋하다. 깊은 계곡 절벽과 절벽 사이에 다리를 놓는다면 절대로 형교를 놓을 수 없으니 다른 구조 방식을 택할 것이고, 그것은 지금보다 훨씬 다양해 보일 것이다. 우리나라 강의 생김과 지형 조건이 평탄한 것이 밋밋한 다리가 많은 주된 까닭이다.

잠깐 다리의 종류를 찾아보는 것도 재미있겠다. 다리의 종류를 따지는 방법은 대략 세 가지가 있다. 구조 형식, 교면(다리의 바닥면) 위치, 사용 목적으로 구분하여 종류를 따진다. 사용 목적으로 따지는 것은 알기 쉽지만, 구조 형식과 교면 위치로 따지는 방법은 전문 지식이 없으면 골치 아프다. 아주 쉽게 구분해보자.

구조 형식에 따른 분류

- 형교(Girder Bridge): 거더(평보)를 교각 위에 걸친 형식. 가장 흔히 쓰인다.
- 트러스교(Truss Bridge): 트러스를 주된 구조로 활용하는 형식. 구조미가 돋보인다.
- 아치교(Arch Bridge): 아치 구조를 가지고 만드는 형식. 아치의 구조미가 아름답다.
- 라멘교(Rahmen Bridge): 수직·수평의 일체형 구조 형식. 소규모 교량에 주로 쓰인다.
- 현수교(Suspension Bridge): 강한 철선(케이블)으로 교량판을 매달거나 당기는 형식. 교각이 거의 없어 현대적 감각이고 구조 해석이 매우 어렵지만 대형 교량에 많이 쓰인다.

교면(다리 바닥면) 위치에 따른 분류

- 상로교(上路橋): 교량의 노면이 구조체의 제일 위에 있는 다리. 가장 흔한 다리 모양이다.
- 중로교(中路橋): 교량의 노면이 구조체의 중간에 있는 다리. 지나갈 때 다리의 아래위에 구조체가 있다고 보면 된다.
- 하로교(下路橋): 교량의 노면이 구조체의 제일 밑에 있는 다리. 구조체 제일 밑을 통과한다고 보면 이해가 쉽다.
- 이층교(二層橋): 교량의 노면이 두 개의 층으로 나뉜 다리. 각 층은 철도와 도로 등으로 나뉘어 사용된다.

사용 목적에 따른 분류

- 철도교(Railway Bridge): 기차가 다니기 위한 다리.
- 도로교(Road Bridge): 도로의 연결을 위한 다리. 다리의 기능은 대부분 이에 속한다.
- 수로교(Aqueduct): 식수, 관개용수, 수력발전 등의 물길을 위해 만든 다리.
- 과선교(Over Bridge): 도로, 철로 위를 통과하기 위한 다리.
- 육교(Viaduct): 골짜기에 걸친 고가 교량.
- 군용교: 군사용 작전을 위한 다리.
- 보도교: 보행자 전용 다리.

위와 같이 다리의 종류도 많지만 다리를 밑에서 받쳐주는 교각의 기초 형식도 매우 다양하다. 또한 다리를 만들 때는 공사 기간에만 쓰는 가설 공사 방법도 매우 중요하다. 가설 공사는 공사가 끝나면 철거되어 사라지지만 공사 과정에는 절대적으로 필요한 공정이다. 그러나 우리는 만드는 과정과 방법보다도 만들어진 결과를 보려고 한다.

어쨌든 다리의 기능과 미관이 날로 중요시되는데, 최근에는 환경과의 조화도 살펴야 할 문제로 대두된다. 물론 다리의 형태와 색상 등이 주변과 어떻게 융화되는지도 문제지만, 다리가 설치되면서 생태계에 미치는 영향도 고려해야 한다.

다리가 놓인 이후 주변 도시나 농촌 등에 사회적·문화적·경제적 변화가 일어나는 일은 우리의 생활/삶과 구체적으로 닿아 있다. 어느 지역은 더 발전하고 어느 지역은 쇠퇴하는 일도 생기는데, 이는 다리가 단순한 연결 장치가 아니라 엄청난 물량의 재화적 가치가 유동하는 삶의 통로임을 말해준다.

징검다리부터 시작된 다리의 역사를 훑다 보면 토목 기술과 구조 기술의 화려한 발전을 읽게 된다. 기술이 발전하면서 만나게 되는 사회적/역사적 변화는 생활 속의 속도를 보면 이해가 쉽다. 다리의 건설 기술이 발전함과 동시에 얻는 것은 빠른 속도이고 또 그 속도는 세상의 모든 것을 변화시킨다. 아마 인간이 다리를 놓을 수 없었다고 가정한다면 인간의 문화/문명은 지금과는 사뭇 양상이 달랐을 것이다.

나루터 위로 다리가 놓이면서 일터 잃은 뱃사공이 일손 놓고 흘리던 탄식과 눈물에 세상은 눈길을 주지 않는다. 다리가 많은 세상은 빠르고 바쁜 세상이기 때문이다. 도시의 고가도로를 보면 교통량이 많고 복잡한 곳에는 고가차도가 2중, 3중으로 놓이고, 그것도 모자라 지하 차도까지 2중, 3중으로 만든다. 문자 그대로 시간과 속도의 입체적 구축이 느껴진다.

역사는 빠른 속도를 향해 질주한다. 그것이 우리가 말하는 기술의 진보이며 산업화의 결과다. 도대체 어디까지 빨라질지 아무도 모른다. 삶의 방식도 덩달아 바빠진다. 빨리 움직여서 그만큼 더 행복해지고 여유로워졌는지 조용히 물어야 할 때다.

빠르게 이동/연결하는 다리를 보면 늘 그 다리 밑이 궁금하다. 다리를 걸으며 또 자동차로 질주하면서 사람들은 다리 위만 사용한다. 다

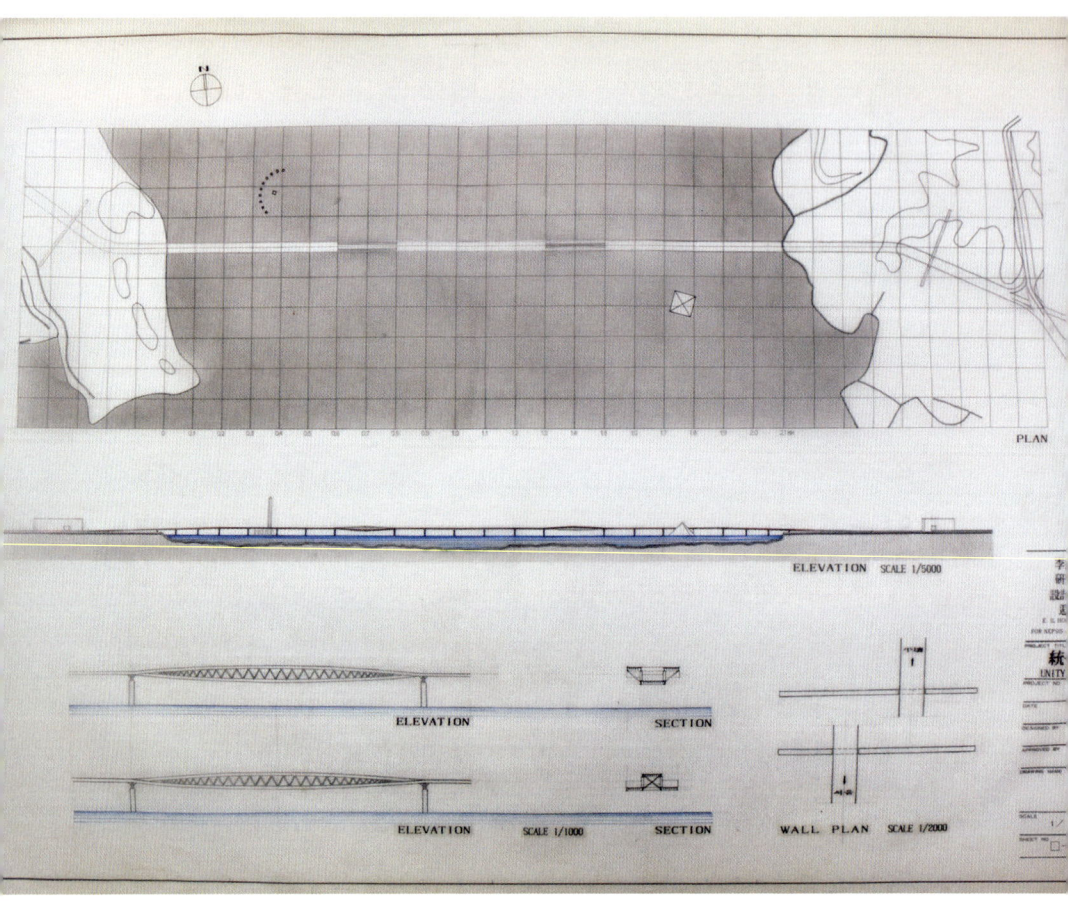

다리를 놓아야 할 지점의 지반 사정이
험할수록 멋있는 다리가 만들어진다. 조건이
나쁠수록 해법이 멋지다. 조건이 무난하면
해법도 밋밋하다. 깊은 계곡 절벽과 절벽
사이에 다리를 놓는다면 절대로 형교를 놓을
수 없으니 다른 구조 방식을 택할 것이고,
그것은 지금보다 훨씬 다양해 보일 것이다.

리의 평평한 바닥면을 얻기 위해 숱한 노력이 바쳐지는 셈이다.

사람이 걷든 자동차가 달리든 평평한 도로 같은 바닥이 중요하다. 그렇지, 바닥이 없는 다리를 누가 만들려 할 것인가. 바닥면이 없으면 쓸모없는 다리다.

쓸모! 쓸모! 쓸모만 찾는 세상이라서 문득 쓸모없는 다리가 그리워진다. 자동차가 다닐 수는 없지만, 사람이 다니기엔 좁아서 불편하지만, 그래도 재미있고 아름답게 만들어진 다리가 한두 개쯤 있으면 참 좋겠다. 쓸모가 좀 없더라도 무엇인가를 공들여 만드는 세상. 그게 아마 사람이 살기 좋은 세상일 게다. 지독하게 쓸모만 따지는 세상엔 꿈마저 쓸모가 없으면 꾸지 않을 것을 생각하니 아마 내 꿈은 개꿈인 모양이다.

다리 밑에는 무엇이 있을까. 다리 밑에서는 어떤 일이 벌어질까. 다리 밑에는 누가 살고 있을까. 아무도 가지 않는 그곳에는 예전에는 거지가 많이 살았다. 다리 위로는 멀쩡한 사람이 부지런히 다니고 다리 밑에는 그늘과 음습함을 안고 사는 세상의 아픔이 있었다. 지금도 어느 다리 밑에는 여전히 그럴지 모른다. 세상에는 늘 어두운 곳/아픈 사람이 있게 마련이니까.

그러고 보니 다리 밑의 거지는 세상의 풍요로부터만 멀어진 것이 아니라 세상의 속도에서도 멀어지고 처진 것이리라. 세상의 삶이 속도에서 처진다는 것은 곧 세상으로부터의 소외를 의미한다. 소외는 단절/불통이요, 고통인 동시에 외로움이다. 처절한 쓰라림이다. 다리를 볼 때마다 그 그늘에 숨어 있는 내가 모르는 '풍경'과 '정황'이 궁금하면서도 늘 가슴이 쓰리다.

한참이나 가물가물한 기억. 평소 나에게 어떻게든 도움을 주고 싶어 하던 선배가 있었다. 불쑥 찾아와서는 어디어디쯤에 다리를 하나 놓아야 하는데 다리 디자인을 해보란다. 그래서 다리를 디자인하려면 사람은 몇 명이나 다니는지, 차량은 몇 대나 다니는지, 주변 상황은 어떤지, 지반/지질 사정은 어떤지, 소요되는 예산은 얼마인지, 장래의 앞뒤 도로 계획은 어떤지 등등 많은 인문 자료와 기술 정보가 필요하다. 그리고 더욱 현장의 위치를 정확히 답사하고 조사해야 한다. 그러니까 같이 가보자.

그 선배의 반응이 영 미심쩍다. 아니, 그냥 여러 가지 가정해서 디자인해보란다. 말하자면 알아서 그냥 디자인해보란다. 그때는 그 이유를 몰랐다. 이유를 모르고 열심히 차량이 통과할 때는 이렇게 저렇게 변형하고, 보행자만 다닐 때는 무슨 재료를 쓰고, 강폭이 차이가 나면 다리 길이는 이렇게 저렇게 조정하고 등의 상황을 만들어가면서 다리 모형을 만들었다.

다리의 바닥면이 활처럼 아래위로 휘어져 있고, 그 사이가 트러스로 채워진 구조 자체가 다리 모양이 된다. 상로와 하로를 동시에 취하는 다리다. 다리 폭을 조정하기에 따라 위아래를 동시에 쓰는 것은 어렵지 않다. 물론 보행자 전용 다리로만 쓴다면 더욱 간단히 만들 수 있다. 다리 위를 통과하는 사람은 위아래로 솟고 처진 바닥을 경험하게 된다.

디자인이 정리된 듯해 선배에게 오십사 하고 연락을 하니 다짜고

짜 디자인 비용 보낼 테니 시간 나면 더 발전시키고, 다른 일 때문에 바쁘면 중단해도 좋단다. 아니, 그게 무슨 말씀이세요? 디자인을 보셔야 될 것 아닙니까? 하하! 웃음 뒤에, 자네 요즘 일이 없는 것 같아서 내가 만든 일이니 그리 알고 디자인 비용 받아 살림에 보태라는 말씀이다. 그 선배는 어떻게든 도움을 주고 싶은데 명분 없이 주자니 내키지 않고 그래서 디자인을 부탁하며 슬쩍 나의 살림을 돕고 싶었던 것이다. 아, 고마운 선배! 아, 고마운 다리! 그 선배는 나를 위해 있지도 않은 아무 곳에나 그냥 아무 다리나 디자인을 해보라고 한 것이다.

여담 하나. '교각주(橋脚酒) 모임'이라고 있었다. 술 마시는 동아리다. 만나는 날짜는 정하지 않고 비가 오는 날만 모인다. 면면은 알 만한 친구들인데, 모이는 수는 일정치 않다. 각자 사정에 따라 오거나 말거나 서로 크게 신경 쓰지 않는다. 다만 비가 오는 날이면 한강 하류 양화대교 밑으로 슬금슬금 모이는 것이다.

왜 하필 양화대교 밑이냐 하면, 두 가지 이유가 있다. 그곳은 옛 서울의 마포팔경에 언급된 마포 벼랑창 절벽과 가깝고, 희미하게 남아 있는 밤섬의 흔적 따라 새로 생겨난 여름철 숲이 보이고, 망원정에서 보이는 강변의 풍경 속이며, 가까운 선유도까지 보인다. 말하자면 주변의 경치가 좋다는 말이다. 아무리 절경이면 무엇 하랴, 만나는 시간이 오밤중이니 도시의 불빛을 빼곤 아무것도 보이지 않는다. 절경을 눈으로 즐길 수 있는 시간에는 모인 적도 물론 없다.

그것보다 진짜 이유는 양화대교의 교량 노면이 하도 넓어 아무리

비가 와도 다리 밑은 뽀송뽀송하다는 것이다. 그러니 각자 들고 온 제각각의 술을 나누어 마시며 기분 좋게 다리 밖으로 떨어지는 빗줄기를 감상한다. 그 맛이 일품이다. 또 그 옆은 절두산인데, 근대사의 아픈 상처까지 서려 있어 한층 비 오는 날의 기운을 돋워준다. 무더운 한여름 대낮 북창을 통해 햇빛을 보는 기분-그늘에서 밝은 곳을 볼 때의 시원함-과 같이 찬란하다. 비 맞지 않고 내리는 비를 흠뻑 볼 수 있다니, 이 얼마나 즐거운가.

    그렇게 상념과 수다와 때론 침묵을 즐기며 술밤/밤술을 즐기는 사이 어느덧 자리를 뜰 시간이 온다. 새벽의 '조깅족'이 강변을 뛰기 시작하는 것이다. 그러면 술꾼들은 슬슬 모일 때의 역순으로 사라진다. 운동 나온 이들은 밤을 새운 술꾼들을 이상하게 보고, 밤을 새운 술꾼들은 뛰는 이들을 의아하게 생각하며 다리 밑을 떠난다. 그 시간의 다리 밑은 서로의 의아함으로 꽉 찬다.

아직도 건축의 힘을 믿는 한 건축가의 고백

이 글은 아직도 건축의 힘을 믿는 한 건축가의 고백이다. 아직도 건축의 힘을 믿는다? 그럼 이제는 건축의 힘을 믿기 어려운 시절이란 말인가. 그렇다. 시절이 하 수상하여 건축의 힘을 믿기엔 다른 '믿을 것이 너무 많거나 믿을 것이 없거나'인데, 믿을 것이 많은 사회에서는 건축의 힘을 믿지 않아도 될 일이요, 믿을 것이 없는 사회에서는 그 불신의 전체 중에서 굳이 누가 건축의 힘을 믿으려 할 것인가. 좀 더 정확히 말하면 세상의 담론 중 알맹이 있는 건축계의 실증이 드물어 지키지 못한 자생/자율을 잃은 건축의 현실이 어이 건축의 힘을 말할 형편인가. 고백은 건축의 외부에서 시작한다. 건축과 연관된 관심사에 대한 개인적 견해를 말하고 뒤에는 설계 방법론의 예를 보일 것이다.

동물원의 낙타 이야기

어미 낙타가 새끼 낙타에게 낙타의 몸 구조에 대해 열심히 설명한다. "낙타의 신체는 참으로 훌륭하다. 어떠한 종류의 동물도 낙타만큼 사막의 더위와 갈증을 버티지 못한다. 네가 어른 낙타가 되면 한 방울의 물도 없이 300킬로미터쯤의 사막을 건널 수 있다. 광야의 풍경을 눈을 감고도 볼 수 있으며 모래바람으로부터 편하게 콧구멍도 닫을 수 있다. 또 낙타는 등의 혹에 많은 지방층을 축적했기 때문에 아무것도 먹지 않고도 오랫동안 살아갈 수 있다. 발은 사막을 걷기에 코끼리 발 못지 않고, 목은 백조의 목이 부럽지 않다. 속눈썹은 뜨거운 태양빛을 가리니 세상에 낙타보다 사막에 잘 적응하는 동물은 없다." 이 말을 듣고 눈을 깜박거리던 새끼 낙타가 어미에게 묻는다. "엄마! 그런데 왜 우리는 동물원에서 살고 있는 거지요?"

우스갯소리지만 웃을 수가 없다. 너무 많은 은유와 상징이 떠오르기 때문이다. 흡사 현실을 눈 가리고 보지 않으며 애써 부인하다 못해 초월해버린 낙담이 읽히는가 하면, 끝없는 향수에 힘을 얻어 광활한 사막으로 뛰쳐나가기 직전의 유언 같기도 하다. 그것은 낙타에게서 얻은 느낌이고 사실 이야기의 배경은 동물원이다. 동물원의 역사는 기원전 10세기경으로 거슬러 올라가 귀족의 취미를 위한 데서 시작했다. 그러나 오늘날은 동물의 습성과 생태를 연구하고 멸종 위기의 동물을 보존하고 번식시키는 기능을 수행하기도 하니 애완적 시각과 사고를 탓할 수만은 없게 된 것이 오늘날 건축의 운명과 이리도 닮을 수가 있단 말인가.

동물원 우리에는 수많은 종류의 동물이 있지만 모두 구경거리일 뿐 보인다는 공통점 이외의 관련성을 갖지 않는다. 종이 다른 동물끼리의 생존 방식-약육강식이나 공생 관계 또는 탁란 등-은 근본적으로 야생동물이 갖는 특성이다. 그러나 동물원의 동물은 각각 구분된 우리에 나뉘어 각 동물끼리의 습성이나 서로의 연관성과는 거리가 멀게 단순 관리, 사육되고 있다. 식물원에 있는 다양한 식물종도 상호관련성 없이 단순 재배되기는 마찬가지다. 말하자면 숲이긴 하되 나무 한 그루 한 그루가 서로 관련 없는 기이한 숲이라는 뜻이다. 그런 의미에서 동물원/식물원은 많은 종을 보유한 종합체지만 그 자체의 유기적 구조는 없다. 극단의 개체성과 개별적 독립성만 존재하는 기이한 도시처럼.

환경 / 자연 / 생태

환경은 인간의 생활과 깊은 관련이 있는 사회·심리·문화 등의 영역을 망라한다. 그러나 건축과 환경을 연결 지어 이해할 때는 습관적으로 자연환경에 비중을 두어 논의하는 경향을 보인다. 전 국토가 도시화되어가고 전체 인구의 7할이 도시 생활 기반에 기대고 있는데도 도시 환경에 대해서는 여전히 비판적인 시각이 주를 이룬다. 인위/인공적 산물의 총체인 도시를 자연과 대립된 상황으로만 인식하는 한 환경에 대한 시각은 편향되고, 좋은 대안은 나올 수 없다. 도시 환경이 '못마땅하다, 열악하다, 문제가 있다'고 지적하기 시작한 지가 얼마나 오래되었는가.

　문제를 지적하되 해결을 위한 대책과 실천이 따르지 않는 것이 얼마나 답답한 현실인가. 또 자신의 삶이 도시 환경에 기대고 있으면서도 도시적 상황은 애써 피해가며 자연의 환경만을 추구하고자 하는 것은 또 얼마나 실없는 이상주의인가. 아니면 '인간은 환경의 동물'이므로 어떻게든 적응해가면서 살아갈 수 있을 것이라는 낙관주의인가. 둘 다 아니다. 환경에 대한 지엽적 이해를 전체라고 오해하거나 기술 지상주의에 빠져 인간의 등등한 만용의 대상으로 삼을 뿐 환경에 대한 질문을 개인화시켜 해법을 찾으려고 하지 않는다. 말하자면 개발하는 와중에 편리한 대로 해석해서 이해하는, 그야말로 각자의 환경/입장대로 제 논에 물 대기식의 현실만이 횡행한다.

　우리의 '환경'은 그야말로 미래의 꿈이 없는 처절한 현실만이 존재하는 실정이다. 그러나 '운동'은 활발하다. 자연보호, 환경보호, 생태보호 하는 보호 운동이 우리의 환경 인식 수준을 그대로 보여준다. 무엇을 보호하겠다는 것인지, 자연이 인간의 보호로 유지되는 대상인지 참 한심한 발상이다. 자연은 이용 목적에 따라 제한적인 활용·관리의 대상일 수는 있지만, 인간의 예상대로 보호되는 수동체가 아니다. 또한 보호된다 해도 언제, 어떻게 인간의 예상을 뛰어넘을지 모르는 미지의 현상/유기체다. 불과 몇십 년의 통계로 예측한 하루 앞의 일기예보가 맞지 않으면 기상이변이라 말하는데, 기상이변은 자연계에 존재하지 않는다.

원래 자연현상은 이변적이고 변화무쌍하므로 이변은 지극히 자연스러운 기상현상이다. 자연 앞에서 참으로 무력하고 자연현상을 기록/표현/예측할 뿐인 미미한 존재가 무모하게 '~보호'의 기치를 내건다.

자연 생태에 대해서도 생태 공원을 만든다고 법석을 떤다. 아니, 자연 생태가 변화/소멸을 전제하는 것인데 공원을 만들어 자꾸 관리하려고 덤비니 우스운 꼴이다. 차라리 생태 보존 지역을 만들어 개발의 손길이 닿지 않게 그냥 조심스럽게 지켜보는 것이 훨씬 생태를 생태답게 하는 것이다. 많이 보았을 것이다. 등산로 입구나 산꼭대기에 세워진 '자연보호헌장' 탑이나 '자연을 지키자'는 표석을. 주변을 깔아뭉개고 담장 둘러 보호하는 것이 겨우 훼손의 극치를 보여주는 조악한 기념비인데, 그것이 우리의 자연관, 환경관, 건축관의 현 주소이자 총체적 수준이다.

사회의 보편적 이해 수준에서 필요한 것은 공중도덕만이 아니다. 자연/환경/생태에 대한 상식 수준의 기준과 가치 설정이 요구된다. 발생하는 일마다 적정 기준과 최소한의 가치 유지가 어렵다면 공동자산으로서의 환경은 탁상공론에 불과하다. 특히 도시 속 환경 시설에 대한 사회 총화적 이해와 실천이 절실하다. 예를 들어 도심 공원을 새로 만들 때 시설물 디자인을 어떻게 할까를 토론하는 것보다, 그 공원이 지니는 도시 환경으로서의 공동성의 가치와 환경으로서의 공원은 어떠해야 하는가를 먼저 생각하는 수준 높은 디자인 규범이 필요하다. 디자인을 만드는 방식으로 생각하지 않는, 이유 있는 디자인으로 품격을 유지시키는 규범, 모양 달리 만들기를 디자인으로 이해하지 않는 디자인 규범. 아마 그것은 디자이너가 되기 전에 이해해야 할 교과서 같은 것이 될지도 모른다. 그러기 위해서는 우선 환경을 삶의 제일 가치로 놓아야 할 것이며, 물론 도시 환경을 포함하는 자연보호 아닌 자연 중심의 인식 전환이 필요하다. 환경 중심/존중, 생태 중심/존중, 이렇게 말이다. 건축은 그다음이다. 그럼으로써 더 성숙한 건축이 된다.

친환경/지속 가능

'친환경'이라는 수식이 붙는 모든 인위적 결과물은 본래의 바람직한 상태로부터 멀어져 있음을 뜻한다. 바람직한 상태로 환원시키거나 조화로운 균형을 꾀하는 친환경 운동은 단순한 환경보호 수준보다 어렵고, 환경 파괴보다 더 위태로울 수 있다. 인위적 구조/장치/설비를 동반하는, 이른바 조작 가능성을 전제하는 환경은 좋게 말해 친환경이지 개발 논리를 합리화하는 수단으로 전락할 위험성을 내포하고 있기 때문이다. 특히 상업성이 전제된 상품으로서의 환경인 경우는 그 위험이 극에 달한다. 놀이·관광 대상으로서의 친환경, 분양 광고 속에 포함된 부대시설로서의 친환경 등은 '친환경'이란 방패 속에 이윤 추구라는 속셈을—소비되는 상품/제품이—교묘하게 감추고 있다. 말하자면 상품으로서의 친환경은 환경 의미로부터 멀어져도 한참이나 빗나가 멀어진 상술인 경우가 많다.

지속 가능이라는 명제 또한 친환경과 유사한 개발을 전제로 한 개념이다. '지속 가능한 개발', '친환경적 개발' 양자 모두 환경과 지속 가능성을 살리려는 노력임에는 분명하지만, 개발 측면에 무게를 두고 있어 손익분기점을 훨씬 웃도는 투자가 전제되지 않고는 의미를 찾을 수 없다. '악화는 양화를 구축한다'는 그레셤의 법칙은 경제학뿐 아니라 모든 환경에도 그대로 적용된다. 나쁜 환경이 좋은 환경을 구축한다. 그러한 사실을 뻔히 알면서도 사회적 제어 장치를 마련하지 못하는 것은 지속 가능한 환경 만들기를 민간단체나 시민운동 정도에 맡겨두기 때문이다. 이런 상황에서 시민운동의 힘은 나약하고 관청 주도의 대책은 미흡할 뿐이다, 언제나. 저질 환경 개선과 상품화된 기능의 악순환 고리를 푸는 방법은 단 한 가지, 시장 이윤을 포기한 과감한 투자뿐이다. 경제 논리를 초월하는 비효율적/비생산적인 과감한 투자가 진정한 친환경을 위한 투자다.

건축의 영역에서 아우를 수 있는 친환경·지속 가능한 디자인 활용, 자연 에너지 이용 등에는 보편적 개발 비용을 훨씬 넘는 건설 비용이 소요된다. 좋은 환경은 결코 싼 법이 없다. 좋게 만드는 것은 모든 게 비싼 법이다. 빗물을 정수하여 생활용수로 쓰고 싶다면 수돗물 값보다 비싼 정수 비용이 들고, 태양에너지로 난방을 하려면 기름 난방비보다 더 많은 초기 투자 비용이 드는 것이 현실이다. 많은 비용을 감수하고라도 지구 환경을 위해 자신을 희생하는 일은 결코 쉽지 않다. 개인의 각오/실천은 그래도 기대할 수 있지만, 세상의 모든 건축이 그러한 자세를 취해야 한다는 기대는 어리석은 일이다. 그 허무한 기대가 늘 건축과 같이 있다.

역사/전통

인식되는 과거 또는 바람직한 과거의 교훈, 그것이 역사이고 전통이다. 인식과 실천이 따르지 않는 역사의식은 입바른 허울이다. '어리석은 자 경험으로 배우고, 지혜로운 자 역사로부터 배운다'는 금언은 이 땅의 건축 지평을 지혜로 넓히지 못한다는 것을 보여준다. 외국을 관광한 사람들은 체류 기간이 짧을수록 경탄의 정도가 심한데, 어딜 가보니 '수백 년 된 건축물을 고치고 다듬어 아직도 쓰고 있다' 또는 '온 거리가 문화재로 채워져 있다' 등등의 견문을 말한다. 마무리는 항상 '이제 우리도 잘 만들고 가꾸어야 한다'로 끝난다. 그런 대화에 귀를 담그고 있을 때는 정말 고역이다.

외국의 어느 도시 수백 년 된 건물의 풍경에 감동받은 사람이 이 땅의 채 10여 년도 안 된 건물을 보고는 새로 지어야 한다고 표변한다. 20년 지난 집을 허물고 재개발/재건축하자고 난리를 피우며 재개발 사업 승인이 떨어지면 동네잔치를 벌인다. 그 법석의 이유가 새집 갖게 되어 좋다는 것인데, 바꾸어보면 '헌 집을 헐게 해주어 고맙다'는 뜻 아닌가. '내 살던 집 제발 부술 수 있게 허락해주십시오. 감사합니다, 내 집을 드디어 헐게 되었나이다.' 물론 구조가 불안한 집도 있고 너무 낡아서 헐어야 할 집도 많다. 하지만 멀쩡한 집도 땅값 오르고 집값 오르면 헐고 새로 짓는다. 겉으로는 역사의 궤적이 어떻고, 삶의 흔적이 밴 도시가 그리우니, 전통은 소중하다고 말하면서 속으로는 어떻게 개발하여 실속 좀 챙길까를 도모한다. 현실의 상황과 지키고 싶은 이상향은 이렇게 분열한다.

그 분열 속에서 역사와 전통이 살아남을 기운이 있을 것이라 기대한다면 우둔한 일이다. 도시가 또 건축이 역사를 흠향하고 귀한 전통의 슬기와 우리의 미래가 같이하길 원한다면, 지금 만드는 도시/건축이 내일의 문화재라는 철저한 각오로 만들어야 한다. 모든 유물/유적이 하루 아침에 나이를 먹는 것이 아니므로 새집을 지으려 할 때 무조건 부술 것이 아니라 헌 집을 고쳐 쓰는 풍조가 역사를 일구어내는 첫걸음이다. 개조·증축·개비·개선 등을 임시방편으로 삼지 않고 역사를 가꾼다는 정도의 정말 성실한 자세와 다짐이 필요하다. 역사/전통은 모두의 것이지만 개인의 참여 없이는 이룰 수 없다. 집 한 채 잘 짓고 가꾸면 그것이 역사의 일부이고 개인의 노력이 필요하다는 전통에 대한 열린 깨우침이 절실하다. 600년 된 서울에 겨우 몇 채 남은 전통 민가를 보고 탓할 일이 아니라 우리는 모두 부끄러움을 느껴야 한다.

그렇다고 폐쇄적이고 국수적인 전통으로 회귀하자는 말이 아니다. 문짝 모양에 완자무늬 새겨 넣고 지붕에 기와 얹은 집을 만들자는 이야기는 더욱 아니다. 콘크리트 서까래에 페인트 단청무늬. 그 복제 아닌 기이함, 그 유치한 건물을 전통 건축으로 살리자는 이야기는 더욱 아니다. 이 시대, 내가 숨 쉬는 이 시대에 자긍심을 갖고 훗날 후손이 지금을 일컬어 훌륭하게 살았던 선조로 기억하게끔 만들자는 얘기다. 그러기 위해 내 집안의 이야기가 역사의 한 줄이며 개인의 일생이 전통의 한 부분이 되도록 현재를 살자는 말이다. 그렇게 보면 개개의 주택 한 채 한 채가 소중한 역사로 편입되는 사료인 셈이다.

어떤가? 당신이 지금 살고 있는 집, 지으려고 하는 집, 허물어버린 집, 이사 갈 집, 세 들어 사는 집, 살고 싶은 집, 팔고 싶은 집은 어떤가? 그런 집에서 역사의 향내 맡기를 원한다면 지금의 향로를 잘 닦을 일이요, 전통의 고졸함에 끌리면 현실의 자세를 고졸하게 품을 일이다. 역사/전통에 대한 가치와 계승 방법을 말하고 있느니 지금의 내가 역사를 만들고 있다는 자각이 우선이다. 가슴 벅찬 일이다. 새로 지을 집으로, 고치는 집 한 채로 역사를 일군다니. 당신의 집이 역사요, 당신의 삶이 전통이라면 답해보라. 건축의 역사/역사 속의 건축은 어떠해야 하는지를.

우리가 역사를 소중하게 생각하는 이유는 현재의 기준으로 과거를 보는 것이 아니라 당대의 시대정신을 역사 속에서 읽어낼 수 있기 때문이다. 그 정신으로부터 배우는 것은 치열한 고뇌와 미래를 향해 나가고자 하는 탐색과 열정, 또 그 사이사이에 스며든 삶을 긍정하는 여유와 해학. 어디 그뿐이겠는가. 열거할 수 없이 많은 지성과 이성의 대화, 음모와 추태와 불순한 욕망의 추락을 살필 수 있는 것 또한 역사를 읽는 쾌감이다.

그렇다. 역사는 불순한 욕망의 연속 때문에 잊히지 않고 살아 있는

지도 모른다. 역사를 드라마로 풀면 불순한 욕망은 천사를 돕는 악마쯤 될 것이다. 불온한 정황은 언젠가 정화된다. 그것이 교훈으로서의 역사다. 어느 시대나 희망과 절망이 동거하며 과잉과 절제가 교차한다. 그것은 집단 무의식일 수도 있고 시대적 가치관일 수도 있다. 그러나 분명한 것은 누대에 걸쳐 걸러져 권유되는 보편성만큼 건강한 것은 없다는 사실이다. 역사는 결국 특별한 사실/사건이 기록을 통해 보편적 이상을 상향시키는 기록이다.

그렇다면 오늘 우리의 건축 환경이, 좀 더 좁혀 말해 주거 형식과 해법이 역사와 관련을 맺을 수 있을까? 나의 대답은 '아니다'다. 아마 돌연변이쯤으로 기록되어 겨우 공란을 면할지는 모르겠다. 아니면 엄청난 물량을 소화시킨 난민 수용소를 매우 견고하게 구축했다는 점에서 특별한 시대로 적힐지도 모를 일이다. 그 우려를 씻는 확실한 방법은 권유되어도 좋을 삶의 방식을 보편적 주거 양식으로 구축하는 것이다. 이렇게 바꾸어 묻자. 이 시대의 보편적 건축 양태는 과연 건강한가.

의상/요리/건축

옷/밥/집이 사람 사는 데 필수임을 누가 모를까. 아니다. 이 시대 현상은 필수에서 선택으로 옮아간다. 옷/밥/집이 의상/요리/건축이 되어 사람으로부터 떠나고 있다. 이제 세상은 옷을 입지 않고도 살 수 있고, 요리하지 않고도 굶지 않으며, 집 없이도 살 수 있다. 1년 내내 공기

조화 설비가 갖추어진 실내에서 옷 없이도 지낼 수 있고, 입에 맞는 음식을 종류별로 배달시키거나 찾아다니면서 즐길 수도 있다. 사는 집을 정해놓지 않아도 쾌적한 숙박 시설은 어디든지 널려 있다. 사람이 떠나는 것이 아니라 의상/요리/건축이 사람으로부터 멀어져가고 있다.

패션의 경우 몸에 의상을 맞추는 것이 아니라 몸을 맞추는 시대다. 정해놓은 의상에 몸이 크면 다이어트나 지방흡입술로 맞추면 된다. 몸이 귀한 것이 아니라 의상에 맞추어 만들어진 몸이 귀하고, 내 몸과 관계 맺는 옷의 기능보다 보이는 몸, 보이는 의상과 타인의 시선이 더 중요하다. 의상의 표현 속에 감추어진 내 몸의 안쪽보다 바깥쪽이 더욱 중하다. 의상의 관심은 내면에서 외부로, 외부에서 타자로 옮겨간다. 결국 옷이 사람을 떠난다. 아니, 사람이 옷을 버렸다. 이제 의상은 옷이 아니다.

그럼 무슨 옷을 만들까? 입지 못하는 옷, 입을 수 없는 옷, 행동할 수 없는 옷을 만든다. 보기 좋으면/좋아 보이면 그만이다. 아무도 그것을 탓하지 않는다. 만드는 사람과 보는 사람 모두 몸을 떠난 옷에 대하여 의심하지 않는다. 어차피 입지 않을 옷이고 보여주는 옷이므로 옷은 자유를 얻어 회화를 닮고 조각을 닮고 영화를 닮고 그러면서 새로운 영역을 만들어간다. 다시 닮은 것이 또 다른 다름을 낳는다. 그것이 현재의 상태와 다를수록 갈채를 받는다. 반응을 좇아 달라져야 한다. 우리는 그 상황을 패션쇼라 부른다.

요리의 경우는 어떤가. 의상과 별반 다를 게 없다. 요리의 경우 큰 변화는 조리 과정의 매뉴얼 통일 시대를 지나 수치/계량화에 몰두하던 단계를 거쳐 이제는 요리 자체가 시각화되는 경향을 보인다는 것이다. 요리 과정 자체를 시각화하고 만들어진 요리가 시각적 결과물로 존재하는 데서 의미를 찾으려 한다. 말하자면 입에서 눈으로 주체가 이동한다. 음식을 먹는 데 필요한 미각의 균형은 이제 별로 중요하지 않다. 소비되는 시각 효과가 중요하다. 먹지 않을 음식을 만들 때 요리의 영역은 얼마나 다채로운가. 재료로부터 해방을 구가한다. 조리 순서와 가공 원칙이 무시된다. 먹지 않을 것이므로 건강에 유익한지 해악을 끼치는지 따질 필요가 없다. 몸 안에서 소화되던 음식이 몸 밖에서 소비되는 요리로 바뀐다.

     소비 또한 영상 수단에 의지한다. 의상도 요리도 모두 만드는 사람 스스로 '작품'이라 부른다. 소비되는 작품이다. 극단이라고? 극단이 존재하는 현실이다. 패션쇼는 비일상적 행사다. 요리 '작품' 또한 비일상의 경우다. 일상 중에 대표적인 비일상적 시·공간 점유 방식은 잔치/축제다. 또는 일회성 자체의 의미를 지닌다. 그러나 의상과 요리 모두 태생적으로 일상을 떠날 수 없다. 단지 일상용과 비일상용의 구분이 가능하고 비일상의 경우 과장-효과를 위해 과장하든지, 과장 자체가 목적이든지-이 용이할 뿐이다.

     건축의 경우는 어떨까? 주거용 건축-살기 위한 집-인 경우로 한정해 말하면 일상성을 떠나서는 절대 성립되지 않는 범주의 생존/생활 요소다. 한 곳에 머물러 살기 위한 집은 일상성의 바탕 위에서 성립한다는 사실이 근본적으로 일회성을 용납지 않는다. 비일상적인 건축도 있다. 호텔 객실, 전시장, 박람회용 건축 등 일회성이 오히려 강조되는 분야도 있다. 그러나 그런 곳에서 긴 살림 차리는 경우는 없으므로 살림집이라 볼 수는 없다. 일상은 반복되고 연속된다. 일상의 변화는 느리며 눈에 띄지 않는다. 무의식으로 행동 방식이 전이되며 자각하기 힘들다. 버릇과 습관을 살피기 어렵다. 갑작스러운 변화에 당황한다….

한마디로 시시콜콜하고 대단치 않아 보이지만 눈에 띄지 않게 중요한 것이 일상이다. 산다는 것, 그것이 일상이다. 인간에게 산다는 것보다 엄숙한 것이 또 있을까. 그래서 일상은 진지하고 성스러운 것이다. 역사 또한 지나간 일상의 연속이 아닌가. 그러고 보니 삶이 역사라는 증명과 다시 만난다. 삶을 담는 그릇이 건축이라는 수사는 그래서 역사와 닿는다. 주거의 형식을 바꾸는 일은 일상을 바꾸는 일이고 바람직한 주거 조건 만들기는 일상/삶의 조건을 만드는 일과 같은 것이다.

이쯤에서 우리는 살기 위한 집/건축이 삶의 방식을 수용하지 않으면 바람직하지 않다는 진부한 합의와 만나게 된다. 그렇다면 삶의 방식을 묻지 않고 지어진 집은 집이되 집이 아니고, 삶의 방식을 묻지 않은 삶은 살되 삶이 아니라는 것에 동의하게 된다. 문제는 점점 단순해진다. 삶다운, 집다운, 일상다운 건축은 건축 자체에 답이 있는 것이 아니라 사는 방식에 답이 있다는 단순한 정리가 힘을 얻는다. 그렇다. 건축은 삶과 같이 있거나 삶의 뒤편에 따라붙는 것이다. 먹지 않을 요리, 입지 않을 의상은 용납될지 몰라도 살지 않을 집은 용납될 수 없다. 삶이 빠진 채 그려진 살림집은 허구의 건축이다.

유행 또는 흔들림

　유행은 대중 정서의 쏠림 현상이다. 소비 주기가 빠른 분야나 제품일수록 유행의 생명도 짧다. 생산/공급자의 입장에서 판매 전략으로 유도되어 대중의 호응을 얻는 유행도 있고, 사회적 공감대로 확산되어 유행하는 문화적 현상도 있다. 유행을 관습에 반대하고 저항하는 뜻으로 보는 것은 철학적 정의다. 그러나 현대의 유행은 일시적 변화를 자의적으로 생산해내는 심리가 강하다. 관습으로 제도·관행·습속화되기 전에 또 다른 경향으로 옮겨간다. 스스로 만들기보다는 생산자의 시장 지배 구조에 의존한 채로.

　유행을 따르는 심리는 계급·집단·소득·사고방식의 우월감을 바탕에 깐다. 단순히 의사소통과 정보에 뒤처지기 싫어 따르는 유행은 맹목적 추종에 불과하다. 문제는 맹목적 추종이다. 그야말로 흔들림이다. 흔들리는 정서는 불확실하고 갈팡질팡하고 판단이 의혹스러운 상태를 말한다. 그럴 때 판단이 보류되면 다행이지만 흔들리는 기준으로 무엇인가를 선택해야 한다면 그 선택은 올바르지 않은 경우가 많다. 유행은 규범이나 기준보다는 취향/기호가 우선된다. 가치판단은 옳고 그름에 따름이고 취향/기호는 좋고 나쁨의 차이이므로 의복이나 화장술 또는 소비재의 선택에 기호가 작용하는 것이 큰 문제는 아니다.

　오히려 유행이 생활을 즐겁고 다채롭게 만들어 일상의 재미를 더하는 기능도 있다. 대화 중에 섞인 농담같이 본 말을 도와주는 기능이랄까. 무거운 주제의 대화에서 적당한 비유와 예절을 갖춘 농담이 좌중을 부드럽게 녹이는 경우도 있고, 힘든 노동과 견디기 어려운 답답한 상황에서도 여유를 잃지 않는 해학의 기능과 생산성은 오히려 삶의 긍정적 요소이기도 하다. 생활의 윤활유 같은 역할을 하는 유행을 탓할 수는 없다.

하지만 지나친 유행 경도 현상은 심각한 사회심리 현상으로 우려할 만하다. 개개인의 차이와 특성을 살리고 존중하는 다양한 사회생활의 풍경은 사라지고 비슷하지 않으면 흉이 되는 자아 상실 시대의 문화 현상이라면 우려할 만한 일이다. 불확실하고 불투명한 현실과 미래를 몸으로 느끼며 남과 다르면 더 불안하고 남과 비슷하면 더 평안한 것일까. 그 끝없는 흔들림은 심리적 불안일까, 아니면 역동적 에너지일까. 유행 심리와 변화 욕구가 적당히 끼워져 있는 일상은 오히려 살아 있음/살고 있음을 적극적으로 표현하는 것이지만, 일상 자체가 유행으로 덮여 있다면 그 흔들리는 불안을 어찌 감당할 것인가. 우리는 언제쯤 지나친 유행을 염려하지 않고 권할 만한 여유와 즐거움으로 받아들일 수 있을 것인가. 해학으로서의 유행, 그것이 건축이 꿈꾸는 유행이다.

현실은 어떠한가. 한번 지으면 평생 가야 할 긴 수명을 생각해야 하는 건물도 마치 뒤처지면 흉이 될까 하여 유행을 따른다. 건물의 공간이나 구조와 아무런 관련도 없이 마감 재료만 유행을 따른다. 통나무가 유행하면 모두 통나무를 택하고, 옹기 깨서 붙이는 것이 유행하면 모두 옹기를 깨느라 혈안이다. 황토가 좋다 하면 모두 황토집을 짓는데 심지어 황토색 페인트로 칠만 하고 황토집이라 자랑하는 건물도 있다. 그것으로도 모자라서 건물의 형태까지 유행의 포로가 된다. 원래 건물의 형태/모양이라는 것이 그 집의 알맹이/공간 생긴 모습대로 겉으로 드러나는 것이 좋은 것인데, 유행에 따라 집을 꾸미다 보니 참으로 해괴한 일이 벌어진다. 이 땅의 유치원, 예식장, 러브호텔, 음식점 모습은 왜 그리도 똑같은가. 고깔 지붕에 알록달록한 색상 하며 〈아라비안나이트〉를 연상시키는 그릇된 동화적(?) 분위기-유아적 분위기를 동화라고 이해하는 것은 문학적 의미로도 동화에 대한 그릇된 인식이다-를 연출한다. 한마디로 눈에 띄는 모양 만들기에 열중하다 보니 유행에 따라 건물의 외관 꾸미기라는 수단에 얽매인다.

건축에서 유행이 진정 필요한 것인지는 그 건물의 물리적 기능/수명과 비교해보면 금방 알 수 있다. 수백 년 동안 유지되는 옛 건축물이 시류의 유행을 따르지 않았음을 이해하면 건축에서 유행이 얼마나 덧없는 것인지를 알 것이다. 거칠게 표현하면 전통은 오랫동안 지속되는 유행인데, 오랜 시간 유지될 유행이라면 단순 취향의 경박함을 벗어난 합리와 지속의 타당성이 배어 있을 것이니 이미 유행을 벗어난 의젓함이라 할 수 있을 것이다.

도대체 이 시대의 건축 경향과 대중성에는 의젓함과 당당함이 전혀 없다. 일회성/일과성의 스쳐감이 유행이라 치자. 그 유행이 무조건 나쁘다고 탓하는 것은 아니다. 오히려 유행의 긍정적 측면을 살펴볼 수도 있다. 그러나 건축에서는 유행이 허용/권유될 부분이 극히 좁다. 건축은 일상성의 기술/예술/학문이며 삶의 조건을 성립시키려 새롭게 만들어진 인위적 환경이다. 그 인위적 환경이 건강함과 쾌적성을 추구하지 않고 상업적 유행을 좇거나 일회성의 치장과 변장술을 추종하는 경향은 바람직하지 않다. 아니, 나쁜 일이다. 특히 삶의 기반이어야 할 주거용 건축에서는 경계해야 할 일이다.

건축 디자인의 경향을 말하는 것이 아니라 건축의 규범을 말하는 것이다. 부유하는, 정박하지 못하는, 뿌리내리지 못하는 사회의식을 감싸고 정화해줄 주거 공간이 오히려 삶을 혼란케 하는 일이라니…. 새로운 환경을 만들면서 어찌 나쁜 환경/상황을 만든단 말인가. 아파트 생활과 주거 양식이 마치 기성복 같고, 찍어놓은 깡통 같고, 닭장 같다고 비판하면서 아파트 분양 창구에는 줄지어 서 있는 그 이중성. 많은 비용이 들어도 환경을 우선해야 한다고 주장하면서 막상 선택의 순간에는 환경을 포기하는 그 이중성. 유행보다는 일상성이 우선이라는 이해 뒤에 숨은 싸구려 취향의 그 이중성. 그 이중성의 흔들림에서 벗어나지 않는 한 주거용 건축의 일반적/보편적 수준이 높아진다거나, 이 시대의 근사한 해법이 역사에 기록된다거나 하는 일은 아마 없을 것이다.

비관적이라고 또는 절망적이라고 말하지 말라. 건축은 애써 부인했던 재화적 가치-부동산으로서의 가치-를 오히려 인정함으로써 해법에 가까이 갈 수 있을 것이다. 싸구려 취향과 유행에 경도되는 풍조는 의식 혁명 없이는 개선되지 않을 일이고, 입에 발린 환경의 가치가 아니라 진실로 생활에 붙어 있는 환경의 가치가 높아지려면 환경의 재화적 가치를 높이는 수밖에 없다. 그것이 새로운 유행이 되도록. 환경의 투자 가치를 믿지 못하면 환경을 말하지 말자. 공간의 투자 가치를 확신하지 못하면 공간을 꿈꾸지 말자. 흔들리면서 꾸는 정주(定住)의 꿈은 불안하다. 무엇도 믿지 못하는 그 불안한 유혹, 건축이라니.

세상에서 가장 힘센 것

누가 내게 물었다. 앞으로 무엇이 문화의 중심에 설까? 내 대답은 한마디로 '돈'이다. 점잖게 말하면 자본쯤 될 테고, 거리를 둔 듯 말하면 경제쯤 될 것이다. 어디 문화뿐이겠는가. 정치에서 예술까지 학문에서 종교까지 영역을 아울러 힘의 중심은 돈이 될 것이다. 많이 보던 표현을 빌리면 경제 논리는 자본의 논리고, 자본의 논리는 돈의 속성이다. 더 많이 보던 표현을 빌리면 돈에 의한, 돈을 위한 돈의 세상이 될 것이다. 총보다 칼보다 돈의 힘이 세고, 정의와 평화도 돈 앞에 표정을 바꾼다. 아마 자본주의의 모순이 개선되기는 좀처럼 어려울 테고, 빈익빈부익부 현상도 개선되기 어려울 것이다. 거대하게 성장하는 공룡처럼 돈의 위력은 커질 것이고, 명분과 사회 이익 또는 공동의 가치마저도 돈의 뒷받침 없이는 당연히 함몰할 것이다. 청빈을 추앙하고 검소함을 존중하던 정신문화는 기록마저 소홀해져 희귀해질 것이다. 아마 이러한 사회 풍조와 구조는 가까운 미래까지 해법 없이 심화되어 갈 것이다. 이렇게 말하면 이상하지 않은가. 어딘지 이상하다. 이런 진단은 미래형이 아니라 이미 현재진행형 아니던가.

　근본적으로 건축은 자본에서 자유롭지 못하다. 아니, 자본 없이는 수태할 수 없는 운명이다. 개인적인 건축 방법으로 자본과 관계없는 '건축적 작업'이 있을 수 있겠으나, 사유와 노동 모두가 자본으로 치환되는 세상에 희소한 사례를 일반화할 수는 없다. 그런 마당에 건축의 바탕을 이루는 환경이 자본으로부터 자유로울 수 있을까? 없다. 있다면 거짓이다. 내가 믿는 해법은 바로 그 지점에서 출발한다. 돈의 힘으로 바꿀 수 있는 기회를 활용하여, 자본의 힘을 이용하여 건축 양태를 바꾸는 것이다.

　건설 회사에서 공급하는 아파트는 소비자가 왕이다. 선택하는 입주자가 돈을 지불하므로 공간 구성이나 평면의 형식이 나쁘면 사지 않는 것이 소비자의 힘이다. 마감 재료가 나쁘고 외관이 단조롭고 옥외 공간이 협소하고… 등의 기존 아파트에서 느끼는 불만을 말로만 할 것이 아니라, 새로운 아파트를 구입할 때 문제가 개선되어 있지 않으면 사지 않으면 된다. 돈의 힘을 보여주는 것이다. 그러면 소비자의 선택이 무서워서라도 연구하고 좋은 디자인을 개발하여 좋은 아파트를 지어 팔 것이 아닌가. 자유시장경제에서 보여줄 수 있는 힘은 소비자의 선택이 최고/최선이다. 오로지 소비자의 힘만이 건축 환경을 개선할 수 있다. 소수 건축가의 노력은 다수 소비자의 힘을 따를 수가 없다.

　여기 또 다른 함정이 있다. 건축물의 재화/재산의 가치를 인정하고 보니 품질 나쁜 아파트는 팔리지 않아야 하는데, 오히려 치열한 경쟁

률에 프리미엄까지 붙는 판이다. 단언하건대 이런 경제 상황에서는 환경을 고려한 바람직한 주거 양식, 그것도 보편적/대중적 방식으로 이 시대의 규범으로 권할 만한 무얼 만들려는 노력은 무의미한 것이다. 대중의 힘으로 개선할 문제를 대중이 외면하는데 어찌한단 말인가. 소비자가 왕인 시대에 거꾸로 소비자가 하인처럼 줄 서서 기다리는 시장판에서 무슨 환경을 운위한단 말인가. 환경보다 재산 가치가 훨씬 우위에 있고 세상의 관심이 다른 곳을 보고 있을 때 이제 우리는 소수의 작은 건물이라도 잘 만들어보자고 위안하며 절망하지 않는 게, 아! 다행이다. 기대가 아직 남아 있다면 정신의 가치를 믿을 수 있을까.

물질적 가치는 명확하게 질보다 양이 우선한다. 자본의 양이 곧 승자를 결정한다. 그렇지 않은 정신은 아직 살아 있는 것인가. 이를테면 검소한 재료, 소박한 형태, 필요한 것보다 작은 규모, 호화롭지 않은 것, 사치스럽지 않은 것, 질박한 것, 눈에 띄지 않는 것, 유행 따르지 않는 것, 이웃과의 경계 없애기, 옆집 배려하기, 내 욕심 차리지 않기/버리기… 등이 바탕이 되는 집 짓기야말로 아마 정신의 가치를 믿는 건축 자세일 것이다. 양보다 질이 중요하다는 창백한 고집으로 환경과 조우한 건축, 환경을 인식하는 건축, 환경을 돕는 건축물은 세상에서 그래도 힘이 세다고 믿는다.

어떻게 살 것인가

어떤 집/건축을 지을 것인가는 어떤 방식의 삶을 택할 것인가와 다르지 않다. 결국 집은 사는 방식이기 때문이다. 말은 쉽고 생각은 더 쉽다. 쉬운 생각으로부터 어려운 행동/결정-집을 한 채 짓는다는 것은 일생일대의 사건이다-까지 사이사이에 개인의 소신, 사회적 추세·현상, 경제적 조건, 가족 구성원의 변화, 예측할 수 없는 신상 변화, 사회 제도와 규제의 변경, 경제 상황의 변수 등등 헤아릴 수 없는 요소가 개입된다.

개인의 예측을 벗어나는 것은 어쩔 수 없어 접어준다 해도 개인의 판단 범주에 속하는 사항만 결정/결심하는 일도 정말 어려운 일이다. 그런 경우 대부분의 사람은 그저 무난한 것이 상책이라는 평범한 결론을 내린다. 무난한 상태란 모나지 않은 원만한 상태를 말하는데, 그 무난함이 사실은 이것저것 피한 결론이지 최상의 상태는 아니다. 이 점에서 '중용'을 예로 들면 적당할지 모르겠다. 중용은 무난함이 아니라 최선/최상의 상태를 일컫는다. 무난함과 중용은 확실히 구분되어야 한다. 무난함은 문제를 피해 가는 상태를 말하고, 중용은 최선의 상태를 지향하는 일반 해법을 말한다. 보편성의 기준·가치가 높아지는 것이 사회 전반의 질적 수준 향상과 맥을 같이하는 것이지, 특정 개인의 무난한 수준이 높아지는 것은 사회·문화 수준의 향상과 큰 관계가 없다.

주거/집은 철저히 사유 재산이며 개인 공간이다. 사적 영역을 사회 또는 공동 가치와 관련 맺도록 하는 장치 마련이 어렵기 때문에 주거 환경의 질을 한 단계 올리는 일이 난감하다. 그것은 결국 공동의 이해와 실천을 이루는 사회와 합의할 수밖에 없다. 개인이 사는 방식이 사회 방식의 바탕이므로 현재의 무난하고 평범한 방식을 버리지 않고 삶의 질과 주거 환경을 바꾸는 것은 거의 불가능에 가깝다. 만약 가능하다면 기술의 진보를 통해 대중화된 제품이나 기계 설비를 설치하여 누리는 편리함을 질의 향상으로 자족하고 사는 수밖에 없다. 온수 보일러에서 나오는 뜨거운 물, 수세식 화장실, 냉장고 때문에 줄어든 주방의 수납 기능 등의 변화, 가전제품의 발달로 쉬워진 기기 조절의 편리함 등을 말한다. 그러한 기계 장치의 사용은 이제 일반화됐다.

    이쯤에서 우리는 '어떻게 하면 주거의 질, 환경의 질을 높일 수 있는가'에 의심을 품어야 할 듯하다. 약간 개선된 생활의 편리성이 주거 환경의 수준을 높였는가. 그것이 아니라 공간과 삶의 방식을 수용치 못하는 건축 내용의 불합리와 모순을 묻고 있었던 것은 아닌가. 이제 드디어 갈등과 모순의 공간까지 에둘러온 것이다. 비로소 건축의 주변에서 중심으로 이동하며 건축 공간을 묻는다. 개인의 결정으로 꿈꾸는 사회와의 합의에 동참하느냐 마느냐도 결국 건축을 통해 드러나고, 그 중심에 삶의 공간이 자리하고 있다. 어떻게 사느냐는 어떤 공간을 만드는가의 해법이다.

불편하게 살기

'편한 것'과 '불편한 것'의 관계는 참으로 대립적이다. 누가 편함을 마다하고 불편함을 좋아하겠는가. 누구라도 편함과 불편함 중 하나를 택하라면 편함을 택할 것이다. 몸의 움직임도 앉는 것보다 눕는 것이 얼마나 편한가. 눕는 것보다 자는 것은 또 얼마나 편한가. 그렇게 편한 것을 따르면서도 필요하다면 뻘뻘 땀을 내고 걷고 뛴다. 운동할 때는 건강을 생각해서 헐레벌떡, 아니 웃으면서 기꺼이 고통을 즐거움으로 받아들인다. 말하자면 스스로 선택한 즐거운 고통이 운동인데, 아무도 운동의 불편을 트집 잡지 않는다. 일상으로 돌아오면 또다시 불편한 것은 참기 어려운 짜증이 된다. 일상의 불편을 개선하려는 노력이 문화의 흐름을 바꾸는 동기가 되기도 한다.

사람들은 항상 '현대'라는 시점은 '과거'에 비해 무조건 더 편리하고 편안하고 편의적인 시대여야 한다고 생각한다. 그러다 보니 현시점의 편의·편리 기준이 환경·생태적 관점에서는 죄악이 되기도 한다. 항상 현실의 편의로만 판단하면 단편적이고 미흡한 결과도 당연하게 용인된다. 아니, 권유/추종되기도 하는 집단의 무지를 드러낸다. 환경과 관련된 모든 판단 기준은 현재가 아닌 미래의 안목이어야 하는데도 당장의 편리·편의·이익을 취하느라 눈을 감고 모른 척한다. 안목의 짧음, 긴 시간을 보지 못하는 지혜의 부재. 우리가 사는 지금의 형국이 딱 그러하다.

인스턴트식품을 많이 먹어서일까, 사유 방식도 복잡한 것은 싫어

한다. 미래는 무슨 미래? 현실이 중요하지! 그 아우성 앞에 우리의 현실은 항상 현실일 뿐 꿈을 잃었다. 현실을 꿈 높이로 올리려는 꿈, 그것이 살아 있는 현실이다. 우리의 현실은? 현실의 높이로 끌어내린 꿈. 꿈 없는 현실이다. 독 묻은 사탕을 맛나게 빨고 있는 현실이 어찌 환경 분야뿐이랴. 오늘의 사회·환경·정치·문화 현상이 다 그렇게 보인다. 증상이 비슷하면 처방도 비슷하다 했던가. 편하게 살고 싶어 했던 욕망의 후유증을 이제 모두가 앓고 있는 꼴이다.

건축/집은 사회적 존재이며, 동시에 개별적 존재다. 개별적 문제와 사회적 문제가 얽혀 있는 관계망의 산물이다. 따라서 해법/문제에서 복잡한 연결고리를 살피지 않을 수 없다. 환경오염 문제가 사실은 환경 문제 한 가지에서만 발생한 것이 아니라 생산과 소비의 사회적 관계와 경제 구조에서 발생했듯이, 건축 문제도 발생 원인이 건축 스스로에 있지 않고 외적 요인이 있는 것이 많다. 그 경우 대증요법은 건축가의 몫이요 처방일 수 있지만, 근원적 치유책은 시민의식과 사회적 공동 가치관을 전환하는 일이다. 공동의 기치로 무엇을 세울 수 있을까. 무엇이 사회 전반의 의식을 뒤흔들도록 강한 힘을 지닐까. 삶의 근저를 이루는 것부터 소비의 패턴까지 망라하는 공통의 화두/담론은 무엇일까. 그것이 건축으로 말미암으면 더욱 좋으리라.

결국 이 시대를 살아가는 방식을 수정하자는 주장이 될 것이다. 오늘의 주거 환경에서 문제로 지적되는 모든 것은 편하게 살기의 부산물(부작용)이다. 그것의 해결을 위한 명쾌한 접근 방식은 거꾸로 '불편하게

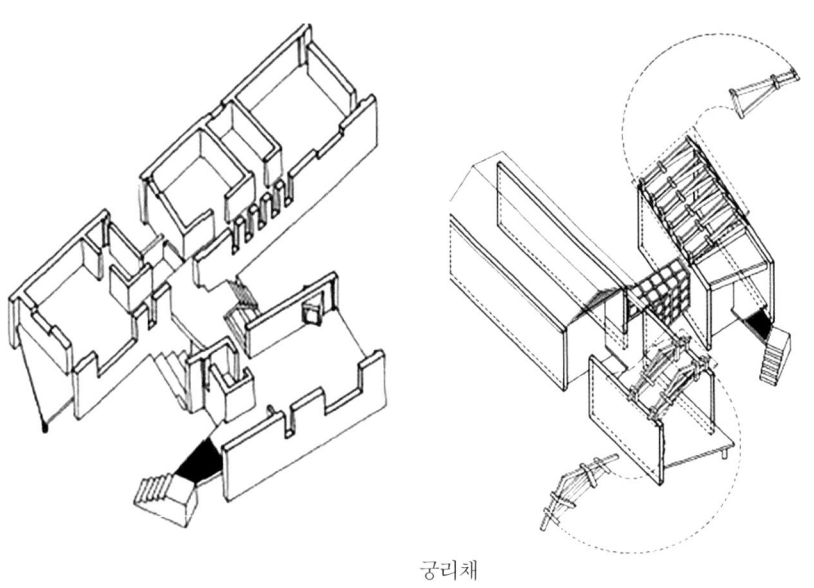

궁리채

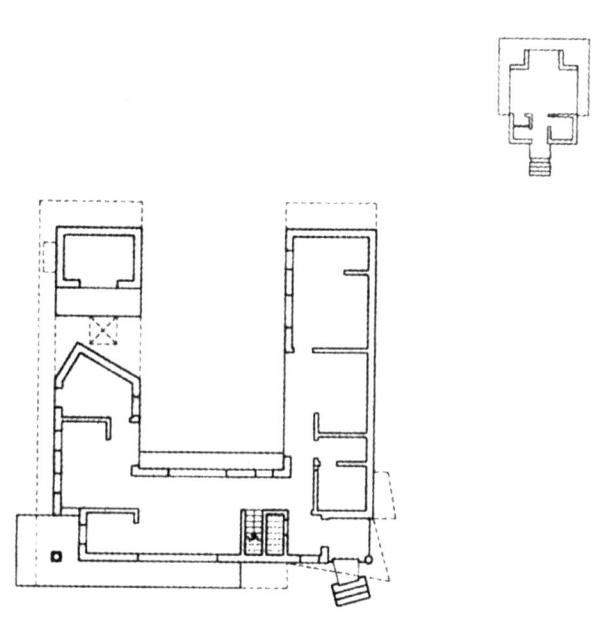

작은큰집

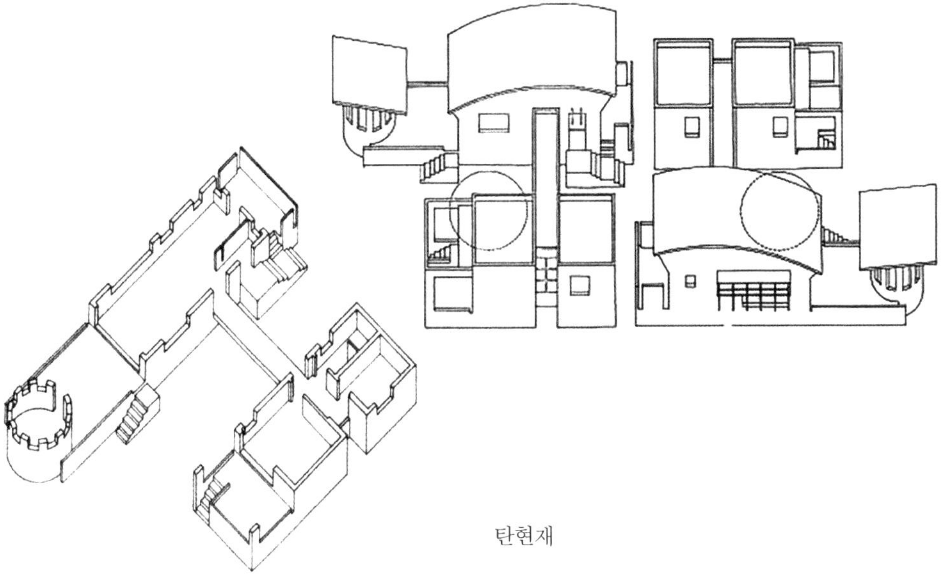

탄현재

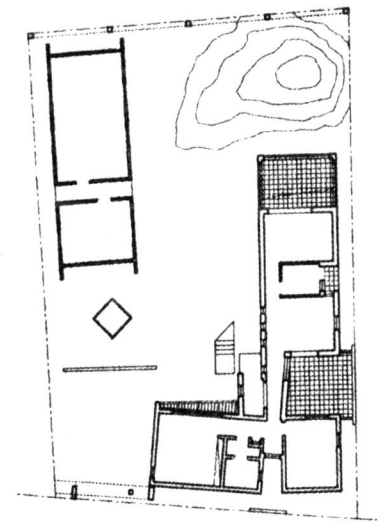

감로원

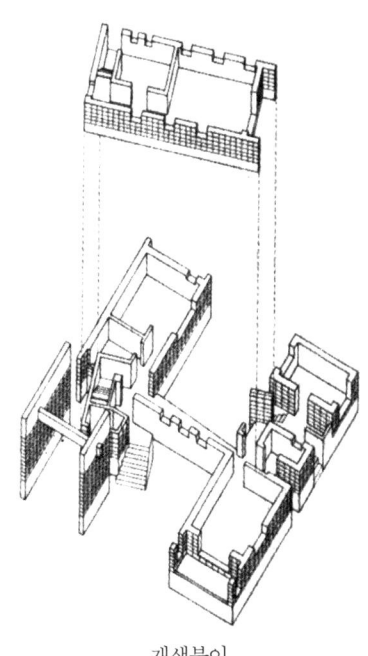

재색불이

살기'를 추구하는 것이다. 신체의 고통과 임상적 의미의 불편이 아니라, 불편해도 상관없을 영역을 자꾸 넓혀서 주거 양식의 보편성을-양적 공급의 일반성이 아닌-바꾸어보자는 주장이다.

편하게 살기 위해서/편할 것이다 짐작했던 주거 양식이 엉뚱하게 부적절한 상황이 되어버린 예는 이미 많지 않은가. 이를테면 거실 중심 아파트에서 가족의 프라이버시가 보호/존중되지 않아 식구끼리 민망·경망·당황했던 경험이라든가, 특히 부모 자식 세대가 같이 살기에는 근본적 대책이 없어 할 수 없이 핵가족이 된다든가 하는 예 말이다. 집 구조의 쾌적/건강성 면에서 볼 때도 바둑판처럼 사방으로 방이 붙어 있으면 가운데 낀 방은 1년 내내 바람 한 점, 햇빛 한 줄기 들지 않는다. 자연 기후와 아무런 관련성이 없는 방을 쾌적하다 할 수는 없지 않은가.

그럼에도 고소득 계층이 선호하는 유행이 사방으로 퍼지는 데는 그리 오랜 시간이 걸리지 않는다. 하물며 전원주택을 지으면서도 도심 아파트의 평면을 고집하는 경우가 있는데, 도심과 전원의 장소가 다르면 평면의 구성도 당연히 바뀌어야 함을 모르는 것이다. 전원주택을 지을 때는 집의 형태가 문제가 아니라 전원의 생활 방식이 문제가 된다. 생태/자연/환경 살리기의 핵심은 환경과 인간의 관계에서 사용자/인간이 불편해지는 것을 건축으로 체화/육화하는 것이다. 그 불편함을 인간의 거주 공간에서 궁구해야 될 환경과 같이하는 한 가지 방법으로 이해할 수 있다면 편의 우선의 기존 해법과는 가능성이 사뭇 다르게 열린다.

모든 집의 바닥이 넓고 평평한 것이 아니라 방마다 바닥 높이가 다를 수 있고, 모든 방의 창문이 무조건 넓고 높은 통유리가 아니라 작은 창의 어스름한 방도 있으면, 마감 재료를 선정하는 기준도 훨씬 다양해질 것이다. 사람이 편하면 편할수록 그만큼 자연/환경은 우리로부터 멀어진다. 참을 만한 불편함을 감수할 수 있다면 건축의 영역/해법이 다양해짐은 물론, 같은 집에서 변주되는 경험이 풍부해짐은 당연하다. 아! 일상이 다양해지는 그 풍요를 놓치고 있다니….

불편을 선택하려는 의지는 욕망을 억제하겠다는 표현과 같다. 욕망을 끝 간 데 없이 풀어보겠다는 것이 결국 건축/집을 통한 생활로 나타난다면 그것이 온전할 리 없다. 불편을 바탕에 깔 수만 있다면 사색은 깊고도 은근할 것이요, 행동은 조신하고 침착할 것이다. 그 뒤에 오는 삶의 기조가 검박할 수 있는 바탕이 된다. 마음과 몸이 사람을 이루듯이 건축의 바탕도 물질과 정신의 합일 아닌가. 넘치고 모자라는 물질의 질-그것이 건축의 증상이라면-에 대한 처방으로 '불편하게 살자'는 심리 요법을 권할 만하다.

밖에 살기

밖은 안의 반대 개념이다. 일정한 한계를 벗어난 장소나 경우를 밖이라 표현한다. 범위나 경계를 벗어난 부분을 밖이라 말하기도 한다. 건축/집에서의 밖은 담이나 벽 따위로 둘러서 가린 영역을 넘어선 다른 쪽을 말한다. 말하자면 외부 공간인데, 단순한 바깥과는 구별된다. 바깥은 막연한 외기(外氣)/외부를 일컫고 외부 공간은 건축/구축적 장치가 개입되어 만들어진 인위적 바깥을 말한다. 마당, 발코니, 테라스, 베란다 등이 모두 외부 공간의 한 영역을 일컫는 말이다. 그러니까 외부 공간은 내부 공간 또는 인위적 건축 장치가 개입되거나 연계된다는 전제가 붙는다. 자연 상태의 들판을 건축적 외부 공간이라고 하지는 않는다. 외부는 내부/내부는 외부 상호 간의 긴밀한 관계를 전제하는 것이 건축적 공간이다. 다시 말해 외부 공간은 존재 방식에서 내부 공간이라고 하는 영역이 이미 보이지 않게 설정되어 있다는 말이다.

우리 전통 건축 특징 중 하나는 외부 공간과 관계 맺는 내부 공간의 존재와 관계, 즉 내·외부 공간의 조화의 유기성이다. 내부와 외부가 어떻게 조화/균형/연결/사용되는가는 우리 옛 건축에서 아주 중요한 요소지만, 그것이 우리 건축만의 특질은 아니다 그것은 온 세상의 모든 건축이 지니는 건축의 본질적 사항이다. 그중 우리의 전통 건축은 자연과의 조화를 꾀하는 자세에서 지극한 해법을 호소력 있게 보여준다. 아마 그러한 자세는 조상의 자연·우주관이 자연스럽게 건축관·생활철학으로 이항된 것은 아닐까.

외부 공간을 만들기 위해 내부 공간을 배치한 듯한 전통 건축의 예를 찾기는 어렵지 않다. 그렇게 외부 공간을 내부 공간보다 더 중요하게 인식한다는 관점은 인위적 구조와 사유의 비중을 낮춘다는 사고방식이다. 땅에 대한 건축의 점유 방식에서 비폭력적인 사고이며, 지형/경관에 대하여 건축 의도를 낮추는 겸허한 참여 방식이며, 자연 조건과 기후 변화에 적응하는 방식에서는 대응이 아닌 순응적 자세다. 이러한 자세는 건축 기술의 부족이나 재료의 한계 때문이 아니라 자연/우주/환경을 보는 가치관을 건축을 통해 발현한 것이다. 그러한 특질을 이어 나가는 것이 전통의 계승이며 문화의 지속이다.

 이 시대가 잃은 것이 어디 그것뿐일까마는 밖을 인식하는 관심이 약해진 현대의 건축 자세는 심각한 지경이다. 현대의 건축 기술은 운동장을 통째로 뚜껑 덮어 실내화/내부화할 수 있고, 일상생활/행위의 동선을 연결해보면 아침부터 저녁까지, 봄부터 겨울까지 실내/내부 공간에서만 생활할 수 있게 한다. 1년 내내 인위적 공간에서 생활하는 일은 흔한 일상이 됐다. 내부화된 일상/밖을 잃은 일상. 밖/자연을 잃고/잊고 살면서 일부러 밖/자연을 찾아 나가는 불균형한 일상이 우리가 사는 방식이다.

 사회적 필요에 따라 발생하는 기능을 건축 기술로 해결하는 것이야 나쁠 것이 없다. 오히려 다양한 사회의 문화적 욕구를 충족시키는 수단으로서 건축 기술이 봉사할 수 있다는 것은 건축의 광영이 아니던가. 그러나 외부를 용납하지 않는 내부 공간만이 존재하는 건축/집의 현실은 병든 삶이다. 한 평의 발코니도 숨통 한 곳 없이 유리로 막아버리는 현실은 슬프기까지 하다. 좁은 집이야 그렇다 치자. 면적이 좁아 발코니를 내부로 바꾼 것이야 어쩌랴, 그것이 아름다운 지혜/해법일 테니. 외부 공간을 가지고 싶어도 실내를 넓혀야 하는 애절한 필요가 앞서니 '외부야, 물러가거라' 외칠 만하다. 그러나 몇 식구 안 되면서 수십 평의 바닥도 좁다고 넓히는 경우가 태반이다. 습관적·무의식적 확장증이다. 열병 같은 유행 따르기다. 한 집이 고치면 다 고쳐야 하고 고치지 않으면 뒤처진 듯 느끼는 확장의 병이다.

잠시 숨을 고르자. 비바람이 통하고 쪽빛이라도 스미는 틈/외부가 있다면 그곳에 흙을 채운 아무렇게나 생긴 통-화분은 왠지 낯설다-을 놓아보라. 아무것도 심지 말고 물도 주지 말고 거름도 주지 말고 그냥 놓아두기만 하자. 눈·비·바람·햇빛에 그냥 맡겨두자는 뜻이다. 1년쯤 가만히 지켜보는 사이에 그곳에는 이끼가 끼고 싹이 돋는다. 어디서 날아왔는지 모를 풀이 생기거나 벌레까지 생겨난다. 거창하게 말할 것도 없다. 그것이 외부/밖의 힘이다. 자연의 힘이다. 말하자면 외기에 존재하는 에너지 순환 현상의 일부다.

현대의 주거 건축은 그러한 기본적 관심에 소홀하다. 물론 고층·대형 건물에서 채택하는 중앙 공급식 설비 체계에서는 어쩔 수 없다. 하지만 주거 건축, 특히 소규모 주거용 건축물에서도 내부 공간만으로 한 채의 집이 완성된다는 것은 불균형의 극치를 보여준다. 건축물 속에 내부와 외부가 서로 균형 있게 공간으로 조직되어 있다면 실생활의 다양한 행위를 더 높게 보장한다. 방과 방 사이에 외부가 끼어 있든지 외부화된 공간을 방들이 둘러싸고 있든지…. 그런 집의 형국은 필요에 따라 얼마든지 변환할 수 있고 누구라도 활용 가능한 방법론에 속하는 것이다.

무엇보다 중요한 것은 '밖에 살기'를 놓치지 않겠다는 사는 이의 열망이다. 밤에 보이는 별, 하늘에 흐르는 구름, 깃발을 흔드는 바람에 대한 향수를 요즈음 집과 멀어진 추억/꿈으로 돌리지 마라. 집의 존재성에 향수를 개입시켜 감상적 호소력을 높이려는 것이 아니다. 사람 사는 집은 '살고 있다'의 살 냄새 나는 현실 속의 실증주의와 '살고 싶다'의 강한 욕망까지를 두루 담아야 한다. 가능한 대로 밖/외부 공간을 많이 마련하자는 것이 밖에 살기의 근간이다. 특히 한반도의 기후는 봄부터 가을까지 얼마나 온유한가.

잃어버린 밖을 기억한다는 것은 실종된 생활공간을 회복한다는 의미이며, 다양한 일상생활의 수용 가능성을 예비하는 것이다. 가만히 생각해보자. 우리는 얼마나 안/내부 공간에서만 살고 있는지. 자신도 모르게 사는 공간이 답답했던 그 이유가 안/내부 공간에 있었던 것이다. 겨우 안에서 밖을 보던 눈을, 아니 몸을 밖에 내놓고 살자는 것이다. 밖으로 나온 몸/몸을 감싸는 외부 공간. 그것은 새로운 것이 아니라 원래 있던 것을 겨우 되찾는 것이다. 자연과 인간의 관계를, 또 사는 방식을.

늘려 살기

느리게 살기가 아니라 '늘려 살기'를 말하려 한다. 느리게 살기는 빨리 뛰는 세상에서 느림을 통해 여유를 추구하고 빨리 살기의 피폐와 후유증을 반성해보자는 것이다. 현대 사회의 생활 방식과 사회 구조 전반에 대한 비판이며 대안이기도 하다. 느리게 살기는 여러 영역으로 확장되어 반(反)패스트푸드 운동인 슬로푸드 운동으로까지 번져가고 있다. 철학의 영역에서부터 생활의 방법까지 조용한 힘을 더해가고 있다. 느리게 살기는 사유와 행동 방식을 바꿀 때 구현되는 이상과 가치를 말한다. 반면에 '늘려 살기'는 건축 작법과 본질적 공간 구조의 문제에 대한 것이다. 말하자면 느리게 살기는 시간과 인간의 문제이고, 늘려 살기는 공간과 인간의 문제다.

근대 이후 건축의 목표는 '확장된 공간'과 '축소된 동선'의 실현이라고 볼 수 있다. 축소된 동선은 언뜻 합리적 동선이란 짧을수록 좋다는 오해를 불러온다. 그러나 짧은 동선이 반드시 합리적인 것은 아니며, 축소된 동선이 반드시 효율적인 것도 아니다. 특히 단순 용도의 고층 건물에서나 쓸모 있는 '큰 공간+짧은 동선'의 원칙이 국제주의 흐름을 타고 전 세계 문화권을 휩쓸고 있는 현상은 교조적 건축 이념의 식민 현상인지도 모른다. 마천루의 신화를 믿는 현대 건축 기술은 세계 어느 곳에서나 동일한 공법으로 수백 미터 높이의 고층 건물을 세울 수 있다.

건축 기술의 보편화는 사회적·기능적 필요를 충족시키는 데 공헌하고 또 그 기술의 진보는 인류의 생존에 필요하다. 기술의 발전이라는 현상 자체가 죄악시되거나 지탄의 대상이 될 수는 없다. 기술의 활용과 선택은 사회의 주체인 인간의 몫이고 혜택을 누리는 것 역시 인간이 아닌가. 그러나 문명과 기술의 혜택이 많을수록 선진국이고 낙후된 기술이면 후진국이라는 도식적 구분은 참 안타까운 일이다. 특히 주거의 형식과 양태는 문화가 다르면 그 표현도 당연히 달라야 함에도 국제화는 우리의 주거 패턴까지도 흔들어놓았다. 세계화·국제화·근대화의 가치

속에는 선진국은 우월하고 후진국은 열등하다는 암묵적 동의가 깔려 있다. 열등과 후진의 기준은 아마도 경제력·군사력이 바탕이 된 제국주의적 문화 잣대일 텐데, 우리의 주거 문화에까지 그 잣대를 들이댈 필요는 없다. 그것이야말로 무비판적인 문화적 열등감의 표현이다.

　이 땅의 구체적 예를 들자. 샤워 설비가 갖추어진 욕실에서도 사라지지 않는 세숫대야와 보일러로 대체된 바닥 난방의 예에서 나는 우리 문화의 지속적 가능성을 믿는다. 대야는 뒷물하기에 편하고 바닥 난방은 온돌 문화를 개량한 것이다. 말하자면 입식 주거와 좌식 문화의 절묘한 균형이다. 그렇게 보이지 않는 유전적 특질에 '늘려 살기'의 장점을 더하자는 것이다. 똑같은 면적의 공간을 만들 때도 넓게만 만들려고 하지 말고 좁은 것 여러 개를 연결할 수도 있고, 같은 면적이면 좁고 길게 만들어 구성을 달리할 수도 있다. 이 방에서 저 방으로 갈 때 긴 연결 복도-복도 면적이 아까우면 외부(바깥) 복도-를 지나서 갈 수도 있다. 그렇게 늘려진 공간/길은 단순한 길이/면적의 증가가 아니라 시간/공간이 함께 늘어난 것이므로 그 사이사이에서 사는 사람의 사유와 의식의 폭이 확장된다.

　물론 커다란 방 한 칸에서 모든 것을 다 해결할 수도 있다. 그렇게 쓰면 편한 몇 가지 장점은 있지만 단점이 더 많다. 마치 만병통치약이 어느 증세에도 제대로 듣지 않는 것처럼 다목적 공간은 무엇 한 가지도 제대로 소화하지 못한다. 거실과 서재가 같이 있으면 책 읽기가 잘 안 되는 것처럼. 두 가지 용도가 겹쳐 있으면 한 가지가 소홀해지기 쉬운 이치가 바로 다목적 공간의 한계다. 될 수 있으면 주거 공간은 가족의 특성을 고려해서 동선이 길더라도 떨어져 살게 하는 것이 좋다. 방과 방이 떨어져 있는 사이를 사실은 빈 공간이 메우고 있는 것이므로 그 사이 공간-외부거나 내부-을 다른 생활 방식으로 사용할 수 있는 가능성이 오히려 늘어난다. 모든 것을 단축해버리는 것이 현대의 의사소통 방법이다. 사회적 의사소통 방법은 그것이 대세이고 거스를 수 없는 추세지만, 가정/집은 세상과 다른 특수한 사회다. 집 밖의 세상이 일터라면 집은 쉼터이고, 세상에서의 삶이 바쁘다면 가정에서는 느긋한 게 더 좋을 것이다. 그러한 생활 방식을 수용할 가능성을 열어놓는 장치로서 '늘려 살기' 위한 공간 작법이 이 시대에 너무 절실하다.

채나눔/어느 건축가의 설계 방법론

지금까지 언급한 불편하게 살기, 밖에 살기, 늘려 살기의 주장을 묶어 '채나눔'이라 한다. 채나눔의 채는 안채, 바깥채, 사랑채 할 때의 집을 세는 단위인 채를 말한다. 한 덩어리의 집을 여러 채로 나누자는 주장이다. 건축 목적 자체가 큰 공간을 필요로 하는 대형 건물에서 공간을 나누자고 할 수는 없다. 또 대형 공간이 반드시 나쁜 것도 아닐 것이다. 의심해봐야 할 것은 대형화·단일화되지 않아도 좋을 유형의 공간도 무의식적으로 모두가 닮아간다는 것이다.

되짚어보고자 하는 것은 '환경을 고려한 우리의 주거 양식은 어떠해야 하는가'다. 채나눔을 통해 작을수록 나누자는 주장은 결국 건축적 이야기가 아니라 사는 방식의 제안이다. 사는 방식을 의문하고 제안하는 것이 건축가가 할 일이다. 다음의 몇 가지 예를 통해 결국은 채나눔이 우리 조상의 경험/슬기에 기대고 있음을 눈치챌 수 있을 것이다.

앞에서 언급한 예들에서 보이는 공통점은 다음과 같다.

홑켜 공간　모든 집의 공간 구성은 '홑켜'로 되어 있다. 홑켜는 방끼리 내부 벽체가 겹치지 않고 벽체의 두 면 이상이 외기에 직접 접하는 것을 이른다. 그럴 경우 자연 환기, 자연 채광에서 탁월한 효과를 취할 수 있다. 우리의 전통 건축은 대부분 홑켜 공간으로 구성됐다. 홑켜 배치는 공간의 전개 방식이 마치 한 줄로 이어진 실타래를 연상시킨다.

외부와의 관계　내부 공간/방들은 가능한 한 서로 떨어지려는 자세를 취한다. 그 사이에 틈/사이/외부가 끼어들거나 복도/연결 통로/다리의 형상으로 이어진다. 어느 경우는 다른 방으로 갈 때 눈이나 비바람을 맞고 가야 한다. 그러한 장치는 모두 외부와의 연결을 적극적으로 꾀하려는 의도다. 외부의 중심을 마당으로 설정한 경우도 있고, 한편으로 치우친 마당으로 배치한 경우도 있다. 그렇지만 모두 외부에 대한 강한 연결성을 전제한다.

풍경　풍경은 외부 풍경과 내부 풍경으로 나누어볼 수 있다. 내부 풍경은 요즈음 집에서 얻기 어려운 풍경이다. 채나눔의 경우 내부 풍경이 아주 자연스럽게 얻어진다. 말하자면 이 방에서 저 방, 이쪽에서 저쪽을 볼 수 있다. 마치 내 몸의 일부인 눈이 내 몸의 일부인 손을 볼 수 있는 것과 같다. 내부만으로 구성된 한 덩어리 집에서는 찾기 어려운 풍경이 생기는 것인데, 그 풍경 속에는 내부와 외부가 동시에 존재한다. 그것은 그 집만의 고유한 풍경이다. 내면화된 외부이며 외면화된 내부다.

선택의 다양성   방을 나누어 배치하면 주변 상황에 따른 대응과 적응이 훨씬 자유롭다. 특히 방과 방의 위계나 연결 순서를 조절하기가 수월하고, 혹 지형의 변화가 있다 해도 지형을 활용하기가 좋다. 방마다 외부에서 드나들 수 있는 가능성도 열려 있다. 특히 조용하게 떨어져 있어야 하는 경우 식구들과 떨어져 있을 만한 공간을 마련하기가 쉽다. 식구끼리 모여 사는 것보다 떨어져 사는 것이-공간만이라도-편한 가정에 권할 만하다.

몸의 움직임   채나눔의 경우 동선/이동 거리가 길어진다. 걷는 양이 많아진다는 뜻이다. 이곳저곳 둘러보고 살펴봐야 할 부분도 많아진다. 결국 몸의 움직임이 많아진다. 특히 별채가 있는 경우는 걷는 거리가 더 길어진다. 몸의 움직임을 귀찮아하는 사람은 꿈꿀 수 없는 일이다.

면적 또는 단점   같은 면적이라면 복도/연결 거리가 길어 실제 사용 면적이 줄어들 수 있다. 그러나 외부 공간은 면적에 산정되지 않으므로 실제 가용 면적은 더 늘어날 수도 있다. 만약 실내 면적을 통로로 만들지 않고 외부화하면 면적상의 손실은 참을 만하다. 건물의 외벽 면적이 많기 때문에 공사비와 광열비가 증가할 수 있다. 그러나 외부 활용 면적을 공사비와 대비하면 증가하는 폭이 크지 않다. 광열비는 단열 공사를 철저히 하고 자연 통풍을 이용할 수 있어 오히려 여름에는 냉방비가 감소하는 측면도 있다.

적용 가능성 소규모 단독주택의 경우는 적용이 수월하나 대규모 공동주택의 경우는 아직 어려움이 많다. 그 어려움은 설계 기법보다는 경제성에서 오는 것이다. 그러나 저밀도 공동주택이나 저층 소규모 공동주택의 경우는 적용 가능성이 매우 높다. 문제는 경제성이다. 건설 회사/공급업자는 이윤의 폭이 적으면 시행하지 않으려 한다. 앞으로 주택 보급률이 높아지고 거품이 빠져 투명한 시장이 되었을 때 소비자의 선택 폭을 넓히는 대안으로 가능성이 높다. 실제적 삶의 방식과 주거 공간 구성의 차이를 어떻게 조율/발전시키는가의 부분은 더 많은 연구가 따라야 할 것이다.

1953년에 태어났다. 1978년 한양대학교 건축과를 졸업하고 김중업건축연구소에서 건축 수업을 했다. 이후 이일훈연구소 설계집단 후리(Studio for Nepsis & Free Media)를 열어 건축 작업을 지속해왔다. 1984년 건축 잡지 《꾸밈》의 '건축평론상'을 받았고, 이를 계기로 '건축평론동우회'를 결성했으며, 1990년대 중반에는 경기대학교 건축전문대학 대우교수를 지내기도 했다.

1990년대 초에는 삶의 태도에 대한 질문을 담아 '채나눔' 건축론을 폈다. 채나눔은 집을 세는 단위인 '채'와 '나누다'의 명사형인 '나눔'을 합한 말로, 구조적으로 방과 방이 멀리 떨어진 형태를 말한다. 자발적인 불편함을 받아들이고(불편하게 살기), 될 수 있으면 자연을 가까이 접할 수 있는 바깥 공간을 만들고(밖에 살기), 동선을 늘려 공간을 더욱 풍요롭게 한다면(늘려 살기) 환경에도 이롭고 더 건강하게 살 수 있다는 이일훈의 설계방법론이기도 하다.

채나눔은 탄현재(彈絃齋, 1993), 궁리채(1993), 퇴계불이(退溪不二, 1995), 등촌불이(登村不二, 1995), 가가불이(街家不二, 1996) 재색불이(材色不二, 1996) 등과 같은 1990년대 주택 프로젝트에 변주·적용돼 있고, 그 밖에 실현되지 못한 주택 계획안에서도 쉽게 찾아볼 수 있다.

비록 여러 채로 집을 나누진 않았지만, 경기도 남양주에 설계한 잔서완석루(殘書頑石樓, 2007)도 이일훈의 설계방법론 '채나눔'에서 크게 벗어나 있지 않다. "어떻게 살기를 원하시나요?"라는 건축가의 물음에, '바람 잘 통하는 집을 꿈꾼다'는 건축주의 소망을 담아, 채를 나눠 햇빛 잘 들고 바람 잘 드나드는 건강한 집을 제공했다는 점에서 그렇다. 잔서완석루는 준공 후 건축가와 건축주의 소통 과정을 엮은 책《제가 살고 싶은 집은》으로 많은 사람의 주목을 받기도 했다. "집을 짓는 시간은 곧 사는 사람의 삶의 방식을 고민하는 시간"임을 강조했던 이일훈은 이후 김해주택 푸른재(2016, 진례면 고모리 소재)와 나주주택 요와(凹窩, 빛가람동 소재)의 건축주들과도 그만의 독특한 소통 방식으로 집을 완성해갔다.

자비의침묵 수도원(한국순교복자성직수도회 순교자의 모후 신학원) 건축은 주택 설계를 통해 채나눔을 펼쳐 보인 이일훈이 규모나 용도에 관계없이 어떤 건축에나 가능한, 즉 그것의 범용적 적용을 염두에 두고 있을 때

만난 프로젝트다. 불편하게 살기를 제안하는 데 학생 수사들이 공부하고 생활하는 수련 공간만큼 적합한 곳도 없었을 것이다. 수사들의 이해와 동의 아래 그는 곧 수도원 본당과 작은 경당을 분리했다. 한 사람이 지나기에도 어려운 좁고 어두운 복도와 공동화장실을 제안했다. 난간이 없는 외부 계단을 만들고 경당 바닥에는 콩자갈을 박았다. 불편한 집은 수도자의 나태함을 경계하고 '겸손의 복도'는 일상적인 조심스러움과 양보를 통해 겸손이 자연스럽게 배어나오게 한다는 이유에서다.

자비의침묵 수도원 설계 이후 이일훈은 주어진 조건에 따라 설계방법론을 건물과 엮어내거나 사용자로부터 결정적 단서를 찾아내는 방식으로 자신의 성당 건축을 꾸준히 진화시켜왔다. 충북 음성군 시골 마을의 생극성당(2003)은 채나눔이 주는 통풍과 채광의 효율성은 물론, 그것의 정

신에 공감하게 된 본당 신부의 전폭적인 지지로 완성된 하늘과 빛을 가득 담은 성당이다. 반면 경기도 이천시의 한국순교복자성직수도회 성안드레아신경정신병원 성당(2005)은 수도자뿐 아니라 세상과 소통하는 데 어려움을 겪는 환우들의 성당인 만큼 주제가 소통이었다. 건축가는 이 주제를 어떻게 담백한 언어로 표현할 수 있을까를 고민했고, 제대 뒤 벽면 전체를 과감하게 투명 유리로 마감함으로써 환우들이 자연과 조우하고 세상과 소통하기를 바랐다. 한국순교복자성직수도회 면형의집 성당(2013, 제주 서귀포시 소재)과 본원 성당(2015, 서울 성북동 소재)은 이일훈의 2010년대 작업이다. 전자가 피정의 집 부속 성당답게 수도자뿐 아니라 피정객과 지역 주민의 사용을 고려했다면, 후자는 수도자의 집이면서 도심지 본원으로서의 위상을 잘 드러내고 있다.

또 한편에는 희망과 위로를 건네는 공간, 사회적 건강함이 읽히는 이일훈의 프로젝트가 있다. 비록 거칠고 질박한 모습이지만 공부방 공동체 운동을 하던 선생들의 삶을 있는 그대로 껴안은 기찻길옆공부방(1998)을 비롯해, 채나눔을 지속 가능한 미래 사회를 위한 해법으로 역설한 우리안의미래 연수원(2007), 노숙인의 쉼터이자 문화 공간인 민들레희망지원센터(2010), 노동자들의 상처 난 마음을 다스리고 치유하는 공간 부평노동자인성센터(2010), 녹록하지 않은 상황에서도 심장 같은 방(기도실) 하나는 꼭 두고 싶었다는 제주 강정마을의 성프란치스코평화센터(2016), '더 나은 국어교육'을 위한 전국국어교사모임 살림집(2018), 그리고 기찻길옆공부방과 홍성 홍동 밝맑도서관(2011)의 경험을 더해 제안한 캄보디아 안나스쿨(2019) 등이 그것이다.

그 밖에도 문학과지성사(비질리아, 1995), 청년사, 세계사 같은 출판사 사옥과 도피안사 향적당(2000), 인천 숭의동성당(2020)과 같은 종교 건축 등 일일이 다 열거하기 어려울 정도로 다양한 작업을 했으며, 세상을 떠나기 전 10년간은 소행주 공동체 주택에 애정을 갖고 자문위원장으로 참여하여 소통과 참여를 통한 건축에 많은 관심을 쏟기도 했다.

글맛과 입담 좋기로 유명하여 건축계 안팎에서 자주 강연자로 초대됐다. 빼어난 에세이스트이기도 했던 그는 《가가불이》(박영채 공저, 시공문화사, 2000), 《나는 다르게 생각한다》(사문난적, 2011), 《뒷산이 하하하》(하늘아래, 2011), 《모형 속을 걷다》(솔, 2005), 《불편을 위하여》(키와채, 2008), 《제가 살고 싶은 집은》(송승훈 공저, 서해문집, 2012), 《사물과 사람 사이》(서해문집, 2013), 《이일훈의 상상어장》(서해문집, 2017) 등을 펴냈다.

이웃의 삶을 건축으로 껴안고 지속 가능한 미래 사회를 건축으로 그려온 건축가 이일훈, 2021년 7월 2일 세상을 떠났다. 67세.

건축 지도.

도서출판 청년사
경기도 파주시 광인사길 53 (문발동 520-12)

도서출판 세계사/책 만드는 집 도 도서관
경기도 파주시 회동길 37-14 (문발동 529-2)

성산 109
서울시 마포구 새터산14의길 7-4 (성산동 200-109)

소행주 - 소통이 있어 행복한 주택
서울시 마포구 성미산로3길 25 (성산동 249-6)

문화와 지성사 - 현존하지 않는다.
서울시 마포구 잔다리로 12 (서교동 363-12)

전국주의교사모임 살림집
서울 종로구 필운대로7길 20 (옥인동 52-2)

나루터 공동체
경기도 양주시 양주 2동 395-2 (광사동 395-2)

전사원석루
(장현리 511-3)

퇴계뭉이
강원도 춘천시 행촌로 44-1 (퇴계동 901-10)

우리안의 미래 연수원
경기도 춘천시 남산면 풍물공길 46 (방곡리 97-1)

한국교포자녀수도회 묵자사랑 피정의 집
강원도 기평군 설악면 다락재로 237 (이천리 228-9)
서울시 성북구 성북로 143 (성북동 241-1)
성북로24길 3 (성북동 90)

갤러리 와피
경기도 양평군 강하면 전수샛길2길 31-3, 31-5, 31-7, 31-9
(항양리 31-4, 31-5, 31-6, 31-7)

봉용마을

탄현재
경기도 광주시 퇴촌면

디베다인스 정동의과벙원
서울시 강남구 논현로 828 (신사동 592-2)

성 안드레아 신경정신병원과 수도원 성당
경기도 이천시 마장면 서이진로320번길 (표교리 586-2)

생극성당

도피안사 향적당
경북도 안성시 죽산면 거국로 27-52 (용설리 1178-1)

재생물이 산천 미박지 미박재
강원도 상척시 근더면 닥산해안로 84
(닥산리 75)

내가성당
인천시 강화군 내가면 경화서로247번길 24
(고천리 658-3)

인천교구 노동자인성센터
인천시 부평구 마장로367번길 40 (산곡1동 7-42)

만들래 회망지원센터
인천시 동구 화수동 266-1

기창갈 앞 공부방
인천시 동구 화도진로192번길 6 (만석동 9-98)

송의동 성당
인천시 미추홀구 인주대로45번길 17 (송의동 341-6)

동의한루미음공장
인천시 서구 가재울로 54 (가좌동 542-3)

자비의 정복 수도원
경기도 화성시 팔탄면 약수터길 143 (가재리 456)

비케이[BK] 메디텍
경기도 화성시 양감면 은행나무로 58 (요당리 215-5)

작은 근뎌맘집
충청남도 홍성군 홍북읍 용봉서3길 60-17 (상하리 1113-5)

밤판도서관
충청남도 홍성군 홍동면 광금남로 658-7 (운월리 368-21)

대구지방검찰청 환경조정실
대구시 수성구 무학로 227 (지산동 720)

요와
전라남도 나주시 일정1길 23-14 (발기동 700-3)

천주교 우수영공소
전라남도 해남군 문내면 명량로 159 (동외리 1040-5)

명형의 집
제주특별자치도 서귀포시 지장샘로 19 (서흥동 204)

성포단위스쿠 평화센터 강정공소
제주특별자치도 서귀포시 이걸로 187 (강정동 4522-1)

자비의침묵 수도원 ⓒ함혜리

재색불이

1994   1996

도피안사

기찻길옆공부방 ⓒ진효숙

1998 2000

생극성당

2003

성안드레아신경정신병원 성당 ⓒ진효숙

2005

우리안의미래연수원 ⓒ서삼종

잔서완석루 ⓒ진효숙

2007

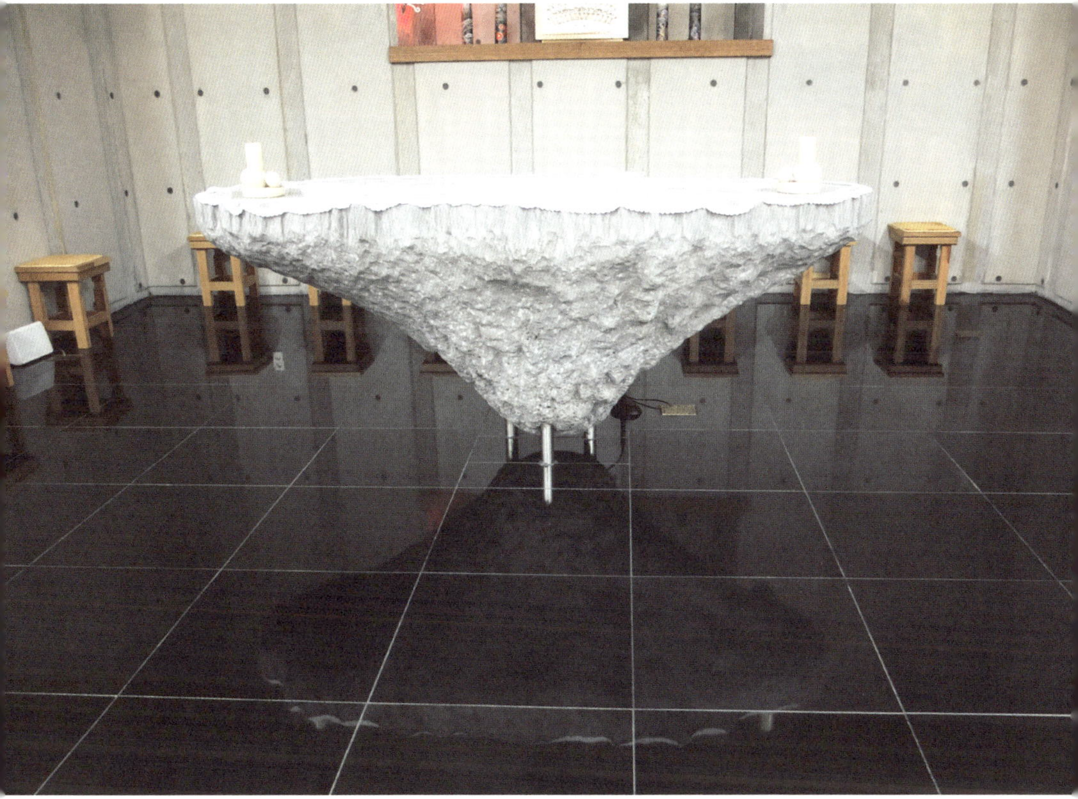

제주 면형의 집 ⓒ진효숙

2007

한국순교복자성직수도회 ⓒ진효숙

나주주택 요와(凹窩) ⓒ타별

전국국어교사모임 살림집 ⓒ타별

2017　　　　　　　　　　2018

숭의동 성당 ⓒ노경